城市园林绿化植物
选择及应用

Selection and Application
of Urban Landscape Plants

官群智
彭重华　　主编

中国林业出版社

图书在版编目（CIP）数据

城市园林绿化植物选择及应用 ／ 官群智，彭重华主编 . —— 北京 ：中国林业出版社，2012.11

ISBN 978-7-5038-6787-3

Ⅰ . ①城… Ⅱ . ①官… ②彭… Ⅲ . ①城市－绿化－园林植物 Ⅳ . ① S731.2

中国版本图书馆 CIP 数据核字（2012）第 237541 号

责任编辑 刘香瑞
          赵 芳
设计制作 骐 骥

出 版 中国林业出版社（100009 北京西城区刘海胡同 7 号）
          http://lycb.forestry.gov.cn
          E-mail:forestbook@163.com 电话：(010)83228353
发 行 中国林业出版社
          营销电话：(010)83284650；(010)83227566
印 刷 北京中科印刷有限公司
版 次 2012 年 11 月第 1 版
印 次 2012 年 11 月第 1 次
开 本 210mm×285mm
照 片 约 2100 幅
印 张 20
字 数 580 千字
印 数 1～3 000 册
定 价 180.00 元

《城市园林绿化植物选择及应用》
编委会

◎ 顾 问

李异建　朱振湘　王　扬　张正佳·杨子雄
郭兰芝　杨光昊　刘军其　陈经同

◎ 主 编

官群智　彭重华

◎ 副主编

夏佳元　熊朝晖　王海峰　曹铁如　彭　殷
曾天文

◎ 编写人员

宋晓娣　张　程　刘　晖　李　洁　胡　牟
罗金芳　王　丽　宋秀全　郑　琴　严雪丹
刘凤妮　朱磊夫　谢　娜　邹　芳　曾庆华
余运乐

序

　　园林绿化是城市环境发展的重要部分，是建设以现代工业文明为特征的生态宜居城市的重要内容，园林绿化水平的高低直接影响到城市的发展。植物是园林绿化建设的第一要素，其选择与应用对提升园林绿化水平，改善城市环境和建设生态宜居城市至关重要。因此，编写《城市园林植物绿化选择及应用》是我市城市园林绿化事业发展的必然选择。

　　株洲市委、市政府一直以来都十分重视城市园林绿化工作，尤其是 2007 年获得"国家园林城市"称号以来，更是加大领导力度，加大资金投入，加大宣传力度，加大工作力度，狠抓我市园林绿化的完善、巩固与提升。经过多年的不懈努力，我市园林绿化事业呈现出欣欣向荣的景象，绿化大幅提升，一路一景特色突出，老旧小区旧貌换新颜，公园绿地形成精品。这些优美的园林绿化景观，离不开园林植物的科学合理选择与搭配。

　　近年来，随着城市现代化建设的逐步深入，城市园林绿化所具有的生态环境、景观美化、游览休憩等功能日益突出，人们对城市园林绿化建设的要求更新更高。因此，我们需要将如何发展园林绿化事业提升到新的战略高度。一方面，我市园林绿化水平与先进城市相比，还有一定的差距；另一方面，在我市的园林绿化建设中，园林绿化植物的选择与应用还有待进一步规范与科学发展。在此背景下，《城市园林植物绿化选择及应用》的出版无疑具有重要的理论及现实意义。

　　只有丰富的园林绿化植物，才能建设成环境优美，生态健全的城市环境。科学，合理的选择与应用园林绿化植物，实现园林绿化资源的最优配置和科学发展，从而达到提升园林绿化水平，美化城市环境的目的。这也是本书的编写宗旨和希冀所在。本书根据株洲自然地理条件和城市绿化实际情况，详细阐述了城市园林绿化植物选择和种植现状，各类园林绿化树种的选择应用等，内容丰富，图文并茂，是一本专业、实用的城市园林绿化"字典"。我们期待并乐见的是，本书的可读性、新颖性与实用性可以为我市城市园林绿化可持续发展提供指导，也可以为领导决策和从事园林绿化的工作者提供真正有所裨益的帮助。

　　本书的编写是一项积极探索与有益的尝试，所有的编写人员付出了辛勤的劳动和汗水，在此向他们道声"辛苦了"，并表示由衷的感谢。

李晓建

株洲市人民政府副市长

2011 年 12 月

前　言

　　园林植物是城市景观和城市生态系统不可或缺的要素，是低碳社会基础保障，是人居环境的基础元素。它对改善城市生态、美化环境、防治污染和促进人民身心健康等都具有十分重要的意义。

　　随着城市园林绿化水平日臻提升，对城市园林植物选择与应用的要求更加严格、规范和科学。为了促进城市园林绿化事业的科学发展，营造优美的人居生态环境，更好地为建设"以现代文明为特征的生态、健康宜居城市"服务，本书深入阐述了湖南省长株潭地区城市园林绿化植物的选择及应用，适宜范围涵盖了长江中下游地区，对中南、华东地区的园林绿化树种选择应用，也有指导作用。

　　本书主要分为三大部分。第一部分为总论，对长江中下游地区地理概况进行了介绍，并以新兴的国家园林城市——株洲市园林绿化为例进行了详细的阐述。第二部分为各论，共列出约500种长江中下游地区城市露地常见栽培植物。分别介绍了每种植物的种名、别名、科名、学名、形态特征、生态习性、栽培要点、园林应用等。其中，形态特征包括植物的生活型、主要的局部特征（干、枝、叶、花、果等）；生态习性包括对气候环境、光、温度、水分的要求，对污染的抗性，花期、果期及繁殖方式；栽培要点包括适生气候、环境、土壤，繁殖、施肥、修剪、病虫害防治等技术要点；园林应用包括园林用途、观赏特性及园林应用方式。第三部分为植物选择应用表，包含行道树、绿地乔木（行道树除外）、花灌木、地被植物、立体绿化植物、防污染植物、防护林带树种、芳香植物、色叶植物及水生植物十大类植物的选择应用。

　　本书树种附选择应用表、学名和俗名对照表、国家保护植物名录及拍摄等说明。

　　本书由湖南省株洲市园林科学研究与技术指导中心联合中南林业科技大学的部分教授学者编著而成，在编著的过程中得到了株洲市园林绿化局、中南林业科技大学科技处的领导的大力支持和指导，谨向上述领导、专家、教授以及项目组成员致以诚挚的谢意！

本书编委会

2011 年 12 月

目 录

一、长江中下游地区及长株潭地区自然地理环境条件、植被及城市绿化综述

（一）自然地理环境条件

长江中下游地区是中国长江三峡以东的中下游沿岸带状平原。北界淮阳丘陵和黄淮平原，南界江南丘陵及浙闽丘陵南缘。由长江及其支流冲积而成。面积约20万km²。地势低平，海拔大多50m左右。中游平原包括湖北江汉平原、湖南洞庭湖平原（合称两湖平原）、江西鄱阳湖平原；下游平原包括安徽长江沿岸平原和巢湖平原（皖中平原）以及江苏、浙江、上海间的长江三角洲。

气候大部分属北亚热带，小部分属中亚热带北缘。年均温14～18℃，最冷月均温0～5.5℃，绝对最低气温-20～-10℃，最热月均温27～28℃，无霜期210～270天。地带性土壤仅见于低丘缓冈，主要是黄棕壤或黄褐土。南缘为红壤，平原大部为水稻土。

该地区河汊纵横交错，湖荡星罗棋布，湖泊面积2万km²，相当于平原面积10%。两湖平原上，较大的湖泊有1300多个，包括小湖泊，共计1万多个，面积1.2万多km²，占两湖平原面积的20%以上，是中国湖泊最多的地方。有鄱阳湖、洞庭湖、太湖、洪泽湖、巢湖等大淡水湖。

长株潭地区是长江中下游丘陵和平原交汇的典型地带之一，地带性植被景观以常绿阔叶林为主，常绿落叶阔叶混交为辅。株洲市位于湘江的中下游，是这一特征地貌，植被景观典型代表之一。株洲属中亚热带季风气候区，四季分明。年平均气温17.60℃，冬有冰雪，夏有高温，适宜植物的生长期在250天左右。年均降雨量1280mm，均降水日145天，年蒸发量1250mm，降雨量大于蒸发量，能保证植物生长所需水分。但雨量不均匀，春夏降雨量占全年的2/3，秋冬只占1/3，常在8～9月份，出现高温干旱期，对植物生长不利。

株洲市区自然土壤主要为由砂岩、页岩、第四纪红色黏土等母岩母质发育的红壤和冲积母质上形成的潮土。园林中的用土多为混合性客土。

总之，株洲市区的地形、地貌、气候、土壤等自然条件优越，植物种类较丰富、植被繁茂。这是建设园林化城市、建成最佳人居区的得天独厚环境。株洲市气候环境、植被特点具有普遍性，归纳总结株洲地区，以及长株潭地区环境条件、植被及城市绿化树种，可为长江中下游地区其它城市园林绿化树种选择应用提供借鉴。

（二）植被分布

1. 植物种类

据资料记载，本地自然分布的高等植物有132科389属660种（表1）。

表1 市区自然分布的高等植物种数统计表

类型		科	属	种	其中					
					木本	占总种%	草本	占总种%	木质藤本	占总种%
蕨类植物		20	31	39			39	5.9		
裸子植物		4	5	5	5	0.8				
被子植物	双子叶植物	99	282	518	196	39.7	283	42.9	39	5.9
	单子叶植物	9	71	98	12	1.8	86	13		
	小计	108	353	616	208	31.5	369	55.9	39	5.9
总计		132	389	660	213	32.3	408	61.8	39	5.9

本地自然生长的植物种类有如下特点：

（1）分布的科、属较多，而平均每科种数较少：本地自然分布的高等植物有 132 科 389 属 660 种。分布的科、属较多，但平均每科、属的种较少，分别为 5 个种和 1.7 个种，这在亚热带地区平均种数是比较少的。这种现象，一方面说明本地自然条件较好，宜于多科、多属植物生长；另一方面说明人为干扰较严重，许多植物难以生存。

（2）草本植物多于木本植物：该地区草本占植物总种数的 61.8%，木本占 32.3%，草本约为木本的 1 倍。一般来说，在亚热带地区木本与草本比例较接近。该地区草本比例高，原因可能是调查欠细致，种类统计欠全面；但也说明，市区范围人为干扰较严重，原生性森林基本被破坏，形成大量的荒地、草地、灌丛和次生林，致使草本比例相对较大。

（3）水生和湿生植物少：表 1 中没有单独列出水生植物，原因是该类植物较少。这主要是由于该地区水面和湿地少，而且，除草剂施用频繁，水田、水沟和水塘的植物难以生长。

2．主要植被类型及特性

（1）植被类型：根据株洲市区植被现状，将植被分为自然植被和人工植被两类。

自然植被：经过长期封山育林而自然形成的植被。

主要有 11 类群落（群系）。即：①马尾松林；②马尾松、阔叶树混交林；③青冈栎林；④石栎林；⑤苦槠、青冈栎林；⑥樟树林；⑦樟树、枫香林；⑧枫香、日本杜英林；⑨毛竹林；⑩檵木灌丛；⑪油茶、大叶胡枝子灌丛。

人工植被：由人工营造的用材林和经济林。

主要有 6 类群落，其中用材林有：①杉木林；②湿地松林。经济林有：③油茶林；④茶叶林。果树林有：⑤柑橘林；⑥桃、李林。

（2）植被类型特点：

①自然植被以马尾松林和马尾松、阔叶树混交林面积最大。该类林地在 20 世纪 80 年代以前为村民的砍柴山和放牧山，植被受到严重破坏。改革开放以后，经济发展，村民用煤、汽能源代替烧柴，用机械耕种代替耕牛耕作。因此山地被封禁，马尾松等先锋树种迅速占领林地，形成以马尾松或马尾松与阔叶树种混交的森林，现已成为该处森林的主体。其中混生的主要阔叶树种有：枫香、黄檀、臭辣树、樟、石栎、青冈栎等，这些树种促进群落向生态系统更完善的方向演替。

②天然阔叶林保存面积很小，特别是常绿阔叶林仅在个别村庄附近保存有几十平方米至几亩的面积。这类森林系株洲地区地带性代表群落，非常珍贵，应严加保护。群落中的优势种和部分伴生种，很具生态、景观价值，乔木有：苦槠、栲树、小叶栲、青冈栎、石栎、樟、泡花楠、日本杜英、冬桃、冬青、木荷、翅荚香槐、郁香野茉莉等；灌木有：乌饭树、柃木、珍珠花、山矾、糯米条（六道木）、羊踯躅（黄花杜鹃）等。

③人工林中，湿地松林生长较好，杉木林生长较差。湿地松系 20 世纪 70～80 年代由北美引进栽培，生长快、病虫害少、形态较好，很适宜本地生长，在园林中已经应用。杉木林大多为 20 世纪 70～80 年代栽培，第一代基本砍伐，现存多为第二代，树冠大多已平顶、衰老、经济效益低、景观效果差，应加以改造，逐步用生态景观较好的树种取代杉木。

④经济林面积不大，管理较粗放，经济效益不高。油茶林和部分茶园处于荒芜状态，经济价值不高，应加以改造，或扩大面积，继续经营，科学管理；或改种经济效益较好的种类，提高林地利用率。

（三）园林绿地植物种类

此处植物种类的统计主要指市区范围内园林中的栽培种。

（1）种类组成：根据有关资料记载，结合实地抽样统计，株洲市区园林中露地栽培的高等植物约 367 种，隶属于 110 科，240 属（表 2）。由表可见，植物种类是非常丰富的，以双子叶植物为优势，占 72.8%。双子叶植物是植物界的主体，形态多样、色彩丰富、富于变化，可以配置出极具观赏性的园林景观；裸子植物和单子叶植物在园林上不但观赏价值高，而且能提高园林配置的生态价值。因此，从植物种类来分析，株洲的园林绿

表 2 市区园林栽培种子植物种数统计表

类型		科	属	种	占总种 %
蕨类植物		10	10	11	3
裸子植物		7	18	31	8.4
被子植物	双子叶植物	81	170	267	72.8
	单子叶植物	12	42	58	15.8
	小计	93	212	325	88.6
总计		110	240	367	100

化是很有成效的。

(2) 类型分析：此处类型系指植物的生活型，一般分为木本（乔木和灌木）、草本、木质藤本、竹类、蕨类等（表 3）。统计分析，木本植物有 265 种，占总种数的 72.2%，占绝对优势。其中乔木 159 种，占总种数的 43.3%；灌木 93 种，占总种数的 25.3%；草本 79 种，占总种数的 21.5%；木质藤本 13 种，占总种数的 3.5%；竹类 12 种，占总种数的 3.3%；蕨类 11 种，占总种数的 3%。从乔、灌、草的比例看，乔木远多于灌木，灌木又多于草本，这一结构在中亚热带地区是比较合理的。乔木中落叶类多于常绿类，原因是落叶类相对生长较快，适应性较强，加之许多观花植物为落叶性，所以落叶乔木多于常绿乔木是正常的。灌木中的常绿类多于落叶类，原因是灌木多为乔木的下层植物，常绿类较多，因此这种比例，在园林中是比较合理和协调的，也说明株洲园林植物造景是很有成效的。

表 3 市区园林栽培种子植物类型统计表

类型		乔木			灌木			草本			木质藤本	竹类	蕨类	合计
		小计	常绿	落叶	小计	常绿	落叶	小计	陆生	水生				
蕨类植物													11	11
裸子植物		25	21	4	6	6								31
被子植物	双子叶植物	130	41	89	85	56	29	37	30	7	13			26
	单子叶植物	4	4		2	1	1	42	22	20		12		60
	小计	134	45	89	87	57	30	79	52	27	13	12		325
总计		159	66	93	93	63	30	79	52	27	13	12	11	367
占总种数 %		43.3	18	25.3	25.3	17.2	8.2	21.5	14.2	7.4	3.5	3.3	3	100

(3) 植物原产地分析：园林植物多为人工栽培种，种苗起源于多处。分析植物原产地对园林植物造景的生态建设具有极为重大的意义。株洲市园林植物原产地和种苗的来源地，大致可分为 7 类地区（表 4）。表中统计，原产于本省或本市区的有 245 种，占总种数的 66.7%，说明大部分植物来源本地，具有明显的地带性，如樟、桂花、乐昌含笑、杜英、女贞、圆柏、银杏、枫香、复羽叶栾树、红花檵木等；其次，较多的是国内培育历史较久的优良品种，占 10.1%，如含笑、山茶、绣球花、蜡梅、众多月季品种、红枫等；来源于国外，特别是近年从国外引种大量的观赏价值较高的植物，丰富了我国的园林造景，如荷花玉兰、日本五针松、日本樱花、西洋杜鹃和众多草本花卉。国内来源较多的是华东和华南地区，华东地区气候与株洲较接近，引种易成功，如无刺枸骨、龟甲冬青、七叶树、茶梅、千头柏等；华南地区引来的种，相当一部分在冬季易受冻害，如苏铁、蒲葵、银海枣、老人葵、加那利海枣、五色梅等，这些种宜种植于有围合、背西北向的环境，入冬需采取一定的防冻措施。

表 4 市区栽培种子植物原产地统计表

原产地（或种苗来源）		本地或本省	华东地区	华南地区	华北地区	西南地区	国内自培	来源国外	合计
蕨类植物		10						1	11
裸子植物		16	1	1			6	7	31
被子植物	双子叶植物	196	20	5	9	5	25	20	280
	单子叶植物	23		11			6	5	45
	小计	219	20	16	9	5	31	25	325
总计		245	21	17	9	9	37	33	367
占总种数%		66.7	5.7	4.6	2.5	1.4	10.1	9.0	100

二．城市绿化植物选择和种植现状

（一）影响城市植物生长的环境条件

1．温度

城市温度的特点是所谓的"热岛效应"，温度较高且昼夜温差小。这是由于城市的下垫面多数为水泥或沥青铺装的道路广场或建筑群形成的屋顶和墙面，热容量大，吸热较多，再加上人口高度密集，释放大量的热量，使气温大幅升高，极端气温超过60℃；夜晚由于空气中产生的微尘、煤烟微粒及各种有害气体笼罩在城市上空，阻碍热量的散发，再加上高层建筑多，空气流通不畅，热量也不宜散发出去，使城市内夜晚温度也明显高于城郊和空旷地区。而且昼夜温差相对减小，不利于植物养分累积，打破植物正常生长规律，影响植物的生长。

2．水分

由于城市雾障的作用，城市云量增加，阴天数量增多，微尘颗粒较多，降大雨的机会多；但城市中的降水大多被下水排走，下垫面吸收水分少，蒸发量大，空气湿度较低，在土壤因子的共同作用下容易形成局部干旱及局部积水。

工矿废水、农药和生活污水的排放进入水中，其含量超过水的自净能力时，引起水质变化，即水体污染。污染水可直接影响植物的生长，也可能流入土壤，改变土壤结构，影响植物生长，水中的有害元素也会在植物中富集。

3．日照

由于城市雾障，阴天数量多，太阳辐射减弱，日照时间减少。城市中由于建筑大量存在，形成特有的小环境。建筑物的大小、高矮及建筑不同的方位对各种环境因子均有影响，尤以光照因子最为明显。其中建筑方位的影响比较突出。

东面：光照强度较柔和；光照时间也可以满足一般树木的生长，每天大约在15时成庇荫地。

南面：背风向阳，温度较高；光照充足；适合喜光喜温的边缘树种的栽植。

西面：下午形成日晒，且强度比较大，变化较剧烈，应选耐燥热、不怕日灼的品种栽植。

北面：背阴；温度较低；选用耐荫、耐寒的品种栽植。

4．土壤

铺装路面、行人踩踏、碾压、夯实等原因造成土壤的透气性较差，影响根系生长，并使土壤营养变劣；坚实度高，影响树木的根系向穴外穿透与生长，造成树木早衰，甚至死亡；市政工程的挖方与填方，使土壤养分不均衡，挖方为未熟化土壤，影响树木生长；建筑垃圾的残留，尤其是水泥，对植物生长有极大不利影响。

空气污染物随雨水进入土壤及水污染进入土壤，其含量超过土壤的自净能力时，引起土壤污染。土壤中的某些污染物质，如砷、镉可直接影响植物的生长发育；二氧化硫可引起土壤酸碱度的变化，或破坏土壤中微生物系统的平衡，使植株感病，或破坏土壤的结构，改变土壤的性质，降低土壤的肥力，影响植株的正常生长发育；铅、汞等重金属还可在植物中富集，随食物链进入人体，进而影响人体健康。

5．大气

在我国大部分城市中，向大气中排放的有害物质的种类和数量逐年增多。据测定，大气中含有1000种以上对植物生长有危害的物质。其中威胁较大的有粉尘、二氧化硫、氟、氯化氢、一氧化碳、二氧化碳及汞、镉、砷、铅等。这些污染物不仅影响日照气象因素，还直接影响到植物的生长发育。它们通过吸附在植物表面，或通过水溶液、气体交换进入植物体内，对植物产生伤害，严重时可使植物枯死。有时工业气体泄漏，液化气、煤气等也会对植物生长产生不利影响。城市中的空气或多或少都有污染，但对植株生长影响严重的地区是空气污染源附近。不同的污染，性质不同，要根据具体情况，调查清楚，选择合适的植物类型栽植。

综上所述，影响植物生长的因素既有植物自身的遗传基础又有外界环境条件，它们之间相互依存。在进行园林植物栽培养护时，一定要选择合适的环境条件，提供合适的栽培措施，最大限度地达到绿化、美化、净化的效果。

（二）绿地树种结构、比例

株洲市绿地树种选择坚持以适地适树、景观多样、生态经济和乡土常绿树种为主的原则，绿地树种包括基调树种和骨干树种。基调树种：城市绿化基调树种是能充分表现当地植被特色、反映城市风格、能作为城市景观重要标志的应用树种。骨干树种：城市绿化的骨干树种是具有优异的特点，在各类绿地中现频率较高、使用数量大、有发展潜力的树种。

株洲市现有栽培植物110科339属560种（含变种）。其中裸子植物有9科25属40种，被子植物101科316属520种。双子叶植物87科247属427种。单子叶植物14科69属93种。其中乔木249种，占总种数的41.4%，常绿乔木120种，落叶乔木129种，分别为乔木的48.2%、51.8%；灌木171种，占总种数的28.5%，常绿灌木76种，落叶灌木94种，常绿落叶比为43.5%、56.5%；草本植物174种，为总种数的31.0%。各类植物种数为乔木＞灌木＞草本＞藤本，乔木是园林植物的主体，在绿化、美化环境和改善环境中起主导作用，常绿乔木与落叶乔木种的比例基本接近，但在个体数量上，常绿类多于落叶类。

（三）植物配置与分布调查

1．株洲市成功而较稳定的植物配置模式（主要为公共绿地）

（1）公共绿地：

①株洲大道

本组是乔木、灌木和草本的多种类、多层组合，地处株洲大道、收费站西侧，是新修的主干道。两侧绿化带用地较宽，有8～10m，树种配植体现近自然群落的生命活动，采用乔木、灌木、草本、常绿和落叶的配植方式，表现不同季节的观叶特点，其中乐昌含笑、杨梅、石楠为常绿，马褂木、枫香、三角枫是秋色叶，鸡爪槭、红花檵木是常色红叶树。花的季节，春花有樱花、乐昌含笑、石楠、红花檵木，夏花有马褂木，秋花有葱兰、鸢尾，冬季茶花、茶梅，基本上表现了各季节的生命乐章。

株洲大道植物景观

②天台路：广玉兰＋樟树＋桂花

天台路是株洲市最重要的主干道之一，是三板四带绿化带，路宽 8m。广玉兰在分车道，道路两侧植樟树。无论哪种配植方式效果均好，樟树是乡土树种，适应强、生长快、抗性强、耐修剪、主干通干，枝叶茂密，冠大荫浓，寿命长，是行道绿化最理想的树种。广玉兰是外来种，适应株洲自然环境，生长快，花大叶大，冠形优美，抗性强，少病虫害。行道树边缘配置桂花、木绣球、杜鹃、栀子花、红叶石楠、花石榴、红叶李、紫薇等，丰富了植物景观效果，充分利用空间和阳光。这种配植绿化和观赏效果均好。值得注意的是对本类型的推广要适可而止。

天台路植物配置

③流芳园：

作为纪念性公共绿地，它用草地缓坡展示另一个侧面：后来者应珍惜来之不易的时光。以香樟、雪松、桂花为群落上层，以龙柏、红花檵木、紫薇、红枫等为中层，以春鹃、草坪为下层，层次连接有致，对空间利用有序，疏密有致，充分体现了生态景观性，群落间互相依托，上层充分分割空间，中下层利用补充完善空间，产生竖向、横向对比，线行、球形对比，景观开阔大方，群落稳定，生长旺盛。

流芳园植物景观

④ 蔷薇园（石峰公园）：

地处石峰公园内的蔷薇园，是近年改建的新项目。利用大乔木香樟、杜英作为群落上层，以红叶李、贴梗海棠、月季等蔷薇科植物为群落中层，穿插部分红枫、山茶、一叶兰等为群落下层，体现纯自然群落的组成形式，采用乔木、灌木、草本、常绿和落叶的配植方式，表现不同季节的景观特点，将专类园特色植物的叶差、色差、型差体现得淋漓尽致。

蔷薇园小景

⑤滨江广场：

滨江广场两侧绿地是近年建设的以乡土植物为主体的植物群落，是人们日常生活休闲的重要场所，因此广场绿地质量的好坏影响着人们的生活质量。上层为小叶稠、木荷、栾树，中层为四季桂、深山含笑、云山白兰，地被为锦绣杜鹃、麦冬。该广场的树种选择遵循了常绿和落叶树种相结合及乔、灌、草本相结合原则，具有物种丰富度高、空间层次丰富等显著特点，形成一种绿树浓荫景观，给人提供了舒适宜人的环境。群落体现了湘东乡村的植物特色。滨江广场的绿化设计人员对本土植物的生理特性、栽培特性、景观特性有较深的理解，准确把握植物之间相互关系，使滨江广场的植物配置成为植物乡土化的一个典范。

滨江广场乡土植物景观

⑥建设路：

本群落位于株洲市建设北路石峰公园侧，它是利用一个两级挡土墙进行立体绿化的一个典范。墙体上端是自然生香樟、构树，林下为夹竹桃，两级挡土墙中间墙顶为迎春、扶芳藤，已经把整个墙体覆盖，下层为建设北路人行道。本组是由乔木、灌木、藤本和地被多树种组合形成立面层次丰富而又不失简洁的道路绿化。同时考虑到季季有景可观，在树种选择上选取了春季开花树种迎春及彩色叶树种红花檵木、金叶女贞，形成季相丰富、环境舒适的宜人景观。本群落经过30多年的生长、调整，立体绿化效果较好，展示了自然界植物立体生长的形式，充分利用了空间、阳光、水肥等资源，群落稳定，景观效果丰富，四季常绿。

建设路立体绿化景观

⑦天鹅湖公园：

本组是水生植物景观，水边绿化组合形式由乔木＋水生草本组成，乔木层运用了常见的水边树种垂柳列植形成，草本层采用水生植物野芋和菖蒲等点缀水面。层次简单的搭配形式与空旷宁静的水面相互辉映，垂柳的婀娜多姿与水的柔软相互衬托，带给人舒适的视觉享受和宜人的休闲游憩场所。

天鹅湖公园水生植物景观

（2）庭园绿化群落组：

⑧雪松＋美国红枫＋紫荆＋山茶＋金钟＋栀子花＋芍药＋月月红＋大丽花＋天人菊＋芦荟＋鸢尾＋细叶麦冬。

本群落位于株洲市政府大楼后门，是 2010 年新建的绿地。本组特点是以植物多样性为主题，体现多种植物的自然组合。以雪松做为上层植物背景，中层有红枫、紫荆和山茶，下层植物非常丰富。春、夏、秋三季均有花卉开放，秋色叶有黄色和红色的塔配。总体来说，本人工群落虽然占地面积不大，植物种类多，植物层次明显，应用恰当，形成了生态、美化功能较齐全的植物景观。

株洲市政府大院路侧绿化群落

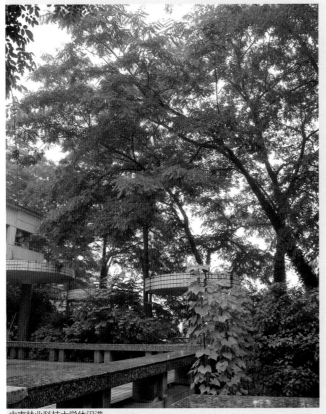

中南林业科技大学休闲港

⑨翅荚木（任木）—迎春＋金钟花—沿阶草（中南林业科技大学）。

这是 1998 年种植的小片纯林，面积约 600m²，疏伐后现保留大树 18 株，还有少量散生木列植路旁与阔瓣含笑、南方木莲混植作行道树，平均胸径 35.2cm，平均树高 18m；最大胸径 43.9cm，树高 22m，生长迅速。本群落组结构简单，乔木层次单一，林下沿阶草生长茂密，金钟花、迎春花长势良好，高耸的乔木与低矮的林下植被的反差，形成了开阔的视野，透过林间可以见到远处的青山绿水或蓝天碧云，林间笔直高大的树干非常壮观。群落外貌季相变化明显，春天嫩叶红色，随气温升高而转绿，夏初红艳的花朵满布树梢，秋季荚果深红色，此时绿叶转黄，是良好的秋色叶树种。翅荚木首次在中南林大栽培，为国家二级保护树种，树体高大、挺拔、树姿优美，幼叶、花、果鲜艳，生长迅速，为园林珍稀观赏树种，群植或与常绿树混植均可形成优美的群落景观。

⑩樟树＋桂花＋木莲＋广玉兰＋白玉兰＋马褂木＋复羽叶栾树＋泡桐—垂丝海棠＋蜡梅＋小叶女贞—马尼拉草＋美人蕉＋绣花球 （中南林业科技大学）。

本群落组是中南林业科技大学职工宿舍间的一块休闲地，面积约700m²的草坪，修有园路和石凳、石桌、棚架。树种选择以观花、观果的季相变化为主题，采用无规划配置和适度透光的手法，使群落具有动态感，在经历22年的生长发育，至今透光度保持在30%～40%，林下空气新鲜、光照适度，盛夏是人们庇阴纳凉的场所。季相变化，早春白玉兰白花满树，春季有泡桐、垂丝海棠和绣花球盛开，春末夏初木莲、广玉兰、马褂木、美人蕉华丽绽放，秋天复羽叶栾树花果璀璨，冬季蜡梅迎雪开放。生态方面，本群落已大树成林：马褂木最大胸径有45cm，高达12m；白玉兰最大胸径32cm，高10m；复羽叶栾胸径37cm，高13m；樟树、桂花、木莲等胸径在25～30cm之间，美化环境、净化空气、降低气温，效果明显，对区内职工来说是块"风水宝地"。

中南林业科技大学一角

2. 株洲市城区树种选择常见问题及解决策略

（1）常见问题：近年来，随着时代的要求，株洲对人居环境的保护和建设重视，园林绿化建设蓬勃发展，一大批园林绿化建设和改造项目胜利竣工。在此过程中也出现一些问题，在城区树种选择方面主要表现为：

① 苗木种类欠丰富，选择范围较小。株洲常见苗木品种仅百余种，培育品种更少，选择应用范围窄，一些苗木不得不从江浙调货，对园林绿化建设影响很大。

② 苗木品质一般，绿化效果不佳。目前已有苗木中，苗木品质较差，培育的大苗太少，导致不得不使用野生苗，从而影响建设质量和效果。2009年建设的红旗路就是典型例子。苗木质量差，冠幅又小，饱满密实度差，栽植位置也欠妥，所以景观效果就差。

③ 对树种选择的原则性理解、领悟不透。树种选择必须科学，其一般原则性指：适地适树，生态性、乡土性、经济美观性。对树种选择的原理理解不够，导致盲目设计，盲目应用，为了达到景观效果，出现设计跟风，建设跟风。前些年的热带植物风是一个典型例子。

④ 乡土树种的应用滞后，地方特色不够突出。湖南地属亚热带季风性湿润气候，常绿树木多，群落优势种主要为樟科、木兰科、壳斗科、木犀科、金缕梅科、杜英科等六大科的植物。我们现有大部分乔木均出于此，应大力发展乡土树木来体现地方特色。我们使用的六大科中组成群落优势种植物特性各有特点，应区别对待，认真研究其本身特性、景观特点，才能适地适树，发挥树木最大景观价值。

（2）解决策略：

① 科学规划，合理选择，丰富株洲市绿化景观。

●以乡土植物为主，适当发展应用新优植物。乡土植物是本地的优势植物，不仅可以体现地方特色和城市文化历史，为当地群众所喜爱，而且经过漫长的自然选择，对本地的气候、土壤适应性强，生长良好。在防止病虫害发生和蔓延、减少水土流失、改良土壤、净化空气、改善生态环境和小气候等方面均优于外来树种。城镇绿地建设中首先考虑选择树冠浓密、树形优美、在本区域中分布广泛的乡土树种，它们是构成城市生态群落中的优势树种。

新优植物通常是指珍稀野生观赏植物与引进的绿化观赏植物。对于珍稀野生观赏植物在城镇绿地建设中的应用，首先应进行抗性研究，确认园艺性状好、抗寒性强、耐污染、耐盐碱、速生、对土壤要求不严，可以初步确定在城镇绿化建设中应用；其次是应选择具有药用价值，野生油料、香料、芳香植物，

●以生态条件为基础，生态效益和景观效益相结合。根据公共绿地、单位附属绿地及居住区绿地等不同绿地类型选择和配置树种时，应注重树种的丰富多样，将不同的叶色、花色、形状及不同高度的乔灌草藤本等植物合理搭配，落叶和常绿树木、观叶和观花植物相结合，使绿化色彩和层次更加丰富。

●乔灌、针阔、常绿与落叶、叶花果形相结合，以乔木、阔叶、常绿树种为主，保持城市植物群落结构的稳定性。城镇园林绿化不但要改善城市环境，美化市容，而且要求见效快和保持较长时间的稳定性，所以城镇园林绿化植物选择时应当考虑慢性树种与速生树种的比例，必须遵循自然群落的发展规律，以速生、长寿为主，同时配以部分慢生树种，从丰富多彩的自然群落组成、结构中借鉴，切忌单纯追求艺术效果，使城镇园林绿化景观互相衔接不留空间，城镇园林绿化植物的作用永续不断。

② 加强对乡土树种发掘和应用，体现株洲市地方特色。

株洲市绿化建设应多选择能体现株洲特色和文化历史的乡土树种，适量种植外来树种如红枫、七叶树等；多种植招鸟树种，如柿树、南方红豆杉、珊瑚朴、壳斗科植物等，以吸引鸟类，真正达到鸟语花香，维护生态平衡；还要多应用地被植物。同时，要重视植物开花时期和色彩的配置，有观叶、观果、观花、观形等各种植物相互搭配，形成一个富有层次、自然优美、浓荫覆盖、色彩鲜艳、抗风害强、结构合理的自然植物群落和五彩缤纷的具有天然季相变化和富有姿态、色彩、风韵美的景色，真正做到月月有新景，季相有变化，万紫千红、花开不断。

③ 发展立体绿化，提高株洲市绿化景观效果。

立体绿化是近几年来园林发展的新热点，具有占地少、见效快、绿视高的优点，是城市增绿和丰富树种的重要举措之一。但目前株洲市绿化的种质材料较为单调，只有常春藤、爬山虎、紫藤等几种。因此，要大力发展垂直绿化，丰富和发展株洲市的垂直绿化材料，不断提高株洲市绿化树种的丰富度。

④ 开发利用宿根花卉和丰富地被植物。

在园林绿化中，宿根花卉和园林地被植物具有一次种植多年开花的特点，除了绿色以外，还有红色、蓝色、紫色、银色、铜色及金色等，具有增加植物层次，丰富园林景色，减少粉尘和细菌的传播，净化空气湿度，保持水土，护坡固堤和抑制杂草生长等净化环境、美化园林的重要作用，它的应用有助于提高大面积绿地景观质量。多开发利用宿根花卉和园林地被植物，节约绿化资金而又不削弱视觉效果，且可以很大程度上丰富城镇绿地的色彩和层次。因此株洲市绿化要围绕十分有利于宿根花卉和园林地被植物生长的自然优势，在进一步挖掘一些观叶、观花、观果的乡土宿根花卉和园林地被植物及水生地被植物的同时，引进一些新品种，使株洲市绿地的色彩和层次更加丰富，观赏效果更佳。

⑤ 加强植物的基础研究，进一步了解株洲乡土植物特性，培育、推广使用特色品种。

我们应彻底从思想上改变重建设轻研究的做法，加大基础研究力度，对优秀乡土植物进行筛选、培育，并进行大规模应用，引导科学的建设潮流。

三、各类绿化树种的选择

（一）行道树

道路绿化是城市绿化的基本组成部分，行道树种是道路绿化的骨干树种。它是指栽植在道路两旁，以修饰、美化、绿荫、安全、防火、隔音、净化空气为目的，具有修饰景观、美化市容、维护交通安全、保护环境、卫生公益等多效能的树种。

根据行道树选择的要求，结合株洲的环境特点，确定行道树可采用以下树种（详见第三篇表一）：

(1) 特大乔木（树高15m以上）：银杏、雪松、金钱松、柳杉、水杉、池杉、圆柏、日本扁柏、侧柏、柏木、墨西哥柏木、竹柏、榉树、银木、闽楠、樟树、黄樟、猴樟、荷花玉兰、乐昌含笑、深山含笑、乐东拟单性木兰、醉香含笑、鹅掌楸、樟叶槭、乌桕、重阳木、梧桐、樱花、刺槐、槐树、合欢、皂荚、翅荚木、二球悬铃木、加杨、垂柳、椰榆、

白榆、珊瑚朴、榉树、复羽叶栾树、无患子、枫杨、枳椇、香椿、喜树、枫香、杜仲、臭椿、梓树、楸树、黄连木、蒲葵、华盛顿棕榈。

（2）大乔木（树高 12m 以上）：秃瓣杜英、杨梅、桂花、金桂、银桂、丹桂、椤木石楠、石楠、望春玉兰、鸡爪槭、南方泡桐、台湾泡桐、南酸枣、加拿利海枣。

（3）中等乔木（树高 8m 以上）：龙柏、女贞、中华杜英、日本杜英、枇杷、日本晚樱、酸橙、柚、红果罗浮槭、三角枫、川楝、棕榈。

（二）绿地乔木（行道树除外）

按照特大乔木、大乔木、中等乔木进行分类选择（详见第三篇表二），选择的树种如下：

（1）特大乔木（树高 15m 以上）：水杉、池杉、竹柏、乐昌含笑、深山含笑、醉香含笑、垂柳、榔榆、白榆、枫杨、枳椇、香椿、喜树、杜仲、蒲葵。

（2）大乔木（树高 12m 以上）：鸡爪槭、南方泡桐、加拿利海枣。

（3）中等乔木（树高 8m 以上）：龙柏、女贞、中华杜英、日本杜英、枇杷、日本晚樱、酸橙、柚、红果罗浮槭、三角枫、川楝、棕榈。

（三）花灌木

花灌木是指具有美丽花相，或鲜艳叶色，观赏价值较高的小乔木、灌木。它用途广，可布置于街道、公园、庭园等场所，既可独植、对植，也可列植、丛植或作花篱，可依其特色布置成各种专类园，亦可配植成具有多种色调的景区，是城市园林绿地中色彩变化的主要植物素材。株洲市花灌木选择如下（详见第三篇表三）：

（1）春花灌木：紫玉兰、二乔木兰、紫花含笑、含笑、小檗、紫叶小檗、蚊母树、红花檵木、蜡瓣花、山茶花、杜鹃、锦绣杜鹃、西洋杜鹃、鹿角杜鹃、金弹子、海桐、樱桃、桃、千瓣白桃、紫叶桃、碧桃、樱花、日本晚樱、紫叶李、贴梗海棠、垂丝海棠、湖北海棠、西府海棠、杏、火棘、中华绣线菊、棣棠花、重瓣棣棠花、尖叶紫薇、结香、洒金桃叶珊瑚、枸骨、无刺枸骨、匙叶黄杨、黄杨、顶蕊三角咪、桔、枳、金钟花、迎春花、琼花、锦鸡儿、紫荆。

（2）夏花灌木：十大功劳、南天竹、木槿、玫瑰、郁李、紫薇、赤楠、大叶黄杨、金边黄杨、金心黄杨、龟甲冬青、枣、马甲子、金柑、夹竹桃、小叶女贞、金叶女贞、栀子花、大花栀子、水栀子、六月雪、金边六月雪、木绣球、绣球花、金丝桃、地毯。

（3）秋冬花灌木：茶梅、茶、木芙蓉、重瓣木芙蓉、梅、红梅、月季花、双荚槐、八角金盘、枸杞、珊瑚樱、美丽胡枝子、地毯。

（四）地被植物

按照灌木地被、藤本地被、草本地被及蕨类地被进行分类选择（详见第三篇表四）：

（1）灌木地被：铺地柏、十大功劳、月季花、红花檵木、匙叶黄杨、黄杨、无刺枸骨、龟甲冬青、大叶黄杨、金边黄杨、金心黄杨、洒金桃叶珊瑚、八角金盘、锦绣杜鹃、西洋杜鹃、小叶女贞、金叶女贞、水栀子、六月雪、金边六月雪、熊掌木、阔叶十大功劳、金边瑞香、红叶石楠、棕竹、顶蕊三角咪、紫金牛、绣球花、重瓣棣棠花、杜鹃、紫叶小檗、金丝桃、小檗、棣棠花、结香、玫瑰、中华绣线菊、粉花绣线菊、枸杞、珊瑚樱、美丽胡枝子、地毯。

（2）藤本地被：薜荔、扶芳藤、异叶爬山虎、三叶爬山虎、爬山虎、常春藤、蔓长春、花叶常春藤、络石、龙须藤、南五味子。

（3）草本地被：羽衣甘蓝、三色堇、石竹、大花马齿苋、红叶甜菜、地肤、鸡冠花、千日红、凤仙花、紫茉莉、雏菊、金盏菊、翠菊、菊花、瓜叶菊、金鸡菊、大波斯菊、大丽菊、万寿菊、孔雀草、百日菊、美女樱、一串红、彩叶草、紫锦草、吊竹梅、美人蕉、大花美人蕉、狗牙根、白车轴草、垂盆草、天竺葵、马蹄金、虎耳草、蜘蛛抱蛋、玉簪、麦冬、阔叶麦冬、土麦冬、万年青、吉祥草、葱兰、韭兰、鸢尾、蝴蝶花、淡竹叶、细叶结缕草、沟叶结缕草、菖蒲、石菖蒲、三白草、野慈菇、萱草、黄花鸢尾。

（4）蕨类地被：石松、翠云草、福建莲座蕨、芒萁、蕨、井栏边草、金星蕨、狗脊蕨、

红盖鳞毛蕨、肾蕨、密叶波斯顿蕨。

（五）立体绿化植物

立体绿化植物分为以下四类进行选择（详见第三篇表五）：

(1)墙体、护坡、挡墙绿化：薜荔、扶芳藤、异叶爬山虎、三叶爬山虎、爬山虎、葡萄、常春藤、忍冬、蔓长春、山鸡血藤、常春油麻藤、花叶常春藤、络石、凌霄花、美国凌霄、中华猕猴桃、龙须藤、雀梅藤、南五味子、小木通、粉叶羊蹄甲、珍珠莲、葛藤。

(2)花架绿化：紫藤、葡萄、忍冬、蔓长春、山鸡血藤、常春油麻藤、凌霄花、美国凌霄、中华猕猴桃、龙须藤、南五味子、小木通、粉叶羊蹄甲、葛藤。

(3)窗台、阳台绿化：薜荔、扶芳藤、异叶爬山虎、三叶爬山虎、爬山虎、常春藤、忍冬、蔓长春、花叶常春藤、络石、凌霄花、美国凌霄、雀梅藤、小木通、粉叶羊蹄甲。

(4)屋顶绿化：紫藤、薜荔、爬山虎、葡萄、常春藤、忍冬、蔓长春、常春油麻藤、花叶常春藤、葛藤。

（六）抗污染植物

抗污染树种是指对各种大气污染有较强抗性，或能吸收有毒气体、吸滞粉尘，或释放氧较高，能净化空气的树种，其中有毒气体主要有 SO_2、Cl_2、HCl、HF、NH_3、NO_2 等。根据树种的习性和抗性，株洲市抗污染树种主要分为以下五类进行选择（详见第三篇表六）：

(1)抗烟尘：圆柏、龙柏、榧树、荷花玉兰、樟树、日本珊瑚树、日本晚樱、苦槠、麻栎、二球悬铃木、朴树、榔榆、白榆、珊瑚朴、榉树、桑、复羽叶栾树、枫杨、川楝、黄连木、臭椿、梓树、蚊母树、中华蚊母树、夹竹桃。

(2)抗 SO_2：黑松、柳杉、圆柏、罗汉松、荷花玉兰、深山含笑、白玉兰、鹅掌楸、樟树、杨梅、女贞、桂花、金桂、银桂、丹桂、对节白蜡、日本珊瑚树、石楠、冬青、苦槠、青冈栎、板栗、乌桕、重阳木、刺槐、槐树、龙爪槐、合欢、枫香、加杨、垂柳、榔榆、无患子、枫杨、南方泡桐、华东泡桐、南酸枣、黄连木、臭椿、君迁子、梓树、蒲葵、海桐、蚊母树、匙叶黄杨、黄杨、四季桂、小叶女贞、枸骨、无刺枸骨、大叶黄杨、金边黄杨、八角金盘、栀子花、水栀子、木槿、紫藤。

(3)抗 Cl_2：银杏、黑松、圆柏、龙柏、罗汉松、荷花玉兰、白玉兰、杨梅、女贞、桂花、金桂、银桂、丹桂、对节白蜡、日本珊瑚树、青冈栎、板栗、槐树、龙爪槐、枫香、南方泡桐、华东泡桐、南酸枣、梓树、棕榈、蒲葵、蚊母树、匙叶黄杨、黄杨、四季桂、小叶女贞、枸骨、无刺枸骨、大叶黄杨、金边黄杨、木槿。

(4)抗 HCl：乌桕、槐树、龙爪槐、黄连木、匙叶黄杨、黄杨、小叶女贞、大叶黄杨、金边黄杨。

(5)抗 HF：银杏、圆柏、龙柏、罗汉松、竹柏、荷花玉兰、樟树、杨梅、女贞、对节白蜡、青冈栎、柿、蚊母树、匙叶黄杨、黄杨、大叶黄杨、金边黄杨、紫藤。

（七）防护林带树种

防护林是指能从空气中吸收有毒气体，阻滞尘埃，消弱噪音，防风固沙，保持水土的一类树木。可分为抗风防火、减噪隔音、保持水土等防护林。株洲市的防护林树种主要分为以下四类进行选择（详见第二篇表·七）：

(1)防风：黑松、湿地松、金钱松、池杉、落羽杉、罗汉松、樟树、黄樟、日本杜英、石栎、麻栎、栓皮栎、白栎、乌桕、重阳木、樱桃、枫香、加杨、旱柳、朴、白榆、榉树、桑、复羽叶栾树、无患子、枫杨、翅荚木、黄连木、华盛顿棕榈。

(2)防火：日本珊瑚树、醉香含笑、银木荷、木荷、苦槠、青冈栎、麻栎、栓皮栎、铁冬青、乌桕。

(3)防噪音：圆柏、樟树、日本珊瑚树、苦槠、青冈栎。

(4)保持水土：落羽杉、墨西哥柏木、栓皮栎、白栎、杜梨、旱柳、白榆、枫杨、翅荚木、臭椿。

（八）芳香植物

凡是兼有药用植物和香料植物共有属性的植物类群被称为芳香植物，因此芳香植物是集观赏、药用、食用价值于一身的特殊植物类型。包括芳香乔木、芳香灌木、芳香藤本、芳香草本、芳香作物。株洲市芳香植物的选择如下（详见第三部分表八）：

(1)芳香乔木：银杏、雪松、黑松、马尾松、柳杉、圆柏、龙柏、日本扁柏、侧柏、柏木、福建柏、榉树、荷花玉兰、乐昌含笑、深山含笑、乐东拟单性木兰、醉香含笑、白玉兰、鹅掌楸、望春玉兰、二乔玉兰、凹叶厚朴、香樟、黄樟、猴樟、红楠、闽楠、银木、黑壳楠、枫香、杨梅、木荷、山矾、枇杷、梅、日本晚樱、香椿、酸橙、柚、女贞、桂花、金桂、银桂、丹桂、华东泡桐、翅荚香槐、刺槐、槐树。

(2)芳香灌木：含笑、紫花含笑、紫玉兰、蜡梅、乌药、蜡瓣花、茶梅、茶、金弹子、海桐、贴梗海棠、月季、玫瑰、结香、金边瑞香、桔、金柑、枳、夹竹桃、四季桂、小叶女贞、金叶女贞、栀子花、水栀子。

(3)芳香藤本：南五味子、中华猕猴桃、络石、凌霄花、忍冬、紫藤。

(4)芳香草本：石竹、紫茉莉、雏菊、金盏菊、美女樱、美人蕉、天竺葵、芭蕉、玉簪、花叶薄荷、莲、地肤、菖蒲、石菖蒲、香蒲。

（九）色叶植物

分别按照春色叶、秋色叶、彩色叶进行色叶植物的选择（详见第三篇表九）：

(1)春色叶植物：樟、珊瑚朴、朴、垂柳、旱柳、椤木石楠、石楠、红楠、闽楠、红叶石楠、蓝果树、黄连木、臭椿、香椿。

(2)秋色叶植物：银杏、金钱松、水杉、池杉、落羽杉、鹅掌楸、南天竹、小檗、二球悬铃木、枫香、桑、麻栎、栓皮栎、梧桐、加杨、柿、扶芳藤、乌桕、重阳木、异叶爬山虎、三叶爬山虎、爬山虎、复羽叶栾树、无患子、三角枫、鸡爪槭、中华槭、五裂槭、色木槭、黄连木、白蜡树、对节白蜡、翅荚香槐。

(3)彩色叶植物：紫叶小檗、红花檵木、紫叶李、金边瑞香、洒金桃叶珊瑚、金边黄杨、金心黄杨、红枫、花叶常春藤、金边常春藤、花叶络石、金叶女贞、金边六月雪、金边龙舌兰、羽衣甘蓝、红叶甜菜、彩叶草、紫锦草、吊竹梅、花叶薄荷、金叶过路黄。

（十）水生植物

水生植物是水体绿化的主要材料，不仅限于植物体全部或大部分在水中生活的植物，也包括适应于沼泽或低湿环境生长的一切可观赏的植物。多种多样的水生植物不仅能够使景色生动，还可起净化水质的作用。株洲市选用以下植物为水生植物（详见第三篇表十）：

莲、睡莲、菖蒲、石菖蒲、海芋、旱伞草、三白草、水蓼、千屈菜、野菱、荇菜、水鳖、野慈菇、萱草、凤眼莲、梭鱼草、野芋、大藻、黄花鸢尾、再力花、香蒲、灯心草、野灯心草、荸荠、水葱、芦苇、南荻、菰。

（十一）具有发展前景的树种

城市绿化建设应大力挖掘应用乡土树种，适当发展应用新优树种。据此，选用了以下在同纬度地区应用良好而在株洲市应用具有发展前景的种：

乔木：美国红枫、山桐子、北美栎树、北美鹅掌楸、中华红叶杨、北美白桦、青钱柳、千年桐、山乌桕、北美蜡树、榉树、翅荚香槐、黑壳楠、刨花楠、七叶树。

灌木：北美红枝木、彩叶紫荆、红果海棠、垂樱、地中海荚蒾、水果蓝、金叶国槐、金边大花六道木、地中海荚蒾。

地被：匍枝亮绿忍冬、小丑火棘、菲白竹。

宿根及球根花卉：矾根、斑点大吴风草、皇红醉鱼草、美国金钟连翘、花叶欧亚活血丹、花叶燕麦草、红叶景天、紫叶珊瑚钟、常绿萱草、花叶鱼腥草、赤胫散、金叶石菖蒲、金边阔叶麦冬、六出花、锦绣苋、聚合草、小叶野决明、小丽菊、花叶良姜、花叶美人蕉、晚香玉、石蒜类、朱顶红、白脉风信草、白芨、红叶景天。

藤本：腺萼南蛇藤、红花金银花（常绿）、藤本月季、花叶络石。

野花组合建议：

（1）夏、秋和初冬观赏：波斯菊、硫磺菊、金鸡菊、凤仙花、天人菊、常绿萱草、石蒜类。

（2）春、夏观赏：紫云英、二月兰、美丽月见草、紫花地丁、宿根福禄考、白芨。

四、应用实例

（一）道路绿化

（二）公共绿化

（三）公园小景

（四）广场绿化

（五）水景

一、

常绿乔木 (85种)

● 园林中应用最多的种，在园林绿地中出现率70%以上（17种）

● 园林中部分绿化区已应用的种，在园林绿地中出现率20%～69%（14种）

● 园林中个别绿化地已应用的种，在园林绿地中出现率20%以下（23种）

● 园林绿地中应用较少，但具有推广前景的种（31种）

1.1 雪松

别名：香柏　　　　　科名：松科

学名：*Cedrus deodara* (Roxb.) G. Don

形态特征：常绿乔木，高达 50m，胸径达 3m；树冠塔形；大枝平展，不规则轮生。叶在长枝上螺旋状散生、短枝上簇生，叶针状，质硬。叶色淡绿色至蓝绿色，有白粉；果球形，椭圆至椭圆状卵形。

生态习性：喜温暖和凉润气候，喜光稍耐阴，有一定的耐寒性，不耐水湿，较耐干旱瘠薄。果期 10 月。种子和扦插繁殖为主。

栽培要点：在土层深厚、肥沃、疏松、排水良好的土壤上生长最好。但在低洼积水或地下水位过高的地方，生长不良，甚至死亡。

园林应用：庭荫树、行道树；树姿优美，终年苍翠，是"世界五大庭院树木"之一。丛植或孤植于草坪。

1.2 圆柏

别名：桧柏、刺柏　　　　　科名：柏科

学名：*Sabina chinensis* (L.) Ant.

形态特征：常绿乔木，高度达 20m，胸径达 3.5m；树冠圆锥形变广圆形。叶两种，鳞叶交互对生，刺叶 3 枚轮生，上面微凹，有 2 条白色气孔带；果球形，褐色，被白粉。

生态习性：喜光但耐阴性很强，耐寒、耐热，对多种有毒气体有一定的抗性。深根性树种，生长速度中等。花期 4 月下旬，果期次年 10 ～ 11 月。种子和扦插繁殖为主。

栽培要点：对土壤要求不严，酸性、中性及石灰质土壤均能生长。喜湿润、深厚、排水良好的土壤，雨季能耐短期水涝。萌芽力强，耐修剪。移植多在春季进行。

园林应用：行道树、独赏树、绿篱；老树奇姿古态，是良好的观树形树种，可用作蟠扎整形或盆景材料。

1.3　龙柏

科名：柏科

学名：*Sabina chinensis* (L.) Ant. cv. 'Kaizuca'

形态特征：常绿乔木，高达 8m；树形圆柱状，小枝略扭曲上伸，在枝端呈几个等长的密簇状；全为鳞叶，密生，幼叶淡黄绿色，后呈翠绿色；球果蓝黑，略有白粉。

生态习性：喜光但耐阴性很强，有一定耐寒能力，抗烟及多种有害气体。花期春季。嫁接及扦插繁殖为主。

栽培要点：在干燥、肥沃而深厚的中性土壤中生长良好，也可在酸性或微碱性土壤上生长，在排水不良之处生长不良，常发生烂根。

园林应用：行道树、绿篱；树形优美，观树形树种。群植于庭院或修剪作为雕塑材料。

1.4　罗汉松

别名：罗汉杉、土杉　　　　科名：罗汉松科

学名：*Podocarpus macrophyllus* (Thunb.) D.Don

形态特征：常绿乔木，高达 20m，胸径达 60cm；树冠广卵形；枝较短而横斜，密生；叶条状披针形，有明显中肋，螺旋状互生；雄球花 3～5 簇生于叶腋，圆柱形，雌球花单生叶腋；种子核果状，着生于肥大肉质的种托上，形如披着袈裟的罗汉；种托椭圆形，初时红色，后紫色。

生态习性：较耐阴、不耐寒，对病虫害、多种有毒气体的抗性较强，忌太阳直射暴晒。花期 4～5 月，果期 8～11 月；以种子及扦插繁殖为主。

栽培要点：适宜在排水良好而湿润的砂质壤土上生长。

园林应用：庭荫树、独赏树。对植或散植于厅、堂之前，或制作盆景。

1.5 荷花玉兰

别名：洋玉兰、广玉兰　　　　科名：木兰科

学名：*Magnolia grandiflora* Linn

形态特征： 常绿乔木，高达 30m；树冠阔圆锥形；小枝、叶背、叶柄密被褐色或锈色绒毛；叶厚革质，椭圆形或倒卵状椭圆形，叶面深绿、光亮；花单生枝顶，荷花状，白色；聚合果圆柱形，披有褐色或灰黄色绒毛；种子红色。

生态习性： 喜光，稍耐寒，耐烟尘，对二氧化硫等有害气体抗性较强，不耐水浸泡，树干忌强阳光暴晒。花期 5～6 月，果期 9～10 月。种子、高空压条和嫁接繁殖为主。

栽培要点： 早春适合行高压和嫁接法。大树移植宜在半年前做断根处理。春至夏季每 2～3 月施肥一次，以有机肥为佳，或酌施氮、磷、钾复合肥。

园林应用： 庭荫树、行道树、独赏树；花大、芳香，优良的观花树种。

1.6 乐昌含笑

别名：景烈白兰　　　科名：木兰科

学名：*Michelia chapensis* Dandy

形态特征： 常绿乔木，高 15～30m；小枝无毛或嫩时节上被灰色微柔毛；叶互生，薄革质，倒卵形至长圆状倒卵形，基部楔形，叶面有光泽，叶缘常为波状；花被片 6，聚合果长圆形或卵圆形。

生态习性： 喜温暖湿润气候，喜光，耐寒、耐高温，不耐水湿，树干忌强阳光暴晒，不耐热辐射，小气候要求湿润、凉爽。花期 3～4 月，果期 8～9 月。种子繁殖为主。

栽培要点： 早春适合行高压和嫁接法。大树移植宜在半年前做断根处理。春至夏季每 2～3 月施肥一次，以有机肥为佳，或酌施氮、磷、钾复合肥。

园林应用： 行道树、庭荫树；树干挺拔，树荫浓郁，花清丽芳香。可孤植、丛植于园林中。

一、常绿乔木　／　33

1.7 樟树

别名：香樟　　**科名**：樟科

学名：*Cinnamomum camphora* (L.) Presl.

形态特征：常绿乔木，树高可达 50m；树冠广卵形；叶互生，薄革质，卵状椭圆形，离基三出脉，叶全缘，脉腋有腺体；圆锥花序腋生于新枝，花被淡黄绿色；核果球形，熟时紫黑色，果托盘状。

生态习性：喜温暖湿润气候，稍耐阴，耐寒性不强，较耐水湿，耐烟尘以及有毒气体，能够吸收多种有毒气体。深根性树种，生长速度中等偏慢。花期 4～5 月，果期 9～11 月。种子繁殖为主。

栽培要点：耐修剪，忌积水，对土壤要求不严，在干旱、瘠薄和盐碱土上生长不良。

园林应用：庭荫树、行道树、防护林及风景林。可选作厂矿区绿化树种。

1.8 黄樟

别名：大叶樟　　**科名**：樟科

学名：*Cinnamomum parthenoxylon* (Jack) Meissn

形态特征：常绿乔木，高 10～20m，胸径 40cm；叶互生，革质，羽状脉，长椭圆状卵形，先端急尖，基部楔形或阔楔形，背面带白色，两面无毛；圆锥花序，花较小，绿带白色；果球形、熟时黑色。

生态习性：喜温暖湿润气候，喜光，幼年耐阴，生长较快。花期 3～5 月，果期 4～10 月。种子繁殖为主。

栽培要点：忌积水，幼树稍耐阴。

园林应用：庭荫树、行道树。

1.9 猴樟

别名：大叶樟　　**科名**：樟科

学名：*Cinnamomum bodinieri* Levl.

形态特征：常绿乔木，高达 15m；树皮灰褐色；枝条光滑；叶互生，革质、卵形或长圆状卵形，幼嫩时两面均有毛，后叶面光滑，背面白灰色，有白色毛，侧脉羽状，脉腋有小凹点，揉搓具樟脑味；圆锥花序，绿白色，腋生，花梗有毛；果球形，绿色，无毛。

生态习性：喜温暖湿润气候，幼时耐阴，成年树喜光，不宜栽种于瘠薄或水湿地。花期 5～6 月，果期 7～8 月。种子繁殖。

园林应用：行道树、独赏树。可群植、丛植于园林中。

1.20　侧柏

科名：柏科

学名：*Platycladus orientalis* (L.) Franco

形态特征：常绿乔木，树高达 20m，胸径 1m；幼树树冠尖塔形，老树广圆形；枝条向上伸展或斜展，生鳞叶的小枝向上直展或斜展，扁平，排成一平面；叶对生，鳞片状，先端微钝，两面均为绿色；球花单生小枝顶端；球果卵形、褐色，果鳞先端反曲；种子无翅或有极窄之翅。

生态习性：适应干冷气候，也能在暖湿气候条件下生长，喜光，不耐水涝。浅根性树种，生长较慢。花期 3～4 月，果期 10 月。种子繁殖为主。

园林应用：绿篱、行道树。长江以北、华北石灰岩山地主要造林树种之一。

1.21　杜英

别名：山杜英　　科名：杜英科

学名：*Elaeocarpus sylvestris* (Lour.) Poir

形态特征：常绿乔木。树冠紧凑，近圆锥形，枝叶茂密。单叶互生，叶形为长椭圆状披针形，钝锯齿缘，表面平滑无毛，羽状脉，叶革质披针形，秋冬至早春部分树叶转为绯红色，红绿相间，鲜艳悦目。树皮深褐色、平滑，小枝红褐色。总状花序为淡绿色、腋生。果实为椭圆形褐果，两端锐形，种子很坚硬。

生态习性：深根性耐阴树种，喜温暖湿润环境，根系发达，树干坚实挺直，抗风力强。它的花期在 6～8 月，果期 10～11 月。以播种繁殖为主。

栽培要点：在排水良好的酸性黄壤土中生长十分迅速。一般采种后即播种，也可将种子用湿沙层积至次年春播。

园林应用：行道树、园景树。宜丛植、群植或对植，也可植于草坪边缘或用作花木背景。观叶赏树时值得驻足停留欣赏的植物。由于它对二氧化硫抗性较强，也适宜作工厂矿区的绿化树种。

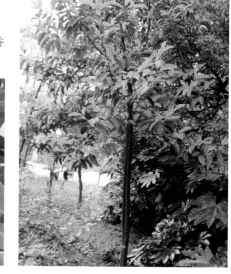

1.22　深山含笑

别名：光叶白兰　　科名：木兰科

学名：*Michelia maudiae* Dunn.

形态特征：常绿乔木，树高 20m；全株无毛；芽、嫩枝、叶背面、苞片均被白粉；叶革质、宽椭圆形，叶表深绿色、有光泽，背面灰绿色、被白粉，中脉隆起、网脉明显；托叶痕不延至叶柄；花单生叶腋，白色，芳香，花被 9 片。

生态习性：喜温暖湿润环境，有一定耐寒能力，抗干热，对二氧化硫抗性较强、病虫害少，不耐水湿，树干忌强阳光暴晒。浅根性树种，生长较快。花期 2～3 月，果期 9～10 月。种子繁殖为主。

园林应用：庭荫树、行道树、独赏树；叶鲜绿，花纯白艳丽，是早春优良芳香观花树种。群植或"四旁"绿化、混交林树种。

1.23　中华杜英

科名：杜英科

学名：*Elaeocarpus chinensis* (Gardn. et Champ.) Hook.f.ex Benth.

形态特征：常绿小乔木，高 3～7m；嫩枝有柔毛，老枝秃净；叶薄革质，卵状披针形或披针形，先端渐尖，基部圆形，上面绿色有光泽，下面有细小黑腺点，边缘有波状小钝齿；总状花序，花瓣 5 片，长圆形；核果椭圆形。

生态习性：需温暖湿润、微酸性、排水良好的湿润环境，耐阴，忌强阳光暴晒。花期 5～6 月。以种子繁殖为主。

园林应用：庭荫树、行道树、独赏树。常丛植于公园、庭院以及生活小区。

1.24 日本杜英

别名：薯豆　　科名：杜英科

学名：*Elaeocarpus japonicus* Sieb.et Zucc.

形态特征：常绿乔木；小枝、顶芽无毛；叶革质、椭圆形或倒卵形，先端尖，有钝头，基部圆形，边缘有浅锯齿，幼时被银白色绢毛，长成时两面无毛，下面有散生的黑色小腺点；叶柄长 2.5 ～ 6cm，顶端稍膨大；花序腋生；果椭圆形，长 1 ～ 1.3cm。

生态习性：喜侧阴，喜湿润环境、不耐旱，需微酸性土壤，忌强阳光暴晒。花期 5 月。种子及扦插繁殖。

园林应用：庭荫树、行道树、独赏树、风景林。

1.25 枇杷

科名：蔷薇科

学名：*Eriobotrya japonica* (Thunb.) Lindl.

形态特征：常绿小乔木，高可达 10m；小枝、叶背及花序均密被锈色绒毛；单叶互生，革质，常倒披针状椭圆形，先端尖，基部楔形，边缘锯齿粗钝，表面多皱而有光泽；圆锥花序顶生，花白色，芳香，果近球形或梨形，黄色或橙黄色。

生态习性：喜温暖湿润气候，稍耐阴，不耐寒，喜中性或酸性土。花期 10 ～ 12 月，果期 5 ～ 6 月。以种子及嫁接繁殖为主。

园林应用：庭荫树、行道树；树形整齐美观，叶大荫浓。群植、丛植于园林。

楼木石楠

别名：楼木　科名：蔷薇科

学名：Photinia davidsoniae Rehd. et Wils.

形态特征：常绿乔木，树高 6～15m；树干以及枝条有刺；幼枝棕色、贴生短毛，后呈紫褐色，最后呈灰色无毛；叶互生，革质，长椭圆形至倒卵状披针形，先端急尖或渐尖，有短尖头，基部楔形，边缘稍反卷，有细锯齿；顶生复伞房花序；梨果，卵球形，黄红色。

生态习性：喜光，喜温暖，耐干旱。花期 5 月，果期 9～10 月。种子繁殖为主。

园林应用：行道树、独赏树、庭荫树；秋季黄红色果实，点缀绿叶。而古树常绿苍劲，作"风水林"。

1.27　**石楠**

科名：蔷薇科

学名：*Photinia serrulata* Lindl.

形态特征：常绿小乔木，高达 12m；树冠圆形；全体无毛；单叶互生，革质，长椭圆形至倒卵状长椭圆形，先端尖，基部圆形或广楔形，缘有细尖锯齿，表面深绿而有光泽，幼叶带红色；顶生复伞房花序，花白色；梨果，近球形，红色。

生态习性：喜光、稍耐阴、稍耐寒，耐干旱、瘠薄，不耐水湿。生长较慢。花期 5～7 月，果期 10 月。种子繁殖为主。

园林应用：行道树、独赏树；树冠圆形，枝叶浓密，早春嫩叶鲜红，秋冬红果累累，是美丽的观果、观叶树种。

1.28　冬青

科名：冬青科

学名：*Ilex chinensis* Sims （*I. purpurea* Hassk.）

形态特征：常绿乔木，树高达 13m；叶薄革质，长椭圆形至披针形，先端渐尖，基部楔形，表面深绿，缘疏生浅齿，叶柄淡紫红色；聚伞花序，腋生于幼枝，花瓣紫红色或淡紫色；果实深红色，椭球形。

生态习性：喜温暖湿润气候，喜光，稍耐阴，不耐寒，较耐潮湿。深根性树种，生长较慢。花期 5 ～ 6 月，果期 9 ～ 11 月。种子繁殖为主。

园林应用：独赏树、庭荫树、绿篱；四季常青，入秋累累红果，观果树种。

1.29　酸橙

科名：芸香科

学名：*Citrus aurantium* L.

形态特征：常绿小乔木；刺多，无毛，徒长枝的刺多达 8cm；叶色浓绿，质地颇厚，卵状椭圆形，全缘或微波状齿，叶柄有狭长或倒心形宽翼；花 1 至多朵簇生于当年新枝顶端或者叶腋，白色，有芳香；果近球形，橙黄至朱红色。

生态习性：需湿润肥沃环境，不耐旱，能在微酸或者微碱性土生长，易老化，易被虫蛀干，害虫危害。花期 4 ～ 5 月，果期 9 ～ 12 月。种子、嫁接及扦插繁殖为主。

园林应用：行道树、独赏树、庭荫树；秋、冬观果树种。

1.30　柚

科名：芸香科

学名：*Citrus maxima* (Burm.) Merr.
[*C. grandis* (L.) Osbeck.]

形态特征：常绿小乔木，高5～10m；小枝具棱角，有毛，刺较大。叶质颇厚，卵状椭圆形，缘有钝齿，叶柄具宽大倒心形之翅；花两性，白色，单生或簇生于叶腋，花梗、花萼及子房有柔毛；果圆球形，扁圆形、梨形或阔圆锥状，淡黄或黄绿色，果皮厚。

生态习性：喜温暖湿润气候，深厚、肥沃而排水良好的中性或微酸性砂质壤土或黏质壤土，易老化，易被虫蛀干，害虫危害。花期4～5月，果期9～12月。种子及扦插繁殖。

园林应用：行道树、独赏树；硕大果实，观果树种。

1.31　棕榈

别名：棕树、山棕　　科名：棕榈科

学名：*Trachycarpus fortunei* (Hook.) H.Wendl.

形态特征：常绿乔木，树高3～10m或更高；树干圆柱形，被不易脱落的老叶柄基部和密集的网状纤维；叶簇生干顶、近圆形，掌状裂深达中下部叶柄，两侧细齿明显；圆锥状肉穗花序，腋生，花小，黄色；核果肾状球形，蓝褐色，被白粉。

生态习性：喜温暖湿润气候，稍耐阴，不耐寒，耐一定干旱以及水湿。浅根性树种，生长缓慢。花期4～5月，10～11月果熟。种子繁殖。

园林应用：行道树、独赏树；挺拔秀丽，一派南国风光。可丛植或成片栽植，亦可用于工厂绿化。

1.32   湿地松

科名：松科

学名：*Pinus elliottii* Engelm.

形态特征：树高 30～36m，胸径 90cm；树皮灰褐色，纵裂成大鳞片状剥落；针叶 2～3 针 1 束，长 18～30cm，粗硬，深绿色，叶内树脂道 2～9 个，多内生；球果有短柄。

生态习性：喜温暖多雨气候，强阳性，较耐水湿和盐土，不耐干旱，抗风力较强。速生树种。种子繁殖为主。

园林应用：行道树、风景林。宜丛植于河岸池边。

种 名	火炬松	湿地松	马尾松
叶区别	针叶 3 针 1 束，稀 2 针，较硬直，蓝绿色。	针叶 2～3 针 1 束并存，粗硬，深绿色。	针叶 2 针 1 束，细柔，浅绿色。

1.33   日本五针松

别名：五针松、日本五须松   科名：松科

学名：*Pinus parviflora* Sieb. et Zucc.

形态特征：常绿乔木，高 10～30m，胸径 0.6～1.5m；树冠圆锥形；树皮灰黑色，不规则鳞片状剥裂，内皮赤褐色；一年生小枝淡褐色，密生淡黄色柔毛；针叶 5 针 1 束，细而短，因有明显白色气孔线而呈蓝绿色，稍弯曲；种子较大，种翅短于种子长。

生态习性：耐阴，不耐寒，忌湿畏热，不适于砂地生长。生长速度缓慢。以嫁接繁殖为主。

园林应用：独赏树；树形优美，观树形、观叶树种。孤植于草坪，或与山石配置，或盆栽。

1.34　马尾松

科名：松科

学名：*Pinus massoniana* Lamb.

形态特征：常绿乔木，高达45m，胸径达1.5m；树冠壮年狭圆锥形，老年伞状；树皮红褐色，不规则鳞片状裂片；一年生小枝淡黄褐色，轮生；针叶质软，2针1束，稀3针1束，长12～20cm，下垂或略下垂；球果长卵形，有短柄，无刺。

生态习性：喜温暖湿润气候，强阳性，忌水涝和盐碱，耐瘠薄。深根性树种，生长较快。花期4～5月，球果翌年10～12月成熟。种子繁殖。

园林应用：行道树。江南及华南造林的重要树种，是产区重要荒山造林的先锋树种。

1.35　柳杉

别名：长叶孔雀松　科名：杉科

学名：*Cryptomeria fortunei* Hooibrenk ex Otto et Dietr.

形态特征：常绿乔木，树高达40m，胸径达2m；树冠塔圆锥形；树皮赤棕色，纤维状裂成长条片状剥落；大枝近轮生，平展或斜展，小枝下垂；叶钻形，略向内弯曲，先端内曲，四边有气孔线；雄球花单生叶腋、黄色，雌球花顶生于短枝上、淡绿色；球果圆球形或扁球形、熟时深褐色。

生态习性：喜温暖湿润气候，稍耐阴，略耐寒，对二氧化硫抗性较强，树条脆，易被积雪折枝。浅根性树种，生长较快。花期4月，果期10～11月。种子及扦插繁殖。

园林应用：行道树、独赏树；树姿优美，绿叶婆娑，良好的观树形树种。适于丛植或群植。长株潭城市地区除较荫凉、湿润、肥沃地外，一般生长欠佳。

1.36　柏木

别名：垂丝柏　　科名：柏科

学名：*Cupressus funebris* Endl.

形态特征：常绿乔木，树高达 35m，胸径达 2m；树冠狭圆锥形；干皮淡褐灰色，长条状剥离；小枝下垂，圆柱形，生鳞叶的小枝扁平；鳞叶先端尖，偶有柔软线形刺叶；球果圆球形，木质；种子两侧有狭翅。

生态习性：喜光、稍耐阴，耐干旱瘠薄、稍耐水湿，喜钙质土、在中性及微酸性土上也能生长。深根性树种，能生于岩缝中。花期 3～5 月，种子翌年 5～6 月成熟。种子繁殖。

园林应用：行道树；观树形树种。群植成林，形成柏木森森的景色。

1.37　福建柏

别名：建柏　　科名：柏科

学名：*Fokienia hodginsii* (Dunn) Henry et Thomas

形态特征：常绿乔木，高 17m；小枝扁平，排成平面，平展；鳞叶交叉对生，呈楔状倒披针形，上面叶绿色，下面叶有白色气孔带；球果近球形，木质，种鳞盾形，种子上部有两个大小不等的薄翅。

生态习性：喜温暖多雨气候，喜光、稍耐阴。浅根性树种。种子繁殖。

园林应用：基础种植；树形规整，观树形树种。孤植、列植于古典建筑门前或土丘上。

竹柏

别名：大叶沙木、猪油木　　科名：罗汉松科

学名：*Nageia nagi* (Thunb.) Kuntze

　　　[*Podocarpus nagi* (Thunb.) Zoll. et Mor.ex Zoll.]

形态特征：常绿乔木，高达20m，胸径50cm；树冠圆锥形；叶对生，革质，长卵形、卵状披针形或披针状椭圆形，无明显中脉；种子球形，成熟时假种皮暗紫色、有白粉，种托不膨大、木质。

生态习性：喜温暖湿润气候，耐阴性强，不耐寒。花期3～4月，种子10月成熟。种子及扦插繁殖。

园林应用：行道树、独赏树、庭荫树；枝叶青翠而有光泽，良好的观叶树种。与高大乔木群植，城乡"四旁"绿化树种。

1.39　南方红豆杉

科名：红豆杉科

学名：*Taxus wallichiana* Zucc. var.

　　　mairei (Lemee et Levl.) L.K.

　　　Fu et N.Li

形态特征：常绿乔木；叶螺旋状着生，排成两列，条形、微弯或近镰状，先端渐尖，上面中脉凸起，下面有两条黄绿色气孔带，边缘常不反曲；种子倒卵形、微扁，生于红色肉质杯状假种皮中。

生态习性：喜温暖湿润气候，耐阴，喜阴湿，不耐干旱瘠薄；直根系，移栽成活率低,忌强阳光暴晒。生长缓慢，寿命长。种子及扦插繁殖。果期秋季。

园林应用：独赏树；秋季红色假种皮，鲜艳夺目。宜配置于公园、庭园荫凉的假山石旁或稀疏林中。

1.40 榧树

科名：红豆杉科

学名：*Torreya grandis* Fort. ex Lindl.

形态特征：常绿乔木，高可达 25m，胸径达 1m；大枝轮生，一年生小枝绿色、对生，次年变成黄绿色；叶条形、直而不弯，先端凸尖，上面绿色，中脉不明显，下面有 2 条黄白色气孔带；雄球花生于上年生枝之叶腋，雌球花群生于上年生短枝顶部，白色；种子长圆形、卵形或倒卵形，成熟时假种皮淡紫褐色。

生态习性：喜温暖湿润气候，耐阴性强，不耐寒。生长缓慢。花期 4～5 月，果期翌年 10 月。以播种繁殖为主。

园林应用：行道树、独赏树。丛植于公园、庭园较荫凉处。

1.41 木莲

别名：木莲果　　科名：木兰科

学名：*Manglietia fordiana* (Hemsl.) Oliv.

形态特征：常绿乔木，高达 20m。干通直，叶革质，长椭圆状披针形，叶端短尖，通常钝，基部楔形，稍下延，叶全缘，叶面绿色有光泽，叶背灰绿色有白粉，叶柄红褐色。树皮灰色，平滑。小枝灰褐色，有皮孔和环状纹。花白色，单生于枝顶。聚合果卵形，蓇葖肉质、深红色，成熟后木质、紫色，表面有疣点。

生态习性：幼年耐阴，成长后喜光。喜温暖湿润气候及深厚肥沃的酸性土。在干旱炎热之地生长不良。花期 3～4 月，果熟期 9～10 月。一般采用播种繁殖。

栽培要点：在空气湿度较大、土层深厚、湿润、肥沃、pH 值 5.5～7.0 的红壤、黄红壤地方，生长良好。种子洗净，稍晾干后，宜随采随播或沙藏春播。

园林应用：常与深山含笑、樟科多种楠木、罗浮栲等混植，组成乔木层树种。

1.42 乐东拟单性木兰

科名：木兰科

学名：*Parakmeria lotungensis* (Chun et C.Tsoong) Law

形态特征：常绿乔木，树高达 30m，胸径达 30cm；树皮灰白色；当年生枝绿色；叶革质，狭倒卵状椭圆形、倒卵状椭圆形或狭椭圆形，先端尖，基部楔形或狭楔形；花顶生，白色，有香味；聚合果，常卵状长圆形或椭圆状卵圆形。

生态习性：喜温暖湿润气候，喜光，稍耐寒，不耐水浸泡，树干忌强阳光暴晒。花期 4～5 月，果期 8～9 月。种子及扦插繁殖为主。

园林应用：行道树、独赏树、庭荫树；花形美丽，略有香味，观花树种。

1.43 醉香含笑

别名：火力楠　科名：木兰科

学名：*Michelia macclurei* Dandy

形态特征：常绿乔木，高达 20～30m；芽、幼枝、叶柄均被平伏短绒毛；叶厚革质，倒卵状椭圆形，先端短尖或渐尖，基部楔形，背面被灰色或淡褐色细毛；叶柄上无托叶痕；花白色，花被片 9～12 片，芳香；聚合果。

生态习性：喜温暖湿润气候及深厚的酸性土壤，不耐水浸泡，树干忌强阳光暴晒。生长较快。花期 3～4 月。种子繁殖为主。

园林应用：行道树、独赏树；树形整齐美观，枝叶茂密，花有香气，极好的观花树种。

1.44 披针叶八角

别名：披针叶茴香、红毒茴、窄叶红茴香　科名：八角科

学名：*Iuicium lanceolatum* A.C.Smith

形态特征：常绿灌木或小乔木，高 3～8m。叶互生或聚生于小枝上部，革质，倒披针形或披针形，顶端渐尖，基部楔形，背面淡绿色。树皮灰褐色。花腋生；蓇葖果木质，顶端有长而弯曲的尖头；种子淡褐色，有光泽。

生态习性：生长在海拔 600～1000m 的山谷阔叶林下。怕日晒。花期 5 月，果期 9～10 月。采用播种繁殖。

栽培要点：适合肥沃湿润土壤。种子宜随采随播或沙藏。

园林应用：庭荫树，作园林绿化及生态林树种配置，宜作为第二层林冠，上层必须有大乔木遮阴。

1.45 楠木

别名：雅楠、桢南、桢楠　科名：樟科

学名：*Phoebe zhennan* S. Lee et F. N. Wei

形态特征：常绿大乔木，高达 30m，胸径达 1m。叶长圆形至长圆状倒披针形，下面被短柔毛，侧脉明显。圆锥花序腋生，被短柔毛。核果椭圆形或椭圆状卵形，黑色。

生态习性：中性树种，幼时耐阴性较强，喜温暖湿润气候及肥沃、湿润而排水良好之中性或微酸性土壤。

园林应用：本种树干高大通直，树冠雄伟，宜作庭荫树及风景树用，在产区园林及寺庙中常见栽培。

栽培要点：适合土壤为紫色砂页岩与石灰石风化而成的黄壤。在土层深厚、肥沃、排水良好的中性或微酸性冲积土或壤质土上生长最好；在干燥瘠薄或排水不良之处，则生长不良。

1.46　红楠

科名：樟科

学名：*Machilus thunbergii* Sieb. et Zucc.

形态特征：常绿乔木，高达 20m，胸径达 1m；树冠平顶或扁圆；树皮黄褐色；小枝无毛；叶革质，长椭圆状倒卵形至椭圆形，中脉带红色，全缘，先端突钝尖，基部楔形，两面无毛，背面有白粉；花序顶生或在新枝上腋生；果球形，熟时蓝黑色，果序柄扁平、红色。

生态习性：喜温暖湿润气候，稍耐阴、不耐强光照，有一定的耐寒能力，不耐旱。生长较快。花期 4 月，果期 9～10 月。种子及分株繁殖为主。

园林应用：独赏树、庭荫树、防护林。或群植庭院、公园中。

1.47　闽楠

别名：楠木　　科名：樟科

学名：*Phoebe bournei* (Hemsl.) Yang

形态特征：常绿乔木，树高达 15～20m；老树皮灰白色，新树皮带黄褐色；小枝有毛或近无毛；叶革质或厚革质，披针形或倒披针形，先端渐尖或长渐尖，基部渐狭或楔形，背面被短柔毛，脉上被长柔毛；圆锥花序生于新枝叶腋，花小，黄色，宿存花被片被毛；果椭圆形或长圆形。

生态习性：喜温暖湿润气候，耐阴。深根性树种。花期 4 月，果期 10～11 月。种子及扦插繁殖。

园林应用：行道树、独赏树；观叶树种。

1.48　银木

科名： 樟科

学名： *Cinnamomum septentrionale* Hand. –Mzt.

形态特征： 常绿乔木，高 16～25m，胸径 0.6～1.5m；树冠广卵形；树皮灰色，光滑；小枝有棱，被白色绢毛；叶互生，椭圆形或倒卵状长椭圆形，先端短渐尖，基部楔形，表面有短柔毛，背面有白色绢毛，羽状脉；花序腋生，密被绢毛；果无毛，果托盘状。

生态习性： 喜温凉气候，稍耐阴。深根性树种。花期 5～6 月，果期 7～9 月。以种子繁殖为主。

园林应用： 行道树、庭荫树；树姿雄伟、四季常青，观树形、观叶树种。群植或丛植于公园、庭园等。

1.49　木荷

别名： 荷树　　**科名：** 山茶科

学名： *Schima superba* Gardn.et Champ.

形态特征： 常绿乔木，高达 30m；树冠广卵形；树皮灰褐色，块状纵裂；嫩枝带紫色，略有毛；叶互生，卵状椭圆形或距圆形，先端渐尖或短尖，基部楔形，钝锯齿，叶背绿色无毛；花白色，芳香，单生于枝顶叶腋或成短总状；蒴果近球形。

生态习性： 喜温暖湿润气候，喜光，但幼树能耐阴，能耐干旱。花期 5～7 月，果期 9～10 月。种子繁殖为主。

园林应用： 庭荫树、风景林。丛植、群植作防火带树种。

银木荷

科名：山茶科

学名：*Schima argentea* Pritz.

形态特征：常绿乔木，高 20～30m；嫩枝有柔毛，老枝有白色皮孔；叶厚革质，长圆形或长圆状披针形，先端尖锐，基部阔楔形，全缘，上面发亮，下面有银白色蜡被，有柔毛或秃净；花白色，数朵生于枝顶，花柄、萼片等均有毛；蒴果球形。

生态习性：喜温凉湿润的环境，喜光、稍耐阴，喜酸性肥厚土壤，较耐干瘠条件。花期 7～8 月。种子繁殖为主。

园林应用：独赏树；观花树种。树皮厚，抗火，为南方防火林带树种。

1.51 头状四照花

别名：鸡嗉子果　　科名：山茱萸科

学名：*Dendrobenthamia capitata*

形态特征：常绿小乔木，高 3～10m。嫩枝密被白色柔毛。单叶对生，革质或薄革质，矩圆形或矩圆状披针形，先端锐尖，基部楔形，全缘，上面深绿色，下面灰绿色，两面均被贴生白色柔毛。头状花序近球形，具 4 黄白色花瓣状总苞片。果序扁球形，紫红色。

生态习性：生于山坡、沟边、灌木丛中。

园林应用：庭荫树。

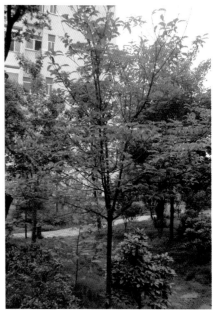

1.52　蒲葵

科名：棕榈科

学名：*Livistona chinensis* (Jacq.) R.Br.

形态特征：常绿乔木，高达5～20m，胸径20～30cm；树冠密实，近圆球形；基部常膨大；叶阔肾状扇形、掌状浅裂或深裂，部分裂深至全叶1/4～2/3，下垂；肉穗花序腋生，排成圆锥花序，花小，两性，鲜黄色；核果椭圆形至阔圆形，状如橄榄，熟时亮紫黑色。

生态习性：喜高温多湿气候，喜光略耐阴，不耐寒，耐干旱，抗有毒气体。花期3～4月，果期10～12月。种子繁殖为主。

园林应用：行道树、独赏树及风景树；树形美观，观树形。

1.53　加拿利海枣

别名：长叶刺葵　　科名：棕榈科

学名：*Phoenix canariensis* Hort. ex Chab.

形态特征：常绿乔木，高达10～15m；干单生，其上覆有不规则的老叶柄基部；叶大型、弓状弯曲，集生于茎端，羽状复叶、形窄而刚直、端尖，上部小叶不等距对生，中部小叶等距对生，下部小叶每2～3片则簇生，基部小叶成针刺状，叶柄短、基部肥厚、黄褐色；肉穗花序；果实卵状球形，成熟时橙黄色。

生态习性：喜暖湿气候，稍耐寒。花期5～7月，果期8～9月。种子繁殖。

园林应用：行道树、独赏树；树形优美舒展，富有热带风情，观叶、观树形。

1.54 华盛顿棕榈

别名：老人葵　　**科名**：棕榈科

学名：*Washingtonia filifera* (Linden) Wendland

形态特征：常绿乔木，株高可达 28m；树冠以下被以垂下的枯叶，树干近基部略膨大；叶簇生干顶，斜上或水平伸展，先端下垂，圆形或扇形折叠，灰绿色，掌状中裂，边缘具有白色丝状纤维，叶柄具锐刺；肉穗花序，花小，白色；核果椭圆形，熟时黑色。

生态习性：喜温暖、湿润、向阳环境，较耐寒，抗风抗旱力均很强，耐水性中等。花期 6～8 月。种子繁殖。

园林应用：行道树、独赏树；树冠优美，叶大如扇，观树形、观叶树种。

1.55 铁坚油杉

别名：铁坚杉　　**科名**：松科

学名：*Keteleeria davidiana* (Bertr.) Beissn.

形态特征：常绿乔木，高达 50m，胸径达 2.5m；树冠广圆形；一年生枝淡黄灰色或灰色，常有毛；叶条形，在侧枝上排列成两列，先端钝或微凹，叶两面中脉隆起；球果直立，圆柱形；种鳞边缘有缺齿，先端反曲，鳞背露出部分无毛或仅有梳毛，苞鳞先端 3 裂。

生态习性：喜温暖湿润气候，喜光，耐寒。花期 4 月，果期 10 月。种子繁殖。

园林应用：独赏树；枝条开展，叶色常青，观树形树种。

1.56 赤松

别名：日本赤松　　科名：松科

学名：*Pinus densiflora* Sieb. et Zucc.

形态特征：乔木，高达 40m，胸径达 1.5m。干皮红褐色，裂成鳞状薄片剥落。小枝橙黄色或淡黄色。略被白粉，无毛，针叶 2 针 1 束，细软较短，暗绿色。雄球花淡红黄色，圆筒状，数枚聚生于新枝下部呈短穗状；雌球花红紫色，单生或 2~3 个集生于枝端。一年生小球果种鳞先端有短刺，卵球形，淡褐紫色或褐黄色，直立或稍倾斜；球果成熟时，暗褐色或褐灰色。在东北花期 5 月；球果翌年 9 月末到 10 月上、中旬成熟。

生态习性：性喜阳光，强阳性；耐寒；耐干旱，要求海岸气候；深根性，抗风力强；耐贫瘠土壤。

园林应用：庭荫树、风景林、园景树、行道树。

栽培要点：抗病力较差，应注意防护。

1.57 银杉

别名：衫公子　　科名：松科

学名：*Cathaya argyrophylla* Chun et Kuang

形态特征：常绿乔木，高达 24m。叶条形，螺旋状着生，边缘全缘，先端圆，基部渐狭成不明显的叶柄，上面中脉下凹，下面中脉隆起，每边有一条粉白色气孔带。雌雄同株。雄球花和雌球花单生叶腋，苞鳞与珠鳞基部结合，三角状卵形，先端长尾状渐尖。球果第二年秋季成熟，褐色；种鳞远较苞鳞为大，近圆形，背面有纵纹，疏被短柔毛；种子倒卵圆形；花期 5~6 月，果期翌年 10 月成熟。

生态习性：生于阳坡、山脊或石山顶部，常与亮叶水青冈、华南五针松、巴东栎以及铁杉等混交成林。

园林应用：独赏树，群植成风景林。

栽培要点：应选择排水良好土质。丘陵地育苗，应尽可能创造银杉所需的生态环境，尤应重视温度和湿度的控制。用扦插法或嫁接法繁殖时成活率低。

1.58 日本冷杉

科名：松科

学名：*Abies firma* Siebold et Zuccarini

形态特征：常绿乔木，高达 50m，胸径约 2m。树冠幼时为尖塔形，老树则为广卵状圆形。树皮粗糙或裂成鳞片状；叶条形，先端成二叉状，先端钝或微凹。球果圆筒形，苞鳞外露，先端有长约 3mm 的三角状尖头。

生态习性：耐阴，幼苗尤甚，长大后喜光。喜凉爽、湿润气候，对烟害抗性弱，生长速度中等，寿命不长，达 300 年以上者极少见。

园林应用：树形优美，秀丽可观。树冠参差挺拔。适于公园、陵园、广场通道旁或建筑物附近成行配植。在草坪、林缘及疏林空地中成群栽植，极为葱郁优美。

栽培要点：繁殖以播种为主。播种地选择庇荫凉爽的环境和湿润、排水良好的酸性土壤。精细整地，撒播或条播。幼树畏烈日和高温，须择适宜环境栽植。

1.59 日本花柏

别名：花柏；五彩松　　科名：柏科

学名：*Chamaecyparis pisifera* (Siebold et Zuccarini) Enelicher

形态特征：常绿乔木，原产地高达50m，胸径约1m。树冠尖塔形。树皮红褐色，裂成薄片。生鳞叶的小枝疹面白粉显著；鳞叶先端锐尖，略开展，两侧的叶较中间叶稍长。球果径约6mm，暗褐色；种鳞5～6对，顶部中央微凹，有凸起的小尖头；发育种鳞有种子1～2。种子有棱脊，翅宽。

生态习性：中性较耐阴，小苗要遮荫。喜温暖湿润气候，耐寒性不强。喜湿润、肥沃、深厚的砂壤土。浅根性树种，不耐干旱。耐修剪，生长较日本扁柏快。

园林应用：孤赏树。可密植作绿篱或整修成绿墙、绿门；适应性强，在长江流域园林中普遍用作基础种植材料，营造风景林。姿、色观赏效果都好，栽培容易，是扁柏属品种。

1.60 墨西哥柏木

别名：速生柏　　科名：柏科

学名：*Cupressus lusitanica* Mill.

形态特征：常绿乔木，高达30m，胸径约1m；树皮红褐色，纵裂；小枝下垂，不排成平面，末端小枝四棱形；鳞叶蓝绿色，被白粉，先端尖，背部有纵脊；球果球形，褐色，被白粉；种子有棱脊，具窄翅。

生态习性：喜温暖湿润气候，抗寒抗热抗旱能力低于柏木，耐瘠薄，喜中性至微碱性土壤。扦插繁殖。

园林应用：行道树、基础种植。亚热带中高山的优良用材，水土保持、荒山绿化和观赏树种。

1.61 枷罗木

别名：枷罗水、矮紫杉　　科名：红豆杉科

学名：*Taxus cuspidata* var. nsana

形态特征：常绿小乔木，株形矮小，半圆球形。叶短，质厚，密着。枝平展或斜展，密牛。种子卵圆形，紫红色。

生态习性：喜光，也耐阴。忌烈日，耐严寒。适生于富含腐殖质、湿润、疏松的酸性土壤和空气湿度大的环境。浅根性，生长缓慢。不耐水涝。喜肥。基部能萌蘖，耐修剪扎型。花期5月，种子9月成熟。一般扦插繁殖。

栽培要点：枷罗木栽培土宜选用山泥、泥炭等调配成微酸性栽培介质。在生长期需预防介壳虫等病虫的危害，将其放置在凉爽通风的环境中养护。

园林应用：宜作庭荫树或植于草地周围的树丛中。叶小呈浓绿色，枝条横展，生长较密，四季常青，耐修剪扎型，是一种优良盆景树。

1.62 红花木莲

科名：木兰科

学名：*Manglietia insignis* (Wall.) Bl.

形态特征：常绿乔木，高达 30m，胸径 40～60cm；叶革质，倒披针形或长圆状椭圆形。树皮灰色，平滑；小枝灰褐色，有明显的托叶环状纹和皮孔，幼枝被锈色或黄褐色柔毛，后变无毛。花清香，单生枝顶；花被片 9～12，外轮 3 片倒卵状长圆形，长约 7cm。聚合果卵状长圆形，蓇葖成熟时深紫红色，外面有瘤状凸起，顶端有短喙；种子有肉质红色外种皮，内种皮黑色，骨质，有光泽。

生态习性：喜阴，耐寒，耐水湿，大多零星混杂在常绿阔叶林或常绿落叶阔叶混交林中。花期 5～6 月，果期 8～9 月。一般春末换叶，种子靠鸟类传播。

栽培要点：适合种植于 pH 值 4.5～6.0 黄壤或黄棕壤，造林地选山谷山腰阴坡湿润地为宜。

园林应用：红花木莲为稀有种，被列为国家二级保护珍稀树种，其树叶浓绿、秀气、革质，树形繁茂优美，花色艳丽芳香，为名贵稀有观赏树种。

1.63 阔瓣含笑

别名：阔瓣白兰花、云山白兰　　科名：木兰科

学名：*Michelia platypetala*

形态特征：常绿乔木，高可达 15～20m。分枝较低，侧枝发达，树形开张。嫩枝、芽、幼叶均被红褐色绢毛。叶薄革质，长椭圆形，先端渐尖，基部宽楔形，叶背被灰白或杂有红褐色平伏毛。早春开白色花，大而密集，有香味。聚合果长圆形。种子淡红色。

生态习性：喜温暖湿润气候，耐热耐低温。喜充足的光照，亦耐半阴，但幼树喜偏阴的环境。3～4 月开花，8～9 月果熟。播种繁殖或嫁接繁殖。

栽培要点：喜土层深厚、疏松、肥沃、排水良好、富含有机质的酸性至微碱性土壤。

园林应用：主干挺秀，枝茂叶密，开花素雅，花期可长达 5 周。始花早，一般 4～5 年生树即能开花，是早春优良观花树种。园林观赏或绿化造林用树种。孤植、丛植均佳，也可作盆栽观赏。

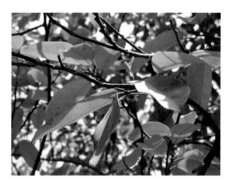

1.64　月桂

别名：月桂树、香叶子　　科名：樟科

学名：*Laurus nobilis* Linn

形态特征：常绿小乔木，树冠卵圆形，分枝较低，小枝绿色，全体有香气。叶互生，革质，广披针形，边缘波状，有醇香。单性花，雌雄异株，伞形花序簇生叶腋间，小花淡黄色。核果椭圆状球形，熟时呈紫褐色。

生态习性：为亚热带树种，原产地中海一带。喜温暖湿润气候，喜光，亦较耐阴，稍耐寒，可耐短时 -8 ~ -6℃低温。耐干旱，怕水涝。不耐盐碱，萌生力强，耐修剪。花期 4 月，果熟期 9 月。以扦插、播种繁殖为主。

栽培要点：适生于土层深厚，排水良好的肥沃湿润的砂质壤土。

园林应用：四季常青，树姿优美，有浓郁香气，适于在庭院、建筑物前栽植，其斑叶者，尤为美观。住宅前院用作绿墙分隔空间，隐蔽遮挡，效果也好。

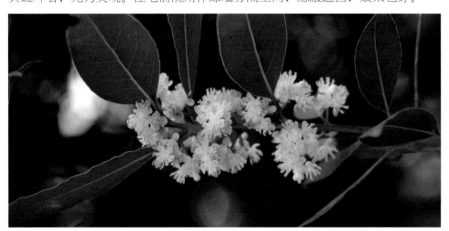

1.65　毛豹皮樟

别名：白茶　　科名：樟科

学名：*Litsea coreana* var. *lanuginosa*

形态特征：常绿乔木，高 8 ~ 15m；叶互生，倒卵状椭圆形或倒卵状披针形，先端钝渐尖，基部楔形，革质，上面绿色，下面粉绿色，幼时两面均有灰黄色长柔毛，下面尤密，老时下面仍有稀疏长柔毛，叶柄有灰色长柔毛。树皮灰色，呈小鳞片状剥落，脱落后呈豹皮斑痕。幼枝褐色，密被灰黄色长柔毛。顶芽卵圆形，先端钝，鳞片有毛。伞形花序单生或簇生叶腋，果近球形，颇粗壮；果托扁平，宿存有 6 裂花被片。

生态习性：生长于山坡疏林中，海拔 1900 ~ 2300m。花期 8 ~ 9 月，果期 10 月至翌年 5 月。

园林应用：常片植于山坡疏林中。

1.66 刨花楠

别名：楠木、竹叶楠、刨花树　　科名：樟科

学名：*Machilus pauhoi* kaneh

形态特征： 常绿大乔木，通常高 10～15m。叶互生或近对生，常聚生于枝端，长圆状披针形或椭圆形，先端钝形或短尖，少为短渐尖，基部楔形或近圆形，通常歪斜，厚革质或革质，叶缘外反，上面绿色，光亮，下面苍白色或苍绿色。圆锥花序多个，生于新枝下部叶腋，无毛。花黄绿色，花被筒倒锥形，花被片宽卵圆形；果球形，果梗微增粗；宿存花被片卵形，革质，略紧贴或松散，先端外倾。

生态习性： 生长迅速，干型通直。花期 4～5 月，果期 6～7 月。采用种子繁殖。

园林应用： 树冠翠绿，既是珍贵药材树种，又是优美的庭园观赏树。

1.67 黑壳楠

科名：樟科

学名：*Lindera megaphylla* Hemsl.

形态特征： 常绿乔木，高达 25m；树皮光滑、黑灰色；小枝粗壮、具灰白色皮孔；叶互生，倒披针状长圆形至卵状长圆形，先端渐尖或短尾尖，基部楔形，叶背带苍白色，网脉明显；伞形花序腋生、具短总梗，总苞灰白色、密被细柔毛，花紫红色、花被片 6；果实椭圆形至卵状球形，熟时绿黑色，基部具宿存、粗厚、木质的杯状果托。

生态习性： 喜阴凉湿润环境，不耐强日照。速生树种。花期 2～4 月，果期 9～12 月。种子繁殖。

园林应用： 独赏树。可群植、丛植于公园等。

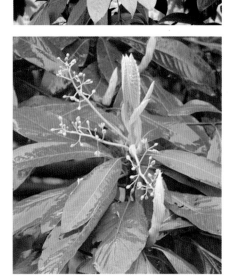

1.68　柞木

科名：大风子科

学名：*Xylosma racemosum* (Sieb.et Zucc.) Miq.

　　　[*X. japonicun* (Welp.) A.Gray]

形态特征：常绿乔木，树高可达15m；树冠卵形或倒卵形；树皮棕褐色，条片状剥落，多具枝刺；单叶互生，卵形或椭圆状卵形，端急尖或短渐尖，基部圆或广楔形，缘齿锐；花簇生或总状花序腋生，花萼4～5枚，淡黄，无花瓣，有香气；浆果球形，熟时黑色。

生态习性：喜光，不甚耐寒，耐旱性强。深根性树种。花期夏季。种子繁殖。

园林应用：独赏树、绿篱；枝叶繁茂，四季常青。丛植、群植于园林中，分割景观或作背景。

1.69　冬桃

科名：杜英科

学名：*Elaeocarpus duclouxii* Gagnep.

形态特征：嫩枝及芽密被褐色绒毛；叶革质，椭圆状，边缘具浅钝锯齿，背面有褐色绒毛；总状花序生无叶枝条下方，花序、花梗、萼片、花瓣外面被灰褐色柔毛；果长圆形，似橄榄状，青绿色。

生态习性：喜半阴以及肥沃湿润的环境，不耐强日照。果期翌年4～5月。以种子繁殖为主。

园林应用：独赏树。群植于广场、公园、庭院或与其他树种混交栽植。

1.70 猴欢喜

科名： 杜英科

学名： *Sloanea sinensis* Hance Hemsl.

形态特征： 常绿乔木。高达 20m，叶聚生小枝上部，全缘或中部以上有小齿，狭倒卵形或椭圆状倒卵形。枝开展，小枝褐色。花单生或数朵生于小枝顶端或叶腋，绿白色，下垂，花瓣 4。蒴果木质，外被细长刺毛，卵形，5～6 瓣裂，熟时红色。种子有黄色假种皮。

生态习性： 偏阳性树种，喜温暖湿润气候，采用种子繁殖。

栽培要点： 在深厚、肥沃、排水良好的酸性或偏酸性土壤上生长良好。

园林应用： 树冠浓绿，果实色艳形美，宜作庭园观赏树。

1.71 鲕蒴栲

别名： 鲕蒴、大叶锥、大叶栎　　**科名：** 壳斗科

学名： *Castanopsis fissa* Rehd.et Wils

形态特征： 常绿乔木，高达 20m，胸径约 40cm，树皮灰褐色。小枝粗壮，幼时被疏柔毛。叶倒卵状披针形或长椭圆形，顶端短渐尖，基部楔形，边缘有钝锯齿或波状齿，背面有灰黄色鳞秕或脉上有疏毛，后变银灰色。雌花序每 1 总苞内有雌花 1 朵。果序长 7～15cm。坚果卵形或圆锥状卵形，顶端有细绒毛。

生态习性： 喜光，能耐寒冷、干瘠，适应性广，为常绿阔叶次生林的先锋树种。花期 4～5 月，果熟期 11～12 月。适应性强，萌芽力强，其根系发达，固土力强，且生长速度快。

栽培要点： 适合山地较为湿润的土壤生长。

园林应用： 树叶繁茂，落叶易腐，是改良土壤和营造水源涵养林、生态公益林的优良树种，也是优良乡土阔叶树种。

1.72 小红栲

别名：米槠　　科名：壳斗科

学名：*Castanopsis carlesii* (Hemsl.) Hayata

形态特征：常绿乔木，高达 20m；树皮灰色、不裂；小枝细，无毛；叶卵状椭圆形，渐尖或长尾尖，全缘，先端偶有浅齿，叶背黄灰色或银灰色，侧脉细，近叶缘处弯弓；壳斗小，外壁被毛，有瘤状鳞片，偶有短刺、排成不规则的环。

生态习性：耐阴，耐水性中等。果期翌年 9～10 月。多用种子繁殖。

园林应用：独赏树、庭荫树。群植或与其他树种混交栽植。

1.73 栲

科名：壳斗科

学名：*Castanopsis fargesii* Franch.

形态特征：常绿乔木，高 10～30m，胸径 20～80cm；树皮浅纵裂；幼枝被红棕色粉状鳞秕，后脱落，枝、叶均无毛；叶薄革质，椭圆状披针形，全缘或近端部有浅钝齿，表面亮绿色，背面有褐色粉状鳞秕；总苞近球形，密生针刺；坚果单生总苞内。

生态习性：耐阴，喜湿润、肥沃土壤。种子繁殖。

园林应用：独赏树、庭荫树。孤植、丛植、混交栽种于公园、庭院。

1.74 苦槠

科名：壳斗科

学名：*Castanopsis sclerophylla* (Lindl.) Schottky

形态特征：常绿乔木，树高达 20m；树冠圆球形；树皮暗灰色，纵裂；小枝绿色，无毛，常有棱沟；叶革质，长椭圆形，中上部有齿，背部有灰白色或浅褐色蜡层；雄花序穗状，直立；坚果单生于球状总苞内，总苞外有环列之瘤状苞片，果苞成串生于枝上。

生态习性：喜雨量充沛和温暖气候，耐阴，耐干旱，抗二氧化硫等有毒气体。深根性树种，生长速度中等偏慢。花期 5 月，果期 10 月。种子繁殖。

园林应用：风景林、防护林。孤植、混交栽植于公园、庭院中。

1.75 青冈栎

科名：壳斗科

学名：*Cyclobalanopsis glauca* (Thunb.) Oerst.

形态特征：常绿乔木，树高达 22m，胸径达 1m；树皮平滑不裂；小枝青褐色、无棱，幼时有毛、后脱落；叶长椭圆形或倒卵状长椭圆形，先端渐尖，基部广楔形，边缘上半部有疏齿，中部以下全缘，叶背面灰绿色；总苞单生或 2～3 个集生，杯状；坚果卵形或近球形，无毛。

生态习性：喜温暖多雨气候，较耐阴，抗有毒气体。深根性树种，生长速度中等。花期 4～5 月，果期 10～11 月。种子繁殖。

园林应用：庭荫树、防护林、绿篱；树姿优美，终年常青。丛植于公园、庭院，作背景树，亦可作为厂矿区绿化、防火树种。

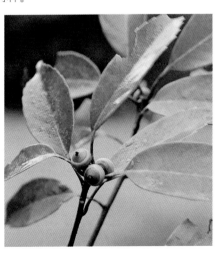

赤皮青冈

别名：红稠　　科名：壳斗科

学名：*Cyclobalanopsis gilva* (Bl.) Oerst.

形态特征：常绿乔木，树高达 30m，胸径可达 1m；树皮暗褐色；小枝密生灰黄色或黄褐色星状绒毛；叶片倒披针形或倒卵状长椭圆形，顶端渐尖，基部楔形，叶缘中部以上有短芒状锯齿，叶背面被灰黄色星状短绒毛；托叶窄披针形，被黄褐色绒毛；花序以及苞片密被灰黄色绒毛；坚果倒卵状椭圆形，顶端有微柔毛，果脐微凸起。

生态习性：喜温暖湿润气候，不耐强光照，稍耐瘠薄。花期 5 月，果期 10 月。种子繁殖。

园林应用：独赏树、庭荫树。孤植、群植或混交栽植于公园等。

石栎

别名：柯　　科名：壳斗科

学名：*Lithocarpus glaber* (Thunb.) Nakai

形态特征：常绿乔木，树高达 20m；树冠半球形；干皮青灰色，不裂；小枝密生灰黄色绒毛；叶厚革质，长椭圆形，先端尾尖，基部楔形，全缘或近端部略有钝齿，背面有灰白色蜡层；花序粗而直立，其上部为雄花，下部为雌花，总苞浅碗状；坚果椭圆形，具白粉。

生态习性：喜温暖湿润气候，喜光，稍耐阴，耐干旱瘠薄。花期 8～9 月，果期翌年 9～10 月。种子繁殖。

园林应用：庭荫树；地带性优势树种。孤植、丛植于草坪。

1.78 粗糠柴

别名：红果果、香桂树

科名：大戟科

学名：*Mallotus philippensis* (Lam.) Muell. Arg

形态特征：常绿小乔木或灌木，高2～18m；小枝、嫩叶和花序均密被黄褐色短星状柔毛。叶互生或有时小枝顶部的对生，近革质、卵形、长圆形或卵状披针形，顶端渐尖，基部圆形或楔形，边近全缘，上面无毛，下面被灰黄色星状短绒毛，叶脉上具长柔毛，散生红色颗粒状腺体；叶柄两端稍增粗，被星状毛。花雌雄异株，花序总状，顶生或腋生，单生或数个簇生；蒴果扁球形；种子卵形或球形，黑色，具光泽。花期4～5月，果期5～8月。

生态习性：喜生长在碳酸岩地区。

园林应用：红色果实长在枝梢，可做独赏树。

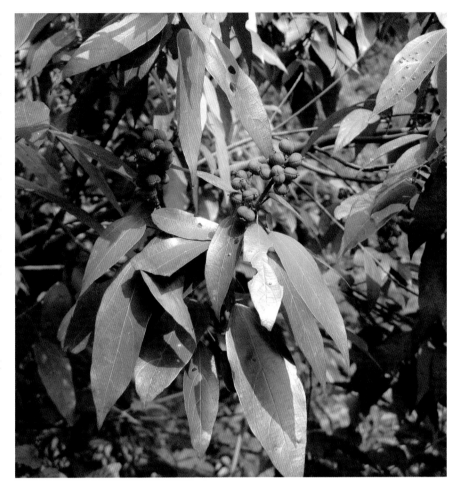

1.79 波叶红果树

别名：斯脱兰威木　　科名：蔷薇科

学名：*Stranvaesia davidiana* Dene var. *undulata* Rehde. et Wils.

形态特征：常绿灌木或小乔木，高达1～10m；枝条密集而成丛生状，小枝粗；叶椭圆状长圆形、长圆状披针形，边缘有波状起伏；复伞房花序，近无毛，花白色，花药紫红色；果近球形，橘红色，径6～7mm。

生态习性：耐寒，需凉爽、湿润、无高温的环境。花期5～6月，果期9～10月。播种或嫁接繁殖。

园林应用：基础种植；春花雪白，秋果红艳。因要求环境较高，故园林中只宜于凉爽湿润肥沃的环境，可丛植或假山石旁配植，或作盆景。

1.80　铁冬青

科名：冬青科

学名：*Ilex rotunda* Thunb.

形态特征：常绿灌木或乔木，高可达 20m，胸径达 1m；树皮灰色至灰黑色；小枝圆柱形、挺直、较老枝具纵裂缝，当年生幼枝具纵棱、无毛；叶薄革质或纸质，卵形、倒卵形或椭圆形，先端短渐尖，基部楔形或钝，全缘，稍反卷；聚伞花序或伞形花序，单生于当年生枝叶腋内，花白色；果近球形或稀椭圆形，熟时红色。

生态习性：喜温暖湿润的气候，喜光照、稍耐阴。花期 4 月，果期 8～12 月。种子繁殖。

园林应用：独赏树、基础种植；秋色红果累累，观果树种。丛植园林中，也可作分隔树种和防火树。

1.81　花榈木

别名：花梨木，降香黄檀　　科名：豆科

学名：*Ormosia henryi* Prain

形态特征：常绿乔木，高达 16m，胸径可达 40cm；奇数羽状复叶，小叶 5～9，革质，长圆形、长圆状卵形，先端急尖，基部圆，上面深绿色，光滑无毛，下面密被灰黄色绒毛；树皮灰绿色，平滑，有浅裂纹。小枝密被灰黄色绒毛；圆锥花序顶生，或总状花序腋生，密被浅褐色绒毛；荚果扁平，长椭圆形，顶端有喙，果瓣革质，紫褐色无毛，种子椭圆形或卵形，种皮鲜红色、有光泽。

生态习性：生于山坡、溪谷两旁杂木林内，海拔 100～1300m，常与杉木、枫香、马尾松、合欢等混生。花期 7～8月，果期 10～11 月。

园林应用：群植或片植风景林。

1.82 蕈树

别名：半边枫、老虎斑

科名：金缕梅科

学名：*Altingia chinensis*

形态特征：常绿乔木，高 20m，胸径达 60cm；叶革质，倒卵状长圆形或长圆状椭圆形，先端锐尖，或略钝，基部楔形；表面绿色有光泽，背面浅绿色，边缘有锯齿；叶柄长约 1cm；树皮灰色，稍粗糙；小枝无毛；芽卵圆形，被柔毛，芽鳞卵形；雄花短穗状花序聚成总状，顶生，卵形或披针形；雌花头状花序单生，或数枚聚成总状花序；头状果序圆球形，种子多数，黄褐色，有光泽。

生态习性：生于海拔 1000m 的常绿阔叶林中，花期 4～6 月，果 9～10 月成熟。

园林应用：群植或片植风景林。

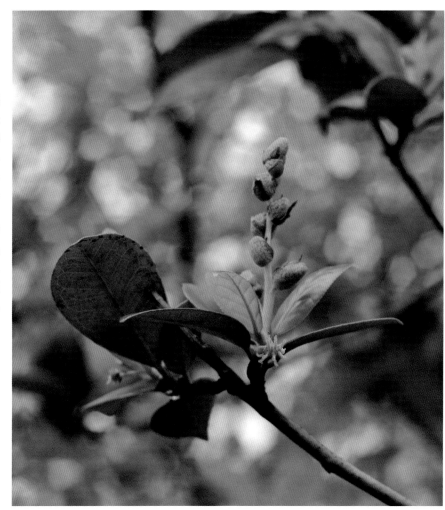

1.83 樟叶槭

科名：槭树科

学名：*Acer cinnamomifolium* Hayata

形态特征：常绿乔木，高达 10～20m；树皮淡黑褐色或淡黑灰色；幼枝淡紫褐色、有绒毛，多年生枝淡红褐色或褐黑色、近无毛；叶革质、长圆椭圆形或长圆披针形，先端钝形、具短尖头，全缘或者近全缘，背面有白粉和淡褐色绒毛，下面一对侧脉基出，呈三出脉状；翅果淡黄褐色，张开成锐角或近直角。

生态习性：喜温暖湿润气候，耐半阴，不耐寒。果期 7～9 月。种子繁殖。

园林应用：行道树、独赏树。或作盆景材料。

1.84 红果罗浮槭

科名：槭树科

学名：*Acer fabri* Hance var. *rubrocarpum* Metc.

形态特征：常绿小乔木，全体无毛；叶革质，叶形状较原种（罗浮槭）为小，全缘，叶面光亮，侧脉每边4～5条，在下面显著，网脉不明显；伞房花序顶生，花杂性，雄花与两性花同株；翅果张开成钝角，翅常呈红色。

生态习性：喜温暖湿润气候，喜半阴。花期4月，果期10～11月。主要用种子繁殖，也可插条繁殖。

园林应用：行道树、庭荫树。群植或混交种植于公园、广场等。

1.85 山矾

别名：山桂花　　科名：山矾科

学名：*Symplocos sumuntia* Buch.–Ham.ex D.Don

形态特征：常绿灌木或小乔木；叶薄革质，卵形、窄倒卵形、侧披针状椭圆形，先端尾尖，基部楔形或圆，具浅锯齿或波状齿或近全缘；总状花序、被柔毛，花冠白色、5深裂；核果卵状坛形。

生态习性：喜温暖、湿润、半阴环境，不耐强日照和干旱，不耐瘠薄。花期4月，果期9～10月。种子或插条繁殖。

园林应用：庭荫树、独赏树；枝叶茂密，春季满树白花，稍芳香，是优良的观花树种。可群植、作林下层或林缘灌木。

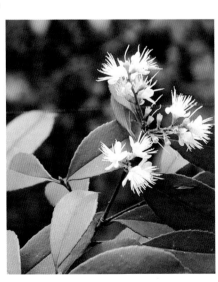

二、

落叶乔木 (124种)

● 园林中应用最多的种，在园林绿地中出现率 70% 以上（37 种）

● 园林中部分绿化区已应用的种，在园林绿地中出现率 20 ～ 69%（33 种）

● 园林中个别绿化地已应用的种，在园林绿地中出现率 20% 以下（31 种）

● 园林绿地中应用较少，但具有推广前景的种（23种）

2.1 银杏

别名：白果树、公孙树　　科名：银杏科

学名：*Ginkgo biloba* L.

形态特征：落叶乔木，高达 40m，干直径可达 3m 以上，树干端直，树冠广卵形。叶扇形，先端常 2 裂，有长柄，在长枝上互生，短枝上簇生，秋叶鲜黄。种子核果状，椭圆形，熟时呈淡黄色或橙黄色，外被白粉。

生态习性：喜光，耐寒，耐干旱，不耐水涝，少病虫害。深根性树种，生长较慢。花期 4 月，果期 9～10 月。以种子及嫁接繁殖为主。

园林应用：庭荫树、行道树及独赏树。

2.2 水杉

科名：杉科

学名：*Metasequoia glyptostroboides* Hu et Cheng.

形态特征：落叶乔木，高可达 40m；大枝不规则轮生，小枝对生或近对生；叶条形，柔软，交叉对生，基部扭转，羽状二裂，秋叶棕褐色；冬季与无冬芽侧生短枝一同脱落；球果近球形，长 1.8～2.5cm；有长梗，下垂，珠鳞交叉对生，球果当年成熟；种子扁平，周围有窄翅。

生态习性：喜温暖湿润气候；耐寒性强，耐水湿能力强；喜深厚肥沃的酸性土，在轻盐碱地可以生长；以种子及扦插繁殖为主。

栽培要点：苗床选择地势平坦、排灌方便、疏松的砂质壤土为苗圃地。保持苗床湿润，适当遮阴。耐水湿，但在地下水位过高、长期积水的低湿地则生长不良。

园林应用：水景树、行道树、独赏树。

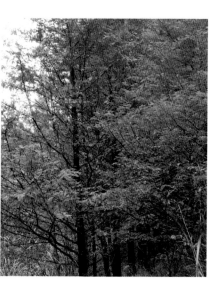

2.3　乌桕

科名：大戟科

学名：*Sapium sebiferum* (L.) Roxb.

形态特征：落叶乔木，高可达 15m，树冠圆球形；树冠整齐，叶互生、纸质、菱状广卵形、先端尾尖、基部广楔形，全缘；叶柄细长，顶端 2 腺体；叶形秀丽，秋色叶红；花序穗状顶生，黄绿色；蒴果 3 菱状球形，熟时黑色，经冬不落。

生态习性：喜温暖湿润气候；喜光；喜深厚肥沃而水分丰富的土壤；稍耐寒，有一定的抗旱、耐水湿及抗风能力；花期 5 ～ 7 月，果期 10 ～ 11 月；以种子繁殖为主。

栽培要点：耐水湿，幼株生育期间注意灌水。每年追肥 2 ～ 3 次，冬季落叶后修剪整枝。虫害较多。

园林应用：独赏树、水景树、行道树及防护林。

2.4　重阳木

别名：乌杨、茄冬树、红桐　　科名：大戟科

学名：*Bischofia polycarpa* (Levl.) Airy-Shaw.

形态特征：落叶乔木，高达 15m；大枝斜展，小枝无毛，树皮褐色，纵裂；三出复叶互生，叶片长圆卵形或椭圆状卵形，先端突尖或渐尖，基部圆形或近心形，边缘有钝锯齿；腋生总状花序，花小，淡绿色；浆果球形，熟时红褐或蓝黑色。

生态习性：喜光；耐寒性弱，较耐水湿；花期 4 ～ 5 月，果期 9 ～ 11 月；播种繁殖为主。

栽培要点：生长较快，抗风力强。需在春季发芽前带土球移植。虫害较多。

园林应用：庭荫树、行道树；宜于堤岸、溪边、湖畔或草坪周围丛植点缀，亦可做堤岸绿化树种。

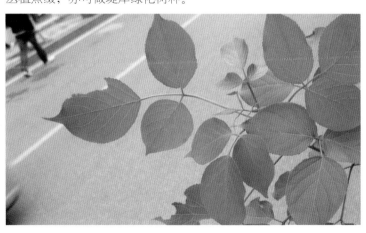

2.5　白玉兰

别名：玉兰、望春花　　科名：木兰科

学名：*Magnolia denudata* Desr.

形态特征：落叶乔木，高达 15m，树冠卵形；幼枝及芽均有毛；叶互生，宽倒卵形至倒卵形，先端突尖而短钝，中部以下渐狭楔形，全缘；先花后叶，花顶生直立，钟状，白色，有清香，花萼花瓣相似，共有 9 片。

生态习性：喜光；颇耐寒；忌低湿；喜肥沃、排水良好而带微酸性的砂质土，对二氧化硫、氯等有毒气体抵制抗力较强；花期 3 月，果期 9～10 月。以种子繁殖为主。

栽培要点：大树移植宜在展叶前进行，并在 3 个月前做断根处理，春至夏季每 2～3 个月施肥一次，以有机肥为佳。生长的小环境要求较高。对汽车尾气、热辐射敏感，树干忌强阳光曝晒。

园林应用：庭院观花树种。可孤植、对植、丛植或群植。

2.6　石榴

科名：石榴科

学名：*Punica granatum* L.

形态特征：落叶灌木或小乔木，高 2～7m；小枝有角棱，端呈刺状；叶碧绿有光泽，叶倒卵状长椭圆形，长枝上对生，短枝上簇生；花朱红色，萼钟形，质厚；浆果球形，古铜黄色或古铜色；种子多数，肉质果皮，可食。

生态习性：喜温暖气候，喜光，有一定耐寒能力；喜肥沃湿润且排水良好的土壤。花期 5～6 (7) 月，果期 9～10 月；以种子及扦插繁殖为主。

栽培要点：夏季土温过高的地区或进行水泥硬化的庭院，可采用树盘覆盖有机物（秸秆、糠壳、锯末等），或进行树盘生草（种植草坪），实现降温保湿，促进正常生长发育。生长季注意叶面追肥，前期以氮肥为主，中后期以磷钾肥为主。

园林应用：庭院观花观果树种。

附种：

2.7　重瓣红石榴 *Punica granatum* var. *pleniflora* Hayne
花红色，重瓣。

重瓣红石榴

重瓣红石榴

2.8　梧桐

别名：青桐　　科名：梧桐科

学名：*Firmiana platanifolia* (L. f.) Marsili.

形态特征：落叶乔木，高 15～20m，树冠卵圆形；树干
端直，树皮光滑绿色；小枝光滑粗壮，翠绿色；叶 3～5
掌状裂，基部心形，裂片全缘；顶生圆锥花序，无花瓣，
萼片 5，淡黄绿色；种子棕黄色，大如豌豆。

生态习性：喜温暖湿润气候；喜光；耐寒性不强，怕水淹；
花期 6～7 月，果期 9～10 月；以种子繁殖为主。

栽培要点：定植时不宜过密，选向阳、温暖湿润、排水良好、土层深厚、肥沃
土壤种植。

园林应用：庭荫树、行道树，宜孤植或丛植，也可作工厂区绿化树种。

2.9　梅

别名：白梅花、绿萼梅、绿梅花　　科名：蔷薇科

学名：*Armeniaca mume* Sieb.

形态特征：落叶小乔木，高 4～10m；树皮浅灰色或带绿色，平滑；小枝绿色，
光滑无毛；叶卵形或椭圆形，边缘常具小锐锯齿；叶柄常有腺体；花白色至粉
红色，单生或 2 朵同生于 1 芽内，先于叶开放；果实近球形，被柔毛。

生态习性：喜光；稍耐寒，畏涝，且忌栽植在风口；花期冬春季，果期 5～6 月；
嫁接繁殖为主。

园林应用：独赏树、盆景树；宜植于庭院、草坪、低山丘陵，可孤植、丛植及群植，
亦可整剪做成各式桩景。

栽培要点：花后适当追施肥料，对过长的枝条进行修剪。

附种：

2.10　红梅*Ameniaca mume* (Roxb.) Sieb. f. *alphandii* Rehd
　　　　与梅的区别：树干呈褐紫色，多纵驳纹；花呈淡粉红或红色。

2.11 樱桃

科名：蔷薇科

学名：*Cerasus psudocerasus* (Lindl.) G.Don.

形态特征：落叶小乔木，高可达 8m；叶卵形至卵状椭圆形，先端锐尖，基部圆形，缘有大小不等重锯齿，齿尖有腺，上面无毛或微有毛；花白色，萼筒有毛；果近球形，红色，可食用。

生态习性：喜日照充足，温暖而略湿润气候；有一定的耐寒及耐旱力；花期 4 月，果期 5～6 月；分枝、扦插及压条等方法繁殖。

栽培要点：选择背风向阳、光照条件好，土层深厚、不易积涝的壤土地或砂壤土地，花前应追施肥料。

园林应用：独赏树，观花、观果效果极佳。

2.12 桃

科名：蔷薇科

学名：*Amygdalus persica* L.

形态特征：落叶小乔木，高 3～5m；小枝红褐色或褐绿色，无毛；叶椭圆形状披针形，先端渐尖，基部阔楔形，缘有细锯齿，叶柄上有腺体，花单生，粉红色，近无柄，萼外被毛；果肉厚而多汁，表面被柔毛。

生态习性 喜光 耐旱，不耐水湿 喜肥沃且排水良好土壤 花期 3～4 月，果期 6～9 月；以嫁接繁殖为主。

栽培要点：嫁接，多用切接或盾形芽接。切接在春季芽萌动时进行，芽接于 8 月上旬至 9 月上旬进行。易老化，防止桃油溢出。

园林应用：果树、庭院观花树种，常与柳间植水滨。

附种：

2.13 千瓣白桃 *Amygdalus pelsica* L.f. *alba-plena* Schneid
花大，重瓣，白色。

2.14 紫叶桃 *Amygdalus persica* L.f. *atropurpurea* Schined
叶为紫红色，花单瓣或重瓣，粉红色或桃红色。

2.15 碧桃 *Amygdalus persica* L.f. *duotex* Rehd
花半重瓣或重瓣，变种有白色、深红、洒金（杂色）等。

千瓣白桃

紫叶桃

碧桃

碧桃

紫叶桃

2.16 樱花

别名：山樱花　　科名：蔷薇科

学名：*Cerasus serrulata* (Lindl.) G.Donex London.

形态特征：落叶乔木，高 5～25m；树皮暗栗褐色，光滑而有光泽，具横纹；小枝无毛；叶卵形至卵状椭圆形，边缘具芒齿；伞房总状花序，花白色或淡粉红色，萼片近直立，稍短于萼筒；核果球形，黑色。

生态习性：喜光，要求深厚、肥沃且排水良好的土壤；忌大气干燥及空气污染，抗寒性中等；花期 4～5 月，果期 6～7 月；播种繁殖。

栽培要点：夏季移植时应当摘除全部叶片，带土移植为宜。降雨或灌溉后应及时排除积水。

园林应用：独赏树、行道树，群植。

日本晚樱

科名：蔷薇科

学名：*Cerasus serrulata* (Lindl.) G.Don ex London
　　　var. *lannesiana* (Carr.) Makino.

形态特征：落叶乔木，高达10m；干皮浅灰色；叶
倒卵形，叶端渐尖，呈长尾状，叶缘重锯齿具长芒；
花形大而芳香，单瓣或重瓣，粉红或近白色，1～5
朵排成伞房花序，具叶状苞片。

生态习性：喜温暖湿润气候；较耐寒；花期4月中下旬；
以种子、扦插繁殖为主。

栽培要点：移栽后经常进行喷雾，保持叶面湿润。应设遮阴棚以防烈日暴晒，
并注意通风。

园林应用：园景树，宜群植观花。

李

别名：中国李、李子　　科名：蔷薇科

学名：*Prunus salicina* Lindl.

形态特征：落叶乔木，高达12m；叶多呈倒卵状椭圆
形，叶缘有细钝重锯齿，叶柄近端处有2～3个腺体；
先花后叶，花白色，五瓣花，具长柄，3朵簇生；果近
球形，具1纵沟，外被蜡粉，可食用。

生态习性：耐寒；不耐干旱和瘠薄，也不易在长期积水处
栽种；花期3～4月，果期7月；主要有嫁接、分株、播种
等繁殖方式。

栽培要点：生长中期应经常中耕松土，保持树盘土壤疏松、湿润。雨季应注意
及时排水防涝。干旱季节则应进行灌溉或树盘覆草。

园林应用：观花观果树种，宜在庭院、宅旁、树旁或风景区栽植。

2.19　紫叶李

科名：蔷薇科

学名：*Prunus cerasifera* Ehrhart. f. *atropurpurea* (Jacq.) Rehd.

形态特征：落叶小乔木，高达 4m；小枝红褐色或褐色；叶
广卵形或圆卵形，紫红色，先端短锐尖，基部圆形或近心形，
锯齿细钝，叶柄多带红色；花单生，先叶开放，白色至淡粉
红色；果球形，暗酒红色。

生态习性：喜温暖湿润气候；花期 3～4 月，果期 6 月；
嫁接繁殖。

栽培要点：嫁接成活后须剪除砧木萌蘖，对长枝进行适当修剪，剪除过密
的细弱枝。

园林应用：庭院观花树、色叶树，宜建筑物前及园路旁或草坪角隅处栽植。

2.20　刺槐

别名：洋槐　　科名：豆科

学名：*Sophora japonica* L.

形态特征：落叶乔木，高 10～25m；树冠椭圆状倒卵形，
树冠高大；枝条具托叶刺；羽状复叶互生，椭圆形至
卵状长圆形，叶端钝或微凹，有小尖头；花蝶形，白色，
芳香，成腋生总状花序；荚果扁平，条状。

生态习性：喜光；耐干旱瘠薄，对土壤适应性强；花期 5
月，果期 10～11 月；以种子繁殖为主。

栽培要点：不抗风，大风常可导致树体倾斜或倒伏，不耐水湿，地下水位过高（浅
于 0.95m）即可导致烂根、枝枯、长势衰弱乃至死亡。

园林应用：庭荫树、行道树、防护林及城乡绿化先锋树种。

2.21　槐树

别名：国槐　　科名：豆科

学名：*Sophora japonica* L.

形态特征：落叶乔木，高达 25m，胸径可达 1.5m；树冠圆形；小枝绿色，皮孔明显；奇数羽状复叶互生，卵形至卵状披针形，叶端尖，叶基圆形至广楔形，叶背有白粉及柔毛；花浅黄绿色，圆锥花序；荚果串珠状，肉质。

生态习性：喜光；耐寒，适生于肥沃、湿润、排水良好的土壤；对烟尘及有害气体抗性较强；花期 7～8 月，果期 10 月；以种子繁殖为主。

栽培要点：休眠期可移栽，裸根即可。耐移植，耐修剪。

园林应用：庭荫树、庭园树及行道树。

附种：

2.22　龙爪槐 *Sophora japonica* L. f. *pendula* Hort.

大枝弯曲扭转，小枝柔软下垂，枝条构成盘状，有的上部蟠曲如龙，老树奇特苍古。冠层可达 50～70cm 厚，层内小枝易干枯。常作庭院树，对植门前或庭院中。

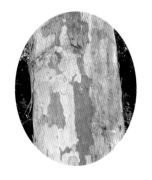

2.23　二球悬铃木

别名：英桐、悬铃木　　科名：悬铃木科

学名：*Platanus × acerifolia* (Ait.) Willd.

形态特征：落叶乔木，高达 35m，胸高干径可达 4m；树枝开展，幼枝密生褐色绒毛，干皮呈片状剥落；叶片广卵形至三角状广卵形，3～5 裂，叶裂深度约达全叶的 1/3。聚合果球形，通常 2 球一串，偶有单球或 3 球的，有由宿存花柱形成的刺毛。

生态习性：喜温暖气候；稍耐寒；对土壤的适应能力极强，耐干旱、瘠薄；具有极强的抗烟、抗尘能力；花期 4～5 月，果期 9～10 月。

栽培要点：在微碱或石灰性土上也能生长，但易发生叶黄病，短期水淹后能恢复生长，抗风性能依其所处生长环境而定。每年冬季修剪，注意培养主枝优势。

园林应用：庭荫树、行道树、风景林。

2.29 朴

别名：沙朴　　科名：榆科

学名：*Celtis sinensis* Pers.

形态特征：落叶乔木，高达 20m，胸径达 1m；树冠扁球形；小枝幼时有毛，后渐脱落；叶卵状椭圆形，先端短尖，基部不对称，中部以上有浅钝齿，背脉隆起并有疏毛；果熟时橙红色，果柄与叶柄近等长。

生态习性：喜温暖气候；喜光；稍耐阴，喜肥沃、湿润、深厚之中性黏质土壤，能耐轻盐碱土；花期 4 月，果期 9～10 月；种子繁殖。

栽培要点：播种于春季进行。定植后，生长颇迅速。

园林应用：庭荫树、防风林、护堤树种。

2.30 榔榆

科名：榆科

学名：*Ulmus parvifolia* Jacq.

形态特征：落叶乔木，高达 25m，胸径达 1m；树冠扁球形至卵圆形；树皮灰褐色，不规则薄鳞片状剥离；叶较小而厚，卵状椭圆形至倒卵形，先端尖，基部歪斜，缘具细锯齿；花簇生叶腋；翅果长椭圆形至卵形。

生态习性：喜温暖气候；喜光；稍耐阴，喜肥沃、湿润土壤，亦有一定的耐干旱瘠薄能力；对二氧化硫等有毒气体及烟尘的抗性较强；花期 8～9 月，果期10～11 月；种子繁殖。

栽培要点：每年冬季落叶后要整枝修剪，已修剪成各种造型的，必须随时留意整枝和修剪徒长枝。

园林应用：行道树、独赏树、防护林、盆景树。

2.31　白榆

别名：榆树、家榆　　科名：榆科

学名：*Ulmus pumila* L.

形态特征：落叶乔木，高达 25m，胸径达 1m；树冠圆球形；树皮暗灰色，纵裂；小枝灰色细长，排成二列状；叶卵状长椭圆形，先端尖，基部稍歪，叶缘多为单锯齿；春季叶前开花；翅果近球形，无毛。

生态习性：喜光；适应性强，耐寒、耐旱；耐盐碱，不耐低湿；抗风力强；花期 3～4 月，果期 4～6 月；以种子繁殖为主。

栽培要点：不拘土质，但以肥沃的壤土或砂质壤土为佳。幼树春至秋每 1～2 个月施肥 1 次。每年冬季落叶后应整枝修剪，已修剪成各种造型的，必须随时留意整枝和修剪徒长枝。

园林应用：行道树、庭荫树、防护林及"四旁"绿化。

2.32　桑

别名：家桑　　科名：桑科

学名：*Marus alba* L.

形态特征：落叶乔木，高达 16m，胸径可达 1m 以上；树冠倒广卵形，小枝褐黄色，嫩枝及叶含乳汁；单叶互生，卵形或卵圆形，先端尖，基部圆形或心形，锯齿粗钝，背面脉腋有簇毛；聚花果长卵形或圆柱形，熟时紫黑色、红色或近白色。

生态习性：喜温暖；喜光；适应性强，耐寒，耐干旱瘠薄和水湿；在微酸性、中性石灰质和轻盐碱土壤上均能生长；能抗烟尘及有毒气体；花期 4 月，果期 5～6（7）月；以种子繁殖为主。

栽培要点：幼树宜春、夏追肥，冬季落叶后要整枝修剪。蛀心虫害较多。

园林应用：防护林、水景树、园景树、引鸟树。

2.33　复羽叶栾树

科名：无患子科

学名：*Koelreuteria bipinnata* Franch.

形态特征：落叶乔木，高达 20m 以上；2 回羽状复叶，羽片 5～10 对，卵状披针形或椭圆状卵形，先端渐尖，基部圆形，缘有锯齿；花黄色，圆锥形花序顶生，花瓣基部有红色斑；蒴果顶端生，三角形卵状，成熟时红褐色或橘红色。

生态习性：喜温暖湿润气候；喜光；适应性强，耐干旱，抗风；花期 7～9 月，果期 9～10 月；种子繁殖。

栽培要点：幼树春、夏、秋季各施肥一次。冬季落叶后要整枝修剪。

园林应用：庭荫树、园景树、行道树。

2.34　无患子

别名：皮皂子　　科名：无患子科

学名：*Sapindus mukorossi* Gaertn.

形态特征：落叶乔木，高达 25m，胸径达 1m；树皮灰色至灰褐色；偶数羽状复叶，小叶 4～8 对，互生或近对生，卵状披针形或长椭圆状披针形，先端渐尖，基部楔形，两面无毛；圆锥花序，主轴及分枝均被毛；果球形，熟后黄色或橙黄色，有光泽。

生态习性：喜温暖湿润气候；喜光，稍耐阴，耐寒性不强；在酸性、中性、微碱性及钙质土上均能生长；花期 5～6 月；果期 9～10 月；种子繁殖。

栽培要点：播种繁殖宜在春末夏初进行。

园林应用：庭荫树、行道树。

2.35　红枫

科名：槭树科

学名：*Acer palmatum* Thunb. var. *atropurpureum* (Vanch.) Schwer.

形态特征：落叶乔木；枝条紫红色；叶片 7(5 ～ 9) 掌状深裂，裂片长圆状卵形或披针形，具紧贴尖齿，裂片长圆状披针形，叶红色或紫红色；翅果嫩时紫红色，熟时淡棕黄色，翅成钝角，果核球形。

生态习性：喜温暖，喜光，喜湿润，不甚耐寒；花期 5 月，果期 9 月；播种及嫁接繁殖。

栽培要点：宜在 2 ～ 3 月移栽，生长季节移栽要摘叶并带土球。苗木生长初期，使用速效性氮肥为宜。苗木快速生长时期，其前期、中期以施氮素化肥为主，后期以施磷钾肥为主。

园林应用：园景树、盆栽树、水景树。

2.36　枫杨

科名：胡桃科

学名：*Pterocarya stenoptera* C. DC.

形态特征：落叶乔木，高达 30m，胸径达 1m；枝具片状髓；羽状复叶之叶轴有翼，叶长椭圆形，缘有细锯齿；坚果近球形，具 2 长圆形或长圆状披针形之果翅。

生态习性：喜温暖湿润气候；喜光；较耐寒，耐湿性强，但不宜长期积水；对烟尘和二氧化硫等有毒气体有一定的抗性；花期 4 ～ 5 月，果期 8 ～ 9 月；种子繁殖。

栽培要点：对土壤要求不严，较喜疏松、肥沃的砂质壤土，当年播种出芽率较高。虫害较多。

园林应用：行道树及固堤护岸树，亦适合作工厂绿化。

2.37 枣

别名：红枣、美枣、良枣　　科名：鼠李科

学名：*Ziziphus jujuba* Mill.

形态特征：落叶乔木，高达 10m；树皮灰褐色，条裂；枝有长枝和短枝、脱落性小枝，长枝"之"字形曲折；叶卵形至卵形长椭圆状，基部歪斜，三出脉；聚伞花序簇生于叶腋，花小，黄绿色；核果长椭圆形，暗红色。

生态习性：喜干燥气候；喜光；耐寒，耐热，耐旱涝；花期 5～6 月，果期 8～9 月；嫁接繁殖为主。

栽培要点：播种、嫁接繁殖以春季为适期。每季施肥一次。幼株应修剪一次，老化的植株应强剪整枝。

园林应用：庭荫树，宜群植或林植于山野、庭院。

2.38 金钱松

科名：松科

学名：*Pseudolarix kaempferi* Gord. [*Pseudolarix amabilis* (Nels.) Rehd.]

形态特征：落叶乔木，高达 40m，胸径达 1m；树冠阔圆锥形；树皮赤褐色，狭长鳞片状剥离；枝条不规则轮生平展；叶条形，长枝上互生，短枝 15～30 枚簇生，入秋变黄如金钱；雄花球簇生；球果卵形或倒卵形，果鳞木质，熟时脱落，种子有翅。

生态习性：喜温暖多雨气候；强阳性；喜深厚、肥沃的酸性土壤，耐寒性不强；深根性树种，生长较慢；花期 4～5 月，果期 10～11 月；种子繁殖。

园林应用：独赏树、行道树、庭园树。

2.39　池杉

别名：池柏　　科名：杉科

学名：*Taxodlium ascendens* (L.) Rich. var. *imbricatum*
　　　(Nutt.) Croom.

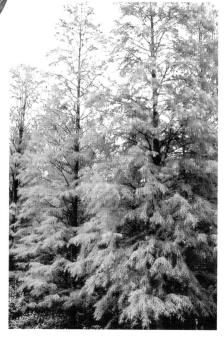

形态特征：落叶乔木，高达 25m ；树冠尖塔形；树皮褐色，纵裂成长条状脱落；树干基部膨大，常有屈膝状的吐吸根；当年生小枝绿色，二年生小枝褐红色；叶锥形略扁，螺旋状互生；下部多贴近小枝，先端渐尖，上面中脉略隆起，下面有棱脊，每边有气孔线 2 ～ 4。

生态习性：喜温暖湿润气候；强阳性，不耐阴，耐涝，又较耐旱；喜深厚疏松之酸性、微酸性土；种子及扦插繁殖。

园林应用：水景树、行道树、园景树。

2.40　落羽杉

别名：落羽松　　科名：杉科

学名：*Taxodium distichum* (L.) Rich.

形态特征：落叶乔木，高达 50m，胸径达 3m 以上；树冠在幼年期呈圆锥形，老树开展成伞形；树皮呈长条状剥落；树干基部膨大，有屈膝状的呼吸根；大枝近水平开展；叶线形，扁平，先端尖，排成羽状 2 列，秋季凋落前变成红褐色；球果圆形或卵圆形，有短梗，成熟后淡褐黄色。

生态习性：强阳性树；喜温暖湿润气候；极耐水湿，有一定耐寒能力；花期 2 月，果期 10 月；种子及扦插繁殖。

园林应用：水景树、防护林。

鹅掌楸

别名：马褂木　　科名：木兰科

学名：*Liriodendron chinense* (Hemsl.) Sarg.

形态特征：落叶乔木，高达40m，胸径1m以上；树冠圆锥状；单叶互生，有长柄，叶端常截形，两侧各具一凹裂，形如马褂，叶背密生白粉状突起，无毛；花黄绿色，杯状，花被片9，单生枝端；聚合果，翅状小坚果。

生态习性：强阳性树，不耐庇荫；稍耐寒；耐盐碱，不耐强光照和干燥瘠薄，花期4　5月，果期10月；以种子繁殖及埋根育苗为主。

园林应用：行道树、庭荫树，宜在公园、庭园较肥沃、湿润处孤植或丛植。

望春玉兰

别名：华中玉兰　　科名：木兰科

学名：*Magnolia biondii* Pamp.

形态特征：落叶乔木，高达12m；叶长椭圆状披针形及卵状披针形，长10～18cm，侧脉10～15对；花先叶开放，花被9，外轮3片，近条形，似萼片状，内2轮近匙形，白色，外面基部带紫红色；聚合果圆柱形，稍扭曲。

生态习性：喜温凉湿润气候，喜光，喜微酸性土壤；花期3～4月，果期8～9月；扦插繁殖。

园林应用：庭荫树、行道树及独赏树。

2.43　紫玉兰

别名：木兰、辛夷、木笔　　科名：木兰科

学名：*Magnolia liliflora* Desr.

形态特征：叶大灌木，高 3 ~ 5m；大枝近直伸，小枝紫褐色，无毛；叶椭圆形或倒卵状长椭圆形，先端渐尖，基部楔形，背面脉上有毛；花叶同放，或稍后于叶开放，外轮花被片带绿色，披针形，长约 3cm，早落，内两轮花被，外面紫色或紫红色，内面近白色。

生态习性：喜光；稍耐寒；喜肥沃、湿润且排水良好的土壤，在过于干燥及碱土、黏土上生长不良；花期 3 ~ 4 月，果期 8 ~ 9 月；以分株、压条繁殖为主。

园林应用：庭院树，花蕾形大如笔头，固有"木笔"之称；宜种植于庭院室前，或丛植于草地边缘。

2.44　二乔木兰

别名：紫花玉兰、朱砂玉兰　　科名：木兰科

学名：*Magnolia soulangeana* (Lindl.) Soul. Bod.

形态特征：落叶小乔木或灌木，高 7 ~ 9m；叶倒卵形至卵状长椭圆形；花先叶开放，花大、呈钟状，花被片 6 ~ 9，外轮 3 片常较短，或与内轮等长，外面紫色或红色，内面白色，芳香。

生态习性：本种为玉兰和紫玉兰的杂交种，以色的深浅分深紫二乔（var. *alexandrina* Rehd.）、淡紫二乔(var. *speciosa* Rehd.)。较亲本更耐寒、耐旱；花期 2 ~ 3 月，果期 9 ~ 10 月；种子及扦插繁殖。

园林应用：观赏树，宜用于公园、绿地和庭园等孤植观赏。

2.45 凹叶厚朴

科名：木兰科

学名：*Magnolia officinalis* (Rehd. et Wils.) Cheng Law.

形态特征：落叶乔木，高达15m；为厚朴的亚种，与厚朴的丰要区别是树皮稍薄，颜色稍浅；叶子因节间较短而常集生枝端，革质，狭倒卵形，顶端呈2圆浅裂片（但幼苗时叶端不凹），叶背灰绿色，叶柄上有白色毛；花叶同放，白色，有芳香；聚合果，圆柱状卵形，蓇葖木质。

生态习性：喜温凉、湿润；喜酸性、肥沃且排水良好的砂质土壤，不耐干旱瘠薄；花期4～5月，果期10月；种子繁殖。

园林应用：庭院树，宜栽种于公园、庭园的凉、润、肥沃处。

2.46 日本早樱

别名：东京樱花、江户樱花　　科名：蔷薇科

学名：*Prunus subhirtella* Miq.

形态特征：落叶乔木，高可达4～6m；小枝淡褐色，无毛，嫩枝绿色，被疏柔毛；叶卵状椭圆形至倒卵形，叶缘有细重锯齿，叶背脉上及叶柄有柔毛；花白色至淡粉红色，花序伞形总状。核果近球形，黑色。

生态习性：喜光；生长快，开花多，但花期很短，仅能保持1周左右就凋谢，花期4月，果期5月；采用非试管快繁技术进行快繁。

园林应用：独赏树、行道树、观花树种，宜种植于山坡、庭院、建筑物前及园路旁。

2.47　贴梗海棠

科名：蔷薇科

学名：*Chaenomeles spciosa* (Sweet.) Nakai.

形态特征：落叶灌木，高达 2m；小枝无毛，有刺；叶片卵形至椭圆形；花簇生，红色、粉红色、淡红色或白色；梨果球形或长圆形。

生态习性：喜光；耐瘠薄，有一定耐寒能力；喜排水良好的深厚、肥沃土壤；不耐水湿；花期 3 ~ 4 月，果期 10 月；主要用分株、扦插和压条繁殖。

园林应用：独赏树、盆景树，宜丛植于庭园墙隅、林缘等处，亦是制作传统盆景的上好材料。

2.48　垂丝海棠

别名：锦带花、海棠花、垂枝海棠　　科名：蔷薇科

学名：*Malus halliana* Koehne.

形态特征：落叶小乔木，高可达 8m；小枝微弯曲；叶互生，椭圆形至长椭圆形，表面深绿色而有光泽，背面灰绿色并有短柔毛，叶柄细长，基部有两个披针形托叶；伞房花序；5 ~ 7 朵生于小枝顶端，花梗细长而下垂，花粉红色；梨果球状，成熟时紫红色。

生态习性：喜温暖湿润气候；喜光；不耐严寒和干旱；花期 5 月，果熟期 9 ~ 10 月；可采用扦插、分株、压条等方法繁殖。

园林应用：独赏树，宜植于小径两旁，或孤植、丛植于草坪上，最宜植于水边。

2.49 湖北海棠

别名：甜茶果、泰山海棠　　科名：蔷薇科

学名：*Malus hupehensis* (Pamp.) Rehd.

形态特征：落叶小乔木，高可达 8m；小枝紫色、坚硬；单叶互生，叶片卵形，先端渐尖，基部宽楔形，缘具细锐锯齿，羽脉 5～6 对，叶柄长 1～3cm，托叶条状披针形，早落；伞房花序，有花 4～6 朵；梨果小球形。

生态习性：喜温暖湿润气候；喜光；较耐水湿，不耐干旱；花期 4～5 月，果期 8～9 月；以种子繁育为主。

园林应用：独赏树，春秋两季观花、观果的良好园林树种。

2.50 西府海棠

别名：海红、子母海棠、小果海棠　　科名：蔷薇科

学名：*Malus micromalus* Makino

形态特征：落叶乔木，高可达 8m；小枝圆柱形，直立；叶片椭圆形至长椭圆形，边缘有紧贴的细锯齿，有时部分全缘，托叶膜质，披针形，全缘；花序近伞形，花瓣卵形；果实近球形，成熟后红色。

生态习性：喜光；耐寒，忌水涝，忌空气过湿，较耐干旱，对土质和水分要求不严；花期 4～5 月，果期 9 月；可用嫁接、分株、根插和压条等方法繁殖，分株和压条都宜在春季进行，容易成活。

园林应用：园景树。

2.51 合欢

别名：夜合树、绒花树、鸟绒树　　科名：豆科

学名：*Albizzia julibrissin* Durazz.

形态特征：落叶乔木，高 4～15m；羽片 4～12 对，小叶 10～30 对，长圆形至线形，两侧极偏斜；花序头状，多数，伞房状排列，腋生或顶生，花淡红色；荚果线形，扁平，幼时有毛。

生态习性：喜光；较耐寒，不耐水湿；耐干旱瘠薄和砂质土壤；花期 6～7 月，果期 9～11 月。

园林应用：庭荫树、行道树、城乡绿化及观赏树种，宜植于堂前或栽植于庭园水池畔等。

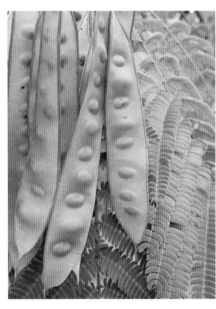

2.52 皂荚

别名：皂角、大皂荚、悬刀、长皂角　　科名：豆科

学名：*Gleditsia sinensis* Lam.

形态特征：落叶乔木，高达 15～30m；树皮灰黑色，浅纵裂，干及大枝具圆刺，一回偶数羽状复叶，卵状椭圆形，先端钝，缘有细钝齿；荚果直而扁平。

生态习性：喜光；稍耐寒，在石灰质及盐碱甚至黏土或砂土均能正常生长；抗污染；花期 5～6 月，果熟期 9～10 月。

园林应用：水景树、庭院树、行道树。

2.53　翅荚木

别名：任木　　科名：豆科

学名：*Zenia insignis* Chun.

形态特征：落叶乔木，高可达 40m；奇数羽状复叶，无托叶，互生，全缘；花两性，顶生的圆锥花序，紫色覆瓦状排列；荚果椭圆状长圆形，腹缝有阔翅。

生态习性：喜光；不耐荫蔽和水淹，耐高温和耐寒能力较强。花期 5 月，果期 10～11 月；种子育苗和扦插育苗繁殖。

园林应用：观赏树种，可在高层建筑旁列植，或与其他树种间植作行道树。

2.54　黄檀

别名：檀树　　科名：豆科

学名：*Dalbergia hupeana* Hance.

形态特征：落叶乔木，高达 20m；羽状复叶，长圆形或宽椭圆形，顶端钝，微缺，基部圆形；圆锥花序顶生或生在上部叶腋间，花梗有锈色疏毛，萼钟状，花冠淡紫色或白色；荚果长圆形，扁平。

生态习性：喜光；耐干旱瘠薄；花果期 7～10 月；一般用种子繁殖。

园林应用：观赏树，可用于庭园中群植，或林带式绿化的混交树种。

2.55　紫弹朴

科名：榆科

学名：*Celtis biondii* Pamp.

形态特征：落叶乔木，高达14m；幼枝密生红褐色或淡黄色柔毛；叶卵形或卵状椭圆形，中上部边缘有锯齿，少全缘；核果近球形，熟时橙红色或带黑色。

生态习性：喜光，较耐旱；花期4～5月，果期8～10月；用播种法繁殖。

园林应用：庭荫树，孤植、丛植或混交种植。

2.56　珊瑚朴

别名：棠壳子树　　科名：榆科

学名：*Celtis julianae* Schneid.

形态特征：落叶乔木，高达27m；树冠圆球形；单叶互生，宽卵形、倒卵形或倒卵状椭圆形，上面较粗糙，下面密披黄色绒毛；花序红褐色，状如珊瑚；核果卵球形，较大，熟时橙红色，味甜可食。

生态习性：喜光；稍耐阴，耐干旱；花期4月，果熟期9～10月；播种繁殖。

园林应用：观赏树、行道树、工厂绿化、四旁绿化树种。

2.57　枳椇

别名：拐枣、鸡爪子、鸡爪树　　科名：鼠李科

学名：*Hovenia acerba* Lindl.

形态特征：落叶乔木，高可达 10 ～ 25m；小枝无毛，有明显白色皮孔，常为"之"字形伸展；叶互生，厚纸质至纸质，基部常偏斜，边缘有锯齿，基出 3 脉；花两性，腋生或顶生复聚伞花序；浆果状核果，近球形。

生态习性：喜光；稍耐旱，不耐水湿；花期 5 ～ 7 月，果期 8 ～ 10 月；播种繁殖为主。

园林应用：园景树、庭荫树、行道树，宜在公园、草坪作点缀树种。

2.58　苦楝

别名：楝树、森树、金铃子　　科名：楝科

学名：*Melia azedarace* L.

形态特征：落叶乔木，高达 10m。叶为 2 ～ 3 回奇数羽状复叶，长 20 ～ 40cm；小叶对生，卵形、椭圆形至披针形，边缘有钝锯齿。圆锥花序约与叶等长，花瓣淡紫色。核果球形至椭圆形，长 1 ～ 2cm；种子椭圆形，长 6 ～ 8mm。

生态习性：喜光，不耐荫蔽；喜温暖湿润气候，耐寒力不强，华北地区幼树易遭寒害。对土壤要求不严，喜酸性、中性、钙质土壤。稍耐干旱，瘠薄，但在积水处生长不良。以土层深厚、肥沃、湿润处生长最好。花期 4 ～ 5 月，果期 10 月。

园林应用：宜作庭荫树及行道树。在草坪上孤植、丛植，或配植于池边、路边、坡地都很适合。对二氧化硫抗性强，但对氯气抗性较弱，可在某些工厂区域使用。

栽培要点：用种子繁殖。

2.59　川楝

别名：川楝子、金铃子　　科名：楝科

学名：*Melia toosendan* Sieb. et Zucc.

形态特征：乔木，高达 10m；树皮灰褐色，幼嫩部分
密被星状鳞片；叶 2 回单数羽状复叶，与苦楝的区别，
主要是：本种小叶全缘，或有不明显的钝齿；花序长
约为复叶长的一半（苦楝花序常与叶等长）；子房 6～8
室（苦楝子房 5～6 室）；果较大，长约 3cm（苦楝果长
1～2cm）。

生态习性：喜光；不耐寒；对烟尘及有毒气体抗性较强；播种、扦插繁殖为主。

园林应用：庭荫树、行道树。

2.60　天师栗

别名：猴板栗、七叶树　　科名：七叶树科

学名：*Aesculus Wilsonii*

形态特征：落叶乔木，高 15～20m。树皮灰褐色，有淡灰褐色皮孔，成薄片
状剥落，小枝红褐色，幼时密生柔毛，有白色皮孔。叶对生，有长柄，掌状复叶，
小叶 5～7 片；小叶长椭圆形或长椭圆状倒披针形，先端突长尖，基部阔楔形
或稍圆，边缘有细锯齿；花杂性；圆锥花序顶生，密被灰黄色细毛，蒴果卵圆形，
顶端有短尖，栗褐色，光滑，种脐淡白色。

生态习性：弱阳性，喜温暖湿润气候，不耐寒，深根性，生长慢，寿命长。花期 4～5
月，果期 9～10 月。主要采用播种繁殖。

园林应用：树形美观，冠如华盖，开花时硕大的白色花序又似一盏华丽的烛台，
蔚为奇观，在风景区和小庭院中可作行道树或骨干景观树。

栽培要点：天气干旱时，应注意浇水。成年树每年冬季落叶后应开沟施肥，以
利翌年多发枝叶，多开花。

2.61　三角枫

别名：三角槭、丫枫、鸡枫　　科名：槭树科

学名：*Acer buergerianum* Miq.

形态特征：落叶乔木，高5～10m；树皮暗灰色，片状剥落；叶倒卵状三角形、三角形或椭圆形，通常3裂，裂片三角形，近于等大且呈三叉状，顶端短渐尖，全缘或略有浅齿；伞房花序顶生，有柔毛，花黄绿色，发叶后开花；翅果棕黄色。

生态习性：喜温暖湿润气候；稍耐阴，较耐水湿；花期4～5月，果期9～10月；以播种繁育为主。

园林应用：庭荫树、行道树及护岸树种，也可栽作绿篱，是良好的园林绿化树种和观叶树种。

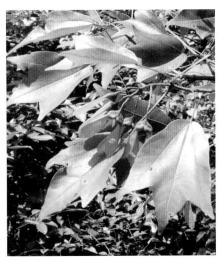

2.62　香椿

别名：香椿树、香椿芽、香椿头　　科名：楝科

学名：*Toona sinensis*（A. Juss.）Roem.

形态特征：落叶乔木，高达16m；树皮暗褐色，成片状剥落；小枝有时具柔毛；偶数羽状复叶互生，有特殊气味；叶柄红色，基部肥大；叶片长圆形至披针状长圆形；圆锥花序顶生，两性，花芳香；蒴果椭圆形或卵圆。

生态习性：喜光；较耐湿，有一定的耐寒力；一般以砂壤土为好；花期5～6月，果期9月；主要用播种法繁殖。

园林应用：庭荫树、行道树，在庭前、院落、草坪、斜坡、水畔均可配植。

2.63　鸡爪槭

别名：柳叶枫、鸡爪枫、青枫　　科名：槭树科

学名：*Acer palmatum* Thunb.

形态特征：落叶小乔木，高达 8 ~ 13m；树皮深灰色；小枝细瘦，紫色；叶对生，纸质，掌状分裂，通常 7 裂，边缘具尖锐锯齿；伞房花序，花紫色、杂性、同株；翅果紫红色至淡棕黄色。

生态习性：喜疏荫的环境；耐寒性强，较耐干旱；花期 5 月，果期 9 ~ 10 月；嫁接繁殖为主。

园林应用：行道树、庭荫树；宜丛植或群植于草坪，或与山石、竹丛、松配置，或盆栽。

2.64　南方泡桐

科名：泡桐科

学名：*Paulownia australis* Gong Tong.

形态特征：落叶乔木，枝下高达 5m，本种开紫色花，与其他紫色花泡桐的区别在于：本种，叶心圆形，叶背密生树枝状毛和黏质腺毛，初生叶往往带紫色；圆锥花序比其他种宽大，分枝长超过主轴之半，一般在 40cm 以上；小聚伞花序具短总花梗，花萼被黄色绒毛，浅裂为 1/3 ~ 2/5；果椭圆状。

生态习性：喜光，不太耐寒，喜湿润环境，生长迅速；花期 3 ~ 4 月，果期 7 ~ 8 月；埋根繁殖为主。

园林应用：行道树、庭荫树。

2.65　华东泡桐

别名：台湾泡桐、黄毛泡桐、水桐木　　科名：泡桐科

学名：*Paulownia kawakamii* Ito.

形态特征：落叶乔木，高6~12m。本种开紫色或蓝紫色花，与其他开紫色花的区别主要是：本种分枝较低，主干短；叶片心脏形，全缘或3~5浅裂或有角，两面均有黏毛，老时变为单条粗毛，圆锥花序宽大，侧枝几与主轴等长，小聚伞花序无总花梗或下部具短梗、有黄褐色绒毛，花萼有绒毛，深裂隙至1/2以上；蒴果卵圆形。

生态习性：喜光；不太耐寒，喜湿润环境，生长迅速；花期4~5月，果期8~9月；分根法繁殖为主。

园林应用：行道树、庭荫树；树冠伞形，花大美丽也具香气，很适合作园景树。

2.66　南酸枣

别名：四眼果、酸枣树、货郎果　　科名：漆树科

学名：*Choerospondias axillaries* (Roxb.) Burtt et Hill.

形态特征：落叶乔木，高达8~13m；树皮灰褐色、纵裂呈片状剥落；单数羽状复叶、互生，小叶对生、纸质、长圆状椭圆形；花杂性、异株，雄花淡紫色，雄花和假两性花（不育花）排成腋生圆锥花序；雌花单生小枝上部叶腋；核果成熟时黄色。

生态习性：喜光，不耐寒，要求湿润的环境，不耐水淹和盐碱。花期4~5月，果期9~11月。播种繁殖为主。

园林应用：行道树、庭荫树，孤植或丛植于草坪、坡地、水畔，或与其他树种混交成林都合适，亦可用于厂矿绿化。

2.67 尖叶紫薇

别名：尾叶紫薇　　科名：千屈菜科

学名：*Lagerstroemia caudate* Chun et How ex S. Lee et L. Lau

形态特征：大乔木，高 18m ～ 30m；树皮光滑，褐色，呈片状剥落；小枝圆柱形；叶纸质至近革质，阔椭圆形，顶端尾尖或短尾状渐尖；圆锥花序生于枝顶端，花白色；蒴果矩圆状球形。

生态习性：喜光；较耐旱，但不耐涝；花期 4 ～ 5 月，果期 7 ～ 10 月；种子繁殖为主。

园林应用：独赏树、庭荫树，丛植或群植于庭院建筑前，或栽植在池畔、路边及草坪上。

2.68 喜树

别名：旱莲、千丈树　　科名：蓝果树科

学名：*Camptotheca acuminata* Decne.

形态特征：落叶乔木，高可达 25 ～ 30m；树皮灰色或浅灰色，有稀疏圆形或卵形皮孔；树干端直，枝条伸展，枝髓有片状隔膜；单叶互生，纸质，卵状椭圆形或长圆形，叶柄常带红色；头状花序近球形，聚合果球状，单果为坚果，窄长，两侧有翅。

生态习性：喜温暖湿润气候；喜光；稍耐阴，不耐寒；较耐水湿，不耐干旱瘠薄土地，在酸性、中性及弱碱性土中均能生长；花期 7 月，果 10 ～ 11 月成熟；种子繁殖。

园林应用：庭园树、行道树，良好的"四旁"绿化树种。

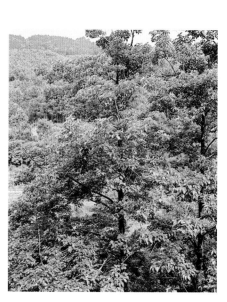

2.69 枫香

别名：枫香　　科名：金缕梅科

学名：*Liquidambar formosana* Hance.

形态特征：落叶乔木，高达40m，胸径达1.5m；树冠广卵形或略扁平；干上有眼状枝痕；单叶互生，常掌状3裂，基部心形或截形，裂片先端尖，缘有锯齿；雌雄同株，无花瓣，雄花为短穗状花序，常多个排成总状；雌花为圆锥状头状花序；果序球形，蒴果多数，宿存花柱及萼齿针刺状。

生态习性：喜温暖湿润气候；喜光，耐干旱瘠薄，花期3～4月，果期10月。以种子繁殖为主。

园林应用：风景林、庭荫树及行道树，亦可混交栽种。

2.70 白蜡树

别名：青榔木、白荆树　　科名：木犀科

学名：*Fraxlnus chinensis* Roxb.

形态特征：落叶乔木，高达15m；树冠卵圆形，树皮黄褐色；小枝光滑无毛；奇数羽状复叶，对生，小叶5～9枚，卵圆形或卵状椭圆形，基部狭，不对称，缘有齿及波状齿，背面沿脉有短柔毛；圆锥花序大而疏松，无花瓣；翅果倒披针形。

生态习性：喜光；喜温暖湿润气候；颇耐寒，喜湿耐涝，耐干旱；花期3～5月，果10月成熟，扦插繁殖为主。

园林应用：庭荫树、行道树，宜孤植、列植、群植于湖岸和工矿区。

2.71　豆梨

科名：蔷薇科

学名：*Pyrus calleryana* Decne.

形态特征：落叶乔木，高3～5m；小枝幼时有绒毛，后脱落；叶片宽卵形或卵形，少数长椭圆状卵形，顶端渐尖，基部宽楔形至近圆形，边缘有细圆钝锯齿，两面无毛；伞形总状花序，白色；梨果近球形，褐色，有斑点，萼片脱落。

生态习性：喜温暖湿润气候；喜光；耐干旱瘠薄，不耐盐碱；喜酸性至中性土，抗病虫害；花期4月，果期8～9月。

园林应用：园景树。

2.72　杜梨

别名：棠梨、海棠梨、野梨子、土梨　　科名：蔷薇科

学名：*Pyrus betulaefolia* Bunge

形态特征：落叶乔木，株高10m；枝、叶、花序均被绒毛，枝具刺；叶菱状卵型至长圆型，叶缘有锐尖锯齿；伞形总状花序，花瓣白色；果实近球形，褐色，有淡色斑点。

生态习性：喜光，耐寒，耐旱耐涝；花期4月，果期8～9月；繁殖以播种为主。

园林应用：庭园树、防护林及沙荒造林树种，在北方盐碱地区应用较广。

附：

杜梨与豆梨的区别在于：豆梨叶缘有圆钝锯齿；果实球形，径1cm左右，果皮有明显斑点；枝、叶、花序均无毛。

2.73　沙梨

科名：蔷薇科

学名：*Pyrus pyrifolia* (Burm. f.) Nakai.

形态特征：落叶乔木，高达 7 ～ 15m；小枝光滑，或幼时有绒毛，1 ～ 2 年生枝紫褐色或暗褐色；叶卵形或卵状长圆形，缘具刺毛状锐齿，有时齿端微向内曲；花白色，果实圆锥形或扁圆形，赤褐色或青白色，先端凹陷。

生态习性：喜温暖多雨气候；喜光；喜肥沃湿润的酸性土、钙质土，耐旱，耐水湿；花期 4 月，果期 8 ～ 9 月。多以豆梨为砧木进行嫁接繁殖。

园林应用：庭园观赏，结合水果产业做观光休闲园。

2.74　杏

科名：蔷薇科

学名：*Armeniaca vulgaris* Lam.

形态特征：落叶小乔木，高 4 ～ 10m；小枝褐色或红褐色；叶互生，圆卵形或宽卵形，基部圆形或近心形，锯齿细钝，两面无毛或背面脉腋有簇毛，叶柄多带红色；花白色或浅粉红色，圆形至宽倒卵形，单生枝端，着生较密，稍似总状，春季先叶而开；核果圆形，

生态习性：喜光，耐寒，耐旱，喜轻质土，但开花较早，易被晚霜冻死。花期 3 ～ 4 月，果期 6 ～ 7 月。嫁接繁殖为主。

园林应用：独赏树、风景林；树冠圆整，早春开花，繁茂美观，北方栽植尤多。除在庭院少量种植外，宜群植、林植于山坡、水畔。

2.75 杜仲

别名：思仙、木绵、丝连皮　　科名：杜仲科

学名：*Eucommia ulmoides* Oliv.

形态特征：落叶乔木，高达 20m；树皮灰褐色，较粗糙；嫩枝有黄褐色毛、不久变秃净，老枝有明显气孔，皮、枝及叶均含胶质；单叶互生，椭圆形或卵形，边缘有细锯齿，薄革质，表面暗绿色、光滑，幼叶有褐色柔毛、老叶略有皱纹、背面淡绿色；花单性，雌雄异株，与叶同时开放，或先叶开放；翅果卵状长椭圆形而扁。

生态习性：喜光，不耐荫庇，喜温暖湿润气候；对土壤的选择不严格。花期 4～5 月；果期 9～11 月。播种繁殖为主。

园林应用：庭荫树、行道树、防护林。

2.76 麻栎

别名：青冈、橡椀树　　科名：壳斗科

学名：*Quercus acutissima* Carr.

形态特征：落叶乔木，高达 30m，胸径达 1m；树皮深灰褐色，深纵裂；小枝黄褐色，初有毛，后脱落；叶椭圆状被针形，顶端渐尖或急尖，边缘锯齿端成刺芒状，背面绿色，近无毛；总苞碗状；坚果球形。

生态习性：喜光，耐寒，耐旱；对土壤要求不严，但不耐盐碱土。花期 5 月，果翌年 10 月成熟。播种繁殖为主。

园林应用：独赏树、风景林、防护林；树干通直，枝条广展，树冠雄伟，浓荫如盖，秋季叶色转为橙褐色，季相变化明显。孤植、丛植或与它树混交成林，均甚适宜，为我国著名硬阔叶树优良用材树种。

栓皮栎

别名：青杠碗、粗皮栎、白麻栎　　科名：壳斗科

学名：*Quercus variabilis* Bl.

形态特征：落叶乔木，高达 25m，胸径 1m；树皮深灰色，纵深裂；小枝淡褐色，无毛；叶互生，长椭圆状披针形，缘有芒状锯齿，背面被灰白色星状毛；雄花序生于当年生枝下部，雌花单生或双生于当年生枝叶腋；总苞杯状，鳞片反卷，有毛；坚果卵球形或椭圆形。

生态习性：喜光，耐寒，耐旱不耐积水，抗风力强，但不耐移植。花期 5 月，果翌年 9 ~ 10 月成熟。播种繁殖为主。

园林应用：独赏树、风景林、防护林；秋季叶色转为橙褐色，季相变化明显。

附：

栓皮栎与麻栎的区别：麻栎叶两面无毛、树皮坚硬、木栓层不发达；栓皮栎叶背面密被白色星状毛、树皮厚而软、木栓层发达。

白栎

别名：青冈树、橡栎　　科名：壳斗科

学名：*Quercus fabri* Hance.

形态特征：落叶乔木，高达 20m；小枝密生灰色褐色绒毛；叶倒卵形或倒卵状椭圆形，缘有波状粗钝齿，背面灰白色，密被星状毛，网脉明显，侧脉 8 ~ 12 对，叶柄短，被褐黄色绒毛；总苞碗状；坚果长椭圆形。

生态习性：喜光，喜温暖气候，耐干旱瘠薄，萌芽力强。花期 4 月，果 10 月成熟。播种繁殖为主。

园林应用：独赏树、风景林、庭荫树。宜于草坪中孤植、丛植，或在山坡上成片种植，也可作为其他花灌木的背景树。

板栗

别名：栗子、毛栗山　　科名：壳斗科

学名：*Castanea mollissima* Bl.

形态特征：落叶乔木，高 15 ~ 20m；树皮深灰色，交错纵深裂；小枝灰色绒毛，无顶芽；叶互生，卵状椭圆形至长椭圆状披针形，边缘有锯齿，下面有灰白色星状短绒毛或长单毛，叶柄有毛；雄花序直立，总苞球形；坚果半球形或扁球形，暗褐色。

生态习性：喜光，喜温暖而不怕炎热，但耐寒、耐旱性较差。花期 5 ~ 6 月，果熟期 9 ~ 10 月。播种法和嫁接法繁殖为主。

园林应用：庭荫树、风景林、防护林；树冠圆广、枝茂叶大。在公园草坪及坡地孤植或群植均适宜；亦可作山化结合生产的良好树种。

蓝果树

别名：紫树　科名：蓝果树科

学名：*Nyssa sinensis* Oliver.

形态特征：落叶乔木，高达 20m；树皮淡褐色或深灰色，粗糙，薄片状剥落；小枝无毛，当年生枝淡绿色，多年生枝褐色，有明显皮孔；叶互生，纸质或薄革质，椭圆形或卵椭圆形，边缘全缘或微波状；花小，绿白色，聚伞总状花序腋生；核果矩圆形，蓝黑色。

生态习性：喜光，喜温暖湿润气候，耐干旱瘠薄，生长快。花期 4 ~ 5 月，果期 8 ~ 9 月。播种繁殖为主。

园林应用：独赏树、风景林、庭荫树；春季紫红色嫩叶，秋日叶转绯红。可与常绿阔叶树混植，作为上层骨干树种，构成林丛。

/ 第二篇　各　论

2.81　臭椿

别名：樗树、白椿　　科名：苦木科

学名：*Ailanthus altissima* (Mill.) Swingle.

形态特征：落叶乔木，高可达30m；树皮灰白色或灰黑色，平滑，小枝粗壮；叶倒卵形、叶痕大，奇数羽状复叶互生、近基部有1～2对粗锯齿，齿顶有腺点有臭味；花白色，杂性异株，成顶生圆锥花序，微臭，翅果椭圆形。

生态习性：喜光，有一定的耐寒能力，很耐旱，不耐积水。花期4～5月，果9～10月成熟。播种繁殖为主。

园林应用：独赏树、行道树、防护林；树干通直高大，春季嫩叶紫红，秋季红果满树。孤植、丛植或与其它树种混栽，适宜于工厂区等绿化。

2.82　柿

别名：朱果、猴枣　　科名：柿树科

学名：*Diospyros kaki* Thunb.

形态特征：落叶乔木，通常高10～15m，高龄老树有高达27m的；树皮暗灰色，呈长方形小块状裂纹；小枝密生褐色或棕色柔毛，后渐脱落；叶互生、椭圆形、近革质；花黄白色、雌雄异株或同株，花冠钟状；浆果卵圆形或扁球形。

生态习性：喜光，喜温暖湿润气候，不耐旱；因为柿树的落果现象较严重，适当灌溉可减少落果，提高产量。花期4～5月，果期8～9月。嫁接繁殖为主。

园林应用：独赏树、庭荫树；叶大呈浓绿色而有光泽，秋季叶红，果实累累，且不容易脱落。适于孤植或成片种植或山区风景点绿化配置。

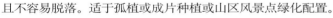

2.83 野柿

别名：山柿、油柿　　科名：柿树科

学名：*Diospyros kaki* Thunb.var.
　　　sylvestris Makino.

形态特征：落叶乔木，高达10m以上，树皮鳞片状
开裂；小枝及叶柄常密被黄褐色柔毛；叶互生，近革
质，较栽培柿树的叶小，叶片下面的
毛较多；花冠钟状，黄白色，较小；
果亦较小。

生态习性：喜光，喜温暖湿润气候，
不耐旱；因为柿树的落果现象较严重，
适当灌溉可减少落果，提高产量。花
期4～5月，果期8～9月。嫁接繁殖
为主。

园林应用：独赏树、庭荫树；树形优美，
叶浓绿色有光泽，秋季叶红，果实累
累且不容易脱落。适于孤植或成片种
植或山区风景点绿化配置。

2.84 中华槭

别名：五裂槭　　科名：槭树科

学名：*Acer sinense* Pax.

形态特征：落叶小乔木，高5m左右，稀可达10m；树皮褐灰色，略粗糙；小
枝绿色或褐红色，光滑无毛；单叶，近薄革质，近圆形，掌状5裂，稀7裂，
裂缘有密贴的细锯齿，叶基心形、稀截形；花小，杂性，圆锥花序顶生、下垂，
花小；翅果。

生态习性：耐半阴，稍耐寒，较耐旱。花期5月，果期8～9月。播种繁殖为主。

园林应用：独赏树、风景林；观树皮、观枝条兼观叶季相变化，是风景林中表
现秋色的重要中层树木。

2.85　青枫

别名：鸡爪槭　　科名：槭树科

学名：*Acer palmatum* Thunb.

形态特征：落叶小乔木，高可达 10m，树冠扁圆形或伞形。小枝光滑、细长，紫色或灰紫色。单叶对生，掌状七裂，基部近楔形或近心脏形，裂片披针形，先端锐尖尾状，边缘具锯齿，嫩叶两面密生柔毛，后叶表面光滑。5 月开花，花紫色，伞形状伞房花序。翅果平滑，10 月果熟。

生态习性：弱阳性，耐半阴，受太阳西晒时生长不良。喜温暖、湿润环境，亦耐寒。较耐旱，不耐水涝，适生于肥沃深厚、排水良好的微酸性或中性土壤。

园林应用：叶形美观，入秋后转鲜红色，为优良的观叶树种。植于草坪、土丘、溪边、池畔、路隅、墙边、亭廊和山石间点缀，制成盆景或盆栽用于室内美化也极雅致。

栽培要点：夏季保持土壤适当湿润，入秋后土壤以偏干为宜。

2.86　青榨槭

别名：青虾蟆、大卫槭　　科名：槭树科

学名：*Acer davidii* Franch

形态特征：落叶乔木，高 8 ～ 12m。青榨槭树皮绿色，并有墨绿色条纹，一年生枝条皮银白色。青榨槭因树皮颜色绿色似青蛙皮而得名。单叶对生，叶广卵形或卵形，上部三浅裂，有时五裂，基部心形，边缘有钝尖二重锯齿，上面暗绿色，平滑无毛，叶柄长 3 ～ 8cm。总状花序顶生、下垂，有小花 10 ～ 20 朵，花瓣带绿色。小坚果卵圆形，材质优良，生长较快。

生态习性：耐寒，能抵抗 − 30 ～ − 35℃ 的低温。耐瘠薄，主、侧根发达，萌芽性强。生长快，栽植当年生长高度可达 2m，第二年高 3 ～ 4m。花期 3 月，果期 9 月。繁殖用种子、根蘖或 1 ～ 2 年生根段埋根育苗。

园林应用：树皮为竹绿或蛙绿色，颜色独具一格，具有很高的绿化和观赏价值。用于园林绿化可培育主干型或丛株型。多株墩状绿化效果极佳。

栽培要点：对土壤要求不严，适宜中性土。

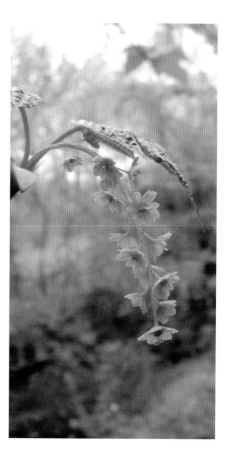

2.87 梓树

别名：黄金树、豇豆树、梓实　　科名：紫葳科

学名：*Catalpa ovata* G. Don

形态特征：落叶乔木，高 15～20m；树皮褐色或黄
灰色，纵裂；叶对生或轮生，广卵形或圆形，通常 3～5
浅裂，有毛，背面基部脉腋有紫斑；圆锥花序顶生，
花冠淡黄色或黄白色，内有紫色斑点和 2 黄色条纹；
蒴果细长。

生态习性：喜光、稍耐阴，颇耐寒，不耐干旱和瘠薄，能耐轻盐碱土，抗染性
较强。花期 5～6 月，果熟期 8～9 月。播种繁殖为主。

园林应用：行道树、庭荫树；树冠开展，蒴果如筷，经久不落。对有毒气体抗性强，
适宜于工厂区作绿化树种。

2.88 对节白蜡

科名：木犀科

学名：*Fraxinus hupenensis* Chiu. Shang et Su. sp. nov.

形态特征：落叶乔木，高可达 19m，径达 1.5m；树皮深灰色，老时纵裂；枝
近无毛，侧生小枝常呈棘刺状；奇数羽状复叶对生，叶片披针形至卵状披针形，
缘具细锐锯齿；花簇生，花两性；翅果，倒披针形。

生态习性：喜光、稍耐阴，喜温暖湿润气候，稍耐寒。花期 3 月，果熟 9 月。
播种繁殖为主。

园林应用：独赏树、造型树；树干通直，枝叶繁茂而鲜绿，秋色橙黄。群植或
单植均可形成特殊景观，也可制作盆景或用为绿篱。

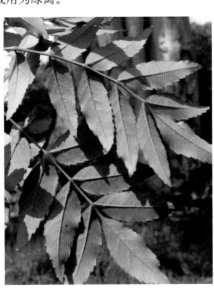

2.89　罗浮柿

别名：小柿子、山榉树牛古柿、乌蛇木　　科名：柿树科

学名：*Diospyros morrisiana* Hance

形态特征：落叶小乔木或灌木，高4～10m；幼枝浅褐色，略被短柔毛，老枝灰褐色，具细条纹，无毛，皮孔明显，棕色。叶薄革质，椭圆形或长圆形，先端短渐尖，基部楔形。雄花通常3朵组成聚伞花序，序梗极短，与花梗密被褐色绒毛；果近球形，直径1.5～2cm。

生态习性：花期5～6月；果期10～12月。生密林或山坡次生林，海拔650～1600m。

园林应用：基础种植、风景林。

2.90　君迁子

别名：黑枣、软枣、牛奶枣　　科名：柿树科

学名：*Diospyros lotus* L.

形态特征：落叶乔木，高可达30m；树皮灰色，深裂成方块；幼枝被灰色毛；单叶互生，叶片椭圆形至长圆形，表面光滑，背面灰绿色，有灰色毛；花淡黄色至淡红色；浆果近球形至椭圆形，初熟时淡黄色，后则变为蓝黑色，外被白粉。

生态习性：喜光，耐半阴，耐寒及耐旱性均比柿树强，很耐湿，对二氧化硫抗性强。花期5～6月，果期10～11月。播种繁殖为主。

园林应用：庭荫树；树干挺直，树冠圆整。适应性强，可作园林绿化用。

2.91 野茉莉

别名：齐墩果　　科名：野茉莉科

学名：*Styrax japonicus*

形态特征：落叶小乔木，高4～8m，少数高10m。叶互生，纸质或近革质，椭圆形或卵状椭圆形，顶端急尖或钝渐尖，常稍弯，基部楔形或宽楔形，边近全缘或仅于上半部具疏离锯齿。花单生叶腋，或2～4朵成总状花序，下垂；花白色，芳香。果卵形。种子褐色，有深皱纹。

生态习性：喜光，稍耐阴；喜湿润，耐旱、忌涝。花期4～7月，果熟期9～11月。主要采用播种繁殖。

栽培要点：适合肥沃、深厚而疏松富腐殖质土壤。

园林应用：野茉莉树形优美，花朵下垂，盛开时繁花似雪。园林中用于水滨湖畔或阴坡谷地，溪流两旁，在常绿树丛边缘群植，白花映于绿叶中，饶有风趣。

2.92 秤锤树

别名：秤陀树、捷克木　　科名：安息香科

学名：*Sinojackia xylocarpa* Hu

形态特征：落叶小乔木或灌木，高3～7m，胸径达10cm。单叶互生，椭圆形或椭圆状倒卵形，长4～10cm，宽2.5～5.5cm，先端短渐尖，基部楔形或圆形，花、果均下垂。花白色。果卵圆形或卵圆状长圆形，顶端呈喙状。

生态习性：喜光，喜深厚肥沃，排水良好的砂质壤土，较耐旱、忌水淹。花期4～5月，果期9～10月。种子繁殖扦插繁殖均可。

栽培要点：对小生境要求较高。

园林应用：话白色下垂，秋后叶落，宿存下垂果实，宛如秤锤满树，为优良的观花观果树木。

2.93　山桐子

别名：水冬瓜、水冬桐、斗霜红　　　科名：大风子科

学名：*Idesia polycarpa* Maxim.

形态特征：落叶乔木，树冠长圆形，高 8～21m；叶薄革质或厚纸质，卵形或心状卵形，或为宽心形，先端渐尖或尾状，基部通常心形，边缘有粗的齿，齿尖有腺体，上面深绿色，光滑无毛，下面有白粉。树皮淡灰色，不裂；小枝圆柱形，有明显的皮孔，当年生枝条紫绿色，有淡黄色的长毛。花单性，雌雄异株或杂性，黄绿色，有芳香，花瓣缺，排列成顶生下垂的圆锥花序，浆果成熟期紫红色，扁圆形，种子红棕色，圆形。

生态习性：喜阳光充足、温暖湿润的气候，耐寒、抗旱，在轻盐碱地上可生长良好，适应性强，为速生树种。花期 4～5 月，果熟期 10～11 月。基本采用播种繁殖。

园林应用：为山地营造速生混交林和经济林的优良树种；花多芳香，树形优美，果实长序，果色朱红，形似珍珠，为山地、园林的观赏树种，常作为庭荫树、行道树应用。

栽培要点：适合疏松、肥沃土壤。

2.94　千年桐

别名：木油桐、皱桐、广东油桐　　　科名：大戟科

学名：*Aleurites montana*

形态特征：落叶乔木，树型修长，高可达 15m 以上，树冠成水平展开，层层枝叶浓密，叶互生，树皮平滑，灰色，花初开时白色，到下午或次日基部的射线呈红色；雌雄同株或异株，花瓣 5 片，雄蕊 8～10，果实内有种子 3～5 颗。

生态习性：喜光，阳性植物。幼树耐阴。生育适温 20～30℃，生长速度快。耐热、不耐寒、耐旱、耐瘠、不须修剪、萌芽强、成树难移植。花期 3～5 月。主要以播种的方法繁殖。

园林应用：树姿优美，开花雪白壮观，属优良的园景树、行道树、庭荫树、林浴树。庭园、校园、公园、游乐区、庙宇等，孤植、列植、群植利用。开花能诱蝶。

栽培要点：喜欢排水好的土质。冬季落叶后可修枝，修枝时保留主干，将侧枝修除，可帮助主干长高。

2.95 火炬树

别名：加拿大盐肤木、鹿角漆、火炬漆　　科名：漆树科

学名：*Rhus typhina* Nutt

形态特征：落叶乔木，成年树高 10 ～ 12m；奇数羽状复叶，互生，小叶 19 ～ 25 片，长椭圆形至披针形，先端长渐尖，基部圆形或宽楔形，边缘具锐齿，上面绿色，下面苍白色，均密被绒毛，老后脱落。树皮灰褐色，不规则纵裂，分枝少，枝粗壮，密被灰色绒毛，小枝密生黄褐色长绒毛。花淡绿色；雌花花柱具红色刺毛。小核果扁球形，被红色刺毛，聚生为密集火炬形果穗；种子扁圆形，黑褐色，种皮坚硬。

生态习性：喜光，耐寒，对土壤适应性强，耐干旱瘠薄，耐水湿，耐盐碱。根系发达，萌蘖性强，四年内可萌发 30 ～ 50 萌蘖株。浅根性，生长快，寿命短。花期 6 ～ 7 月，果熟期 9 ～ 10 月。主要是分株、播种繁殖。

园林应用：火炬树果穗红艳似火炬，秋叶鲜红色，是优良的秋景树种。宜丛植于坡地、公园角落，以吸引鸟类觅食，增加园林野趣，也是固堤、固沙、保持水土的好树种。

2.96 灯台树

别名：灯台树、女儿木、瑞木　　科名：山茱萸科

学名：*Cornus controversa* Hemsl.

形态特征：落叶小乔木或灌木。叶互生，簇生于枝稍，叶广卵圆形。树枝层层平展，形如灯台，枝暗紫红色。白色伞房状聚伞花序生于新枝顶端。核果近球形。

生态习性：喜温暖、湿润的阴地环境。生于海拔 250 ～ 2600m 的常绿阔叶林或针阔叶混交林中。花期 5 ～ 6 月，果期 9 ～ 10 月。采用播种法繁殖。

园林应用：庭荫树、行道树。以树姿优美奇特、叶形秀丽、白花素雅，被称之为园林绿化珍品。

栽培要点：适合疏松、肥沃的腐殖质土或壤土。

2.97 垂枝榆

别名：龙爪榆　　科名：榆科

学名：*Ulmus pumila* 'tenue'

形态特征：落叶小乔木。单叶互生，椭圆状窄卵形或椭圆状披针形，长 2 ～ 9cm，基部偏斜，叶缘具单锯齿，侧脉 9 ～ 16 对，直达齿尖。花春季常先叶开放，多数簇生于去年生枝的叶腋。翅果近圆形。枝稍不向上伸展，生出后转向地心生长，因而无直立主干，均高接于乔木型榆树上，枝条下垂后全株呈伞形。

生态习性：喜光，耐寒，抗旱，喜肥沃、湿润而排水良好的土壤，不耐水湿，但能耐干旱瘠薄和盐碱土壤。主根深，侧根发达，抗风，保土力强，萌芽力强，耐修剪。

栽培要点：垂枝榆繁殖多采用白榆作砧木进行枝接和芽接。

园林应用：垂枝榆枝条下垂，使植株呈塔形。通常用白榆作高位嫁接，宜布置于门口或建筑入口两旁等处作对栽，或在建筑物边、道路边作行列式种植。

2.98　盐肤木

别名：五倍子树、五倍柴、五倍子　　科名：漆树科

学名：*Rhus chinensis* Mill.

形态特征：落叶灌木或小乔木，高 5～10m；小枝、叶柄及花序都密生褐色柔毛。单数羽状复叶互生，叶轴及叶柄常有翅；小叶 7～13，纸质，长 5～12cm，宽 2～5cm，边有粗锯齿，下面密生灰褐色柔毛。圆锥花序顶生；花小，杂性，黄白色；萼片 5～6，花瓣 5～6。核果近扁圆形，直径约 5mm，红色，有灰白色短柔毛。

生态习性：喜光，适应性强

园林应用：丛植观赏。

栽培要点：长江以南较适宜生长，多见零星分布，常用种子育苗移栽或压根繁植法。

2.99　野核桃

别名：华核桃、华胡桃、麻核桃　　科名：胡桃科

学名：*Juglans cathayensis* Dode

形态特征：落叶乔木，高 2～26m。小枝、叶轴、叶片及外果皮均有星状毛。单数羽状复叶，小叶 9～17，卵状长圆形或倒卵状长圆形，先端渐尖，基部圆形或近心形，不对称。雄花序长 20～35cm，下垂，雌花序有花 5～10 朵。核果圆卵形，常 6～10 个成串。

生态习性：生长在海拔 600～1900m 的山坡、沟谷阔叶林中，或生于灌丛、地边。

园林应用：丛植。

别名：花木香、还香树、皮杆条　　科名：胡桃科

学名：*Platycarya strobilacea* Sieb. et Zucc.

形态特征：落叶小乔木，高2～6m。树皮灰褐色，不规则纵裂；枝条暗褐色，有小皮孔。奇数羽状复叶，互生，小叶7～23枚，无柄，卵状披针形至长椭圆状披针形，薄革质，不等边，稍呈镰状弯曲，基部近圆形，一边略偏斜，先端长渐尖，边缘有重锯齿。花单性或两性，雌雄同株；两性花序和雄花序着生于小枝顶端或叶腋，果序球果状，卵状椭圆形至长椭圆状圆柱形；小坚果扁平，两侧具狭翅。种子卵形，种皮膜质。

生态习性：喜光，耐干旱瘠薄，为荒山绿化树种。萌芽性强；在酸性土、钙质土上均可生长。花期5～6月，果期7～8月。播种、扦插繁殖，以种子繁育为主。

园林应用：枝叶茂密、树姿优美，可作为风景树大片造林，亦可作庭荫树。

别名：大叶泡、毛泡桐、日本泡桐　　科名：玄参科

学名：*Paulownia tomentosa* (Thunb.) Steud.

形态特征：落叶乔木，高可达20m。幼枝、幼果密被黏质短腺毛，叶柄及叶下面较少。树皮暗灰色，不规则纵裂，枝上皮孔明显。叶对生，具长柄，心形，长15～40cm，全缘或波状浅裂，上面疏被星状毛，下面密被灰黄色星状绒毛，毛有长柄。聚伞圆锥花序的侧枝不很发达，小聚伞花序有花3～5朵。

生态习性：生性耐寒耐旱，耐盐碱，耐风沙，抗性很强，对气候的适应范围很大，高温38℃以上生长受到影响，绝对最低温度在－25℃时受冻害。

园林应用：疏叶大，树冠开张，四月间盛开簇簇紫花或白花，清香扑鼻。叶片被毛，分泌一种黏性物质，能吸附大量烟尘及有毒气体，是城镇绿化及营造防护林的优良树种。

2.102　黄山木兰

别名：木兰、山玉兰、望春花　　科名：木兰科

学名：*Magnolia cylindrica* Wils.

形态特征：落叶乔木，高 8～10m，胸径达 30cm；树皮灰白色，光滑；小枝幼时被绢状毛；芽卵圆形，先端尖，密被灰黄色绵毛。叶薄纸质，倒卵状长圆形或倒披针状长圆形先端钝或渐尖，基部楔形，上面浓绿色，下面苍白色，沿中脉及脉腋有平伏黄褐色毛。花单生枝顶，直立，先叶开放。聚合果圆柱形；蓇葖木质，排列紧密，表面具小瘤状突起；种子三角状倒卵圆形，外种皮鲜红色，肉质，富含油分，内种皮黑色，坚硬。

生态习性：适生于雨量充沛、温凉、多雾的山地气候；幼树稍耐阴，根系发达，萌蘖性强。多生于山坡、沟谷疏林间或山体顶部灌丛中。性耐寒而不耐干热，生长中等。

园林应用：黄山木兰花大，色泽艳丽，花色有白、淡黄、淡红色变异类型，是观赏价值很高的花木。适宜园林中栽种或作行道树。

栽培要点：本种适生土壤为黄棕壤或黄壤，pH 值 4.5～5.5。在肥沃湿润而排水良好的酸性土中长势较好，生于低湿积水地常易烂根。

2.103　榉树

别名：大叶榉、面皮树、鸡油榉　　科名：榆科

学名：*Zelkova schneideriana* Hand．－Mazz．

形态特征：落叶乔木，高可达 35m，胸径达 80cm；树皮灰褐色至深灰色，呈不规则的片状剥落；小枝细，有毛；叶厚革质，互生，椭圆状卵形，锯齿整齐，表面被糙毛，背面密被柔毛；花单性同株；坚果小。

生态习性：喜光，不耐寒不耐旱。花期 3～4 月，果期 10～11 月。播种繁殖为主。

园林应用：行道树、防护林；树形雄伟，枝叶细美。孤植、丛植、列植皆宜，是行道宅旁、厂矿区绿化和营造防风林的理想树种。

附种：

类似种有光叶榉 *Zelkova serrata*，区别是该种当年生小枝无毛或疏被毛；叶两面无毛或被疏毛。

2.104　青钱柳

别名：摇钱树、麻柳　　科名：胡桃科

学名：*Cyclocarya paliurus* (Batal.) Iljinsk.

形态特征：落叶乔木，树高达 10～30cm，树皮灰色；枝条黑褐色，具灰黄色皮孔；奇数羽状复叶，互生；雄性葇荑花序生于总梗上，雌性葇荑花序单独顶生；坚果有刺，果实及果翅被有腺体。

生态习性：喜光，幼苗稍耐阴，稍耐寒，较耐旱，花期 4～5 月，果期 7～9 月，播种繁殖为主。

园林应用：庭荫树、独赏树；树姿壮丽，枝叶舒展，果如铜钱，悬挂枝间，饶有风趣。

2.105　楸树

别名：金丝楸、梓桐　　科名：紫葳科

学名：*Catalpa bungei* C.A.Mey.

形态特征：落叶乔木，高达 30m；树皮灰褐色，浅纵裂；小枝灰绿色；叶三角状卵形、先端渐长尖、全缘；总状花序伞房状排列、顶生，花冠浅粉紫色，内有紫红色斑点；蒴果细长。

生态习性：喜光，较耐寒，不耐干旱、积水，稍耐盐碱。花期 4～5 月，果期 10～11 月。播种繁殖为主。

园林应用：行道树、庭荫树；树冠狭长倒卵形，树干通直，主枝开阔伸展。孤植于草坪；与建筑、山石配置亦甚可观。

2.106　黄连木

别名：楷木、石连、木蓼树　　科名：漆树科

学名：*Pistacia chinensis* Bunge.

形态特征：落叶乔木，高达 30m，胸径达 2m；树皮薄片状剥落；偶数羽状复叶、披针形或卵状披针形、全缘；圆锥花序、花杂性、异株，雄花序淡绿色，雌花序紫红色，先叶开放；核果，初为黄白色，后变红色至蓝紫色。

生态习性：喜光、幼时稍耐阴，喜温暖、畏严寒，耐干旱瘠薄，对土壤要求不严。花期 3～4 月，果 9～11 月成熟。播种繁殖为主。

园林应用：庭荫树、行道树、风景林；树冠浑圆，枝叶繁茂而秀丽，早春嫩叶红色，入秋叶又变成深红或橙黄色，红色的雌花序也极美观。

2.107　五裂槭

科名：槭树科

学名：*Acer oliverianum* Pax.

形态特征：落叶小乔木，高 4～7m；树皮平滑，常被蜡粉；小枝细瘦，当年生枝紫绿色，多年生老枝淡褐绿色；单叶对生，纸质，基部近于心脏形或截形，5 裂，裂片三角状卵形、边缘有紧密的细锯齿；花杂性，雄花与两性花同株，伞房花序；伞房果序常下垂；小坚果凸起。

生态习性：弱阳性、稍耐阴，较耐寒，耐旱，对土壤要求不严。花期 5 月，果期 9 月。播种繁殖为主。

园林应用：庭荫树；树形优美，枝叶浓密，入秋后，颜色渐变红，红绿相映，甚为美观，是优良的园林绿化树种。

2.108　色木槭

别名：水色树、地锦槭、五角槭　　科名：槭树科

学名：*Acer mono* Maxim.

形态特征：落叶乔木，高可达 20m；叶常掌状 5
裂，叶基部心形，裂片卵状三角形、全缘；花杂性，
黄绿色，多朵成顶生伞房花序；果体扁平或微凸，
果翅展开成钝角。

生态习性：弱阳性、稍耐阴、较耐寒，耐旱，对土壤要求不严。花期 4～5 月，
果熟期 8～9 月。播种繁殖为主。

园林应用：庭荫树、风景林；树形优美，枝叶浓密，入秋后，颜色渐变红，红
绿相映，甚为美观，是优良的园林绿化树种。

2.109　翅荚香槐

科名：蝶形花科

学名：*Cladastis platycarpa* (Maxim.) Makino

形态特征：落叶乔木；奇数羽状复叶、互生，小
叶 7～9 枚；花白色，圆锥花序顶生，直立或下垂，
花冠蝶形、左右对称，花瓣 5 片、极不相似、覆瓦
状排列，最上一枚位于最内方，花瓣无柄；荚果扁平，
两侧有窄翅。

生态习性：喜光，稍耐寒，耐旱，在酸性、中性、石灰性的土壤上均能适生。
花期 6～7 月，果期 9～10 月。播种繁殖为主。

园林应用：庭荫树、独赏树；花序大，芳香，秋叶鲜黄色，为良好的观赏树。

2.110 绒毛皂荚

科名：豆科

学名：*Gleditsia japonica* var. *velutina*

形态特征：落叶乔木，高15～20m，具粗壮、分枝的棘刺；1年生枝黄褐色，散生黄白色皮孔。偶数羽状复叶，常数叶簇生于短枝上；下部的较小，卵形、长圆状卵形或椭圆状卵形，先端钝圆，基部宽楔形或近圆形，两侧不等，边缘有圆齿，两面被疏柔毛，下面沿中脉与侧脉密被长柔毛。花两性、单性或杂性，总状花序，生于短枝上，花序轴密被黄褐色柔毛。荚果长条形；果瓣革质；种子多数，扁平，椭圆形，种皮棕色，有光泽。

生态习性：耐湿润，阳性树种，根系发达，生于林缘及溪边较为空旷的地方。5～6月开花，10～11月果熟。采用种子繁殖。荚果成熟后不开裂，种子发芽率很低，天然更新不良。

园林应用：树冠优美，荚果密被金黄色绒毛，悬垂枝头，微风吹动，金光闪闪，甚为美观，宜作为庭园观赏树种。

栽培要点：适合土为山地黄棕壤，pH值4.5～6。采种后，将种子放在湿度适当的沙内贮藏，至翌年3月上旬条播。

2.111 中华石楠

别名：假思桃、牛筋木、波氏石楠　　科名：蔷薇科

学名：*Photinia beauverdiana* Schneid.

形态特征：落叶小乔木或灌木，高3～10m。叶互生，叶长椭圆形、倒卵状长圆形或卵状披针形，先端渐尖或突渐尖，基部渐狭成楔形，边缘有疏锯齿；上面无毛，下面脉上有毛；小枝紫褐色，无毛。叶纸质，质脆易碎。花两性，复伞房花序。梨果卵形，紫红色，有宿存萼片；果梗长1～2cm。

生态习性：生于海拔1000～1700m的山坡或山谷林下。花期5月，果期7～8月。

园林应用：秋色叶树种，可作为风景林，群植，片植。

2.112　冬樱花

别名：高盆樱、冬海棠　　科名：蔷薇科

学名：*Prunus cerasoides* D.Don.

形态特征：落叶乔木，高达 3～10m；树皮褐色，小枝紫褐色，无毛单叶互生，卵状披针形或长椭圆形，边缘具有细锐重锯齿；伞形总状花序，1～9 朵花簇生，粉红色；苞片圆形，边有腺齿。

生态习性：喜光，耐阴，喜温暖，畏严寒，对土质不甚选择；花期冬末春初。播种繁殖为主。

园林应用：行道树、风景林；体形高大、姿态优美。孤植或数株丛植，在公园等地可大片群植，景色宜人；也可栽于水滨、溪流之畔及湖边。

2.113　厚壳树

别名：大红茶、大岗茶、松杨　　科名：紫草科

学名：*Ehretia thyrsiflora* (Sieb. et Zucc.) Nakai

形态特征：落叶乔木，高达 15m，干皮灰黑色纵裂。枝黄褐色或赤褐色，无毛，有明显的皮孔，单叶互生，叶厚纸质，长椭圆形，先端急尖，基部圆形，叶表沿脉散生白短毛，背面疏生黄褐毛，脉腋有簇毛，缘具浅细尖锯齿。叶柄短有纵沟，花两性，顶生或腋生圆锥花序，有疏毛，花小无柄，密集，花冠白色；核果，近球形，橘红色，熟后黑褐色，花期 4 月，果熟 7 月。

生态习性：亚热带及温带树种，喜光也稍耐阴，喜温暖湿润的气候和深厚肥沃的土壤，耐寒，较耐瘠薄，根系发达，萌蘖性好，耐修剪。

栽培要点：播种和分蘖均易成活。

园林应用：枝叶繁茂，叶片绿薄，春季白花满枝，秋季红果遍树。由于具有一定的耐阴能力，可与其他的树种混栽，形成层次景观，为优良的园林绿化树种。

2.114　粗糠树

别名：破布子　　科名：紫草科

学名：*Ehretia macrophlla*

形态特征：落叶乔木，高3～12m。树皮灰色，小枝褐色，具皮孔。叶片椭圆形或卵形至倒卵状椭圆形，先端急尖，基部钝或圆，极稀浅心形，边缘具锯齿，被糙伏毛，背面色淡，无毛或近无毛；伞房状圆锥花序顶生，被毛。花多，密集，具芳香；核果绿色转黄色，近球形，直径约1.5cm，外面平滑，成熟时分裂成各具2种子的2个核。

生态习性：花果期5～9月。喜山坡疏林及土质肥沃的山脚阴湿处。

园林应用：庭荫树。

 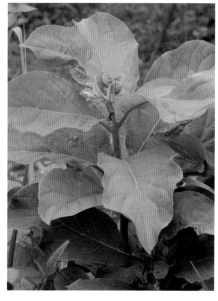

2.115　吴茱萸

别名：吴萸、茶辣、漆辣子　　科名：芸香科

学名：*Tetradium ruticarpum*

形态特征：落叶小乔木或灌木，高2.5～8m。羽状复叶对生；小叶5～11，长椭圆形或卵状椭圆形，上面疏生毛，下面密被白色长柔毛，有透明腺点。幼枝、叶轴、叶柄及花序均被黄褐色长柔毛。花单性异株，密集成顶生的圆锥花序。蓇葖果紫红色，有粗大腺点，每果含种子1粒。

生态习性：多生长于温暖湿润的山地，疏林下或林缘空旷地，野生较少，多见栽培，人工栽培在低山及丘陵、平坝向阳较暖和的地方，凡多风严寒和过于干燥干旱地区，不宜栽培。花期6～8月，果期9～10月。常采用根茎繁殖、插枝繁殖或移栽。

园林应用：秋色叶树种，可观叶、观果，孤植独赏树或片植风景林。

栽培要点：适合土层深厚、肥沃、排水良好的土壤栽培。

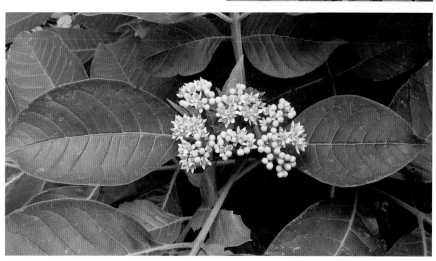

2.116 槲栎

别名：大叶栎树、青冈树、白皮栎　　科名：壳斗科

学名：*Quercus aliena*

形态特征：落叶乔木，高达 20m；叶倒卵状椭圆形或长圆形，先端渐尖或钝，基部渐狭呈楔形或略呈心形，边缘有深波状粗锯齿，齿端钝圆，表面深绿色，无毛，背面灰绿色，密生星状毛。树皮暗灰色，深裂；老枝暗紫色，具多数灰白色突起的皮孔；幼枝黄褐色，具沟纹，无毛。雄花单生或数朵簇生，雄蕊常 10 枚，雌花序生于当年生枝叶腋。坚果长椭圆形或卵状球形。

生态习性：生于海拔 50～1900m 丘陵、山林杂木林中。花期 4～5 月，果期 10 月。

园林应用：叶片大且肥厚，叶形奇特、美观，叶色翠绿油亮、枝叶稠密，属于美丽的观叶树种。适宜浅山风景林造景之用。

2.117 小叶栎

科名：壳斗科

学名：*Quercus chenii* Nakai

形态特征：落叶乔木，高达 20m。叶披针形，顶端长尖，基部阔楔形，边缘有锯齿，齿尖成刺芒状，背面绿色无毛；叶柄长 1～1.5cm。树皮深灰色，浅纵裂；小枝无毛。坚果椭圆形，直径 1～1.5cm。

生态习性：生于海拔 600m 以下的丘陵地区，成小片纯林或与其他落叶阔叶树组成混交林。花期 4 月，果次年 10 月成熟。

园林应用：秋色叶树种，可观叶，独赏树或片植风景林。

2.118 山茱萸

别名：山萸肉、蜀酸枣、天木籽　　科名：山茱萸科

学名：*Cornus officinalis*

形态特征：落叶乔木，高达 10m。叶对生，卵状椭圆形或卵形，稀卵状披针形，先端渐尖，基部浑圆或楔形，上面疏被平伏毛，下面被白色平伏毛，脉腋有褐色簇生毛。树皮、老枝黑褐色，嫩枝绿色。伞形花序腋生，有花 15～35 朵，有 4 个小型苞片，黄绿色，椭圆形；花瓣舌状披针形，黄色；花萼 4 裂，裂片宽三角形；花盘环状，肉质。核果椭圆形，成熟时红色或紫红色。

生态习性：产华东至黄河中下游地区，生于海拔 400～1500m 的阴湿溪边，林缘或林内。花期 3 月，果期 8～10 月。

园林应用：秋色叶树种，可观叶，孤植独赏树或片植风景林。

2.119　野鸦椿

别名：鸡眼睛、鸡肫子　　科名：省沽油科

学名：*Euscaphis japonica* (Thunb.) Dippel

形态特征：落叶小乔木或灌木，高约3m。枝叶揉碎后发恶臭气味，小枝及芽棕红色。
单数羽状复叶对生；小叶对生，卵形至卵状披针形，基部圆形至阔楔形，先端渐尖，
边缘具细锯齿，厚纸质。圆锥花序顶生；
花黄白色。蓇葖果，果皮软革质，紫
红色。种子近圆形，假种皮肉质，黑色。

生态习性：生于海拔500m以上的山地、
山坡、山谷、河边的灌木丛或阔叶林中，
喜环境湿度大、日照时间短，在贫瘠
的酸性土壤中也能生长，但长势较弱。
花期5～6月，果期8～10月。主要
用播种繁殖

栽培要点：适合土壤肥沃、疏松、排
水良好的典型的山区环境。

园林应用：树姿优美，秋季红果美丽，
经霜叶色变红。为观叶观果树种，在
园林中可于庭前、院隅、路旁配植。

2.120　银钟花

别名：银鳞风铃木　　科名：安息香科

学名：*Halesia macgregorii* Chun

形态特征：落叶乔木，高7～20m；小枝紫红色而渐变为
暗灰色；叶薄纸质，椭圆状长圆形至椭圆形，边缘具细锯齿；
花白色，与叶同时开放，2～6朵排成短缩的总状花序，核果
椭圆形至倒卵形，具4宽翅，顶端有宿存花柱，熟时浅红色。花
期4月；果期7～10月。

生态习性：喜光，喜温暖湿润气候，要求土壤湿润，不耐水淹。生长快，以种
子繁殖为主。

栽培要点：对小生境要求较高。

园林应用：花白色芳香，果形奇特，为优美观赏树种。

二、落叶乔木　／　127

2.121　陀螺果

别名：鸦头梨　　科名：安息香科

学名：*Melliodendron xylocarpum* Hand.-Mazz.

形态特征：落叶乔木，高 6 ～ 20m，胸径达 20cm；小枝红褐色；叶纸质，卵状披针形、椭圆形至长椭圆形；花白色，花梗开始短，以后伸长达 2cm；花萼高 3 ～ 4mm，萼齿长约 2mm；果实形状、大小变化较大，常为倒卵形、倒圆锥形或倒卵状梨形。

生态习性：喜光、喜湿润、肥沃、疏松土壤。花期 4 ～ 5 月，果期 7 ～ 10 月。种子繁殖。

栽培要点：生长的小环境要求较高。

园林应用：花大而美丽，先叶开放，略带粉色，雅致洁净，果形似陀螺。可作庭院观赏树。

2.122　广东木瓜红

别名：岭南木瓜红　　科名：安息香科

学名：*Rehderodendron kwangtungense* Chun

形态特征：落叶乔木，高达 20m；叶纸质，椭圆形或长圆状椭圆形，边缘具疏齿，叶脉呈淡红色；总状花序具数花，花白色；果长筒形，具 5 ～ 10 棱，软木质；种子长圆状线形，棕色。

生态习性：喜光、喜湿润、肥沃、疏松土壤。花期 3 ～ 4 月，果期 8 ～ 10 月。种子繁殖。

栽培要点：生长的小环境要求较高。

园林应用：花先叶开放，大而艳丽，入秋叶果皆红，果形似木瓜。可作园林观赏树、行道树。

2.123　芬芳安息香

别名：郁香野茉莉　　科名：安息香科

学名：*Styrax odoratissimus* Champ. ex Benth

形态特征：小乔木，高达10m；树皮灰褐色；单叶互生，卵状长圆形，花单生或2～6朵成总状花序，花乳白色，果近球形，长约1cm，顶具凸尖；种子表面生星状鳞片。

生态习性：喜光、喜湿润、肥沃、疏松土壤。较耐阴湿，花期3～4月，果期6～9月。种子繁殖。

栽培要点：生长的小环境要求较高。

园林应用：花白色芳香。可作树庭院观赏。

2.124　白辛树

别名：裂叶白辛树　　科名：安息香科

学名：*Pterostyrax psilophylla* Diels ex Perk.

形态特征：落叶大乔木，高20～25m，树干挺拔；树皮褐色或灰褐色，不规则开裂；叶坚纸质，叶倒卵形、长椭圆形或倒卵状长圆形，基部宽楔形，边缘具细锯齿，下面灰绿色；圆锥花序生于侧枝顶端，下垂；核果具5～10棱，无翅，喙状花柱宿存。

生态习性：喜光、速生，萌芽性强，喜肥沃、疏松土壤。花期3～4月，果期6～9月。种子繁殖。

栽培要点：生长的小环境要求较高。

园林应用：速生树种，树形美观，叶浓绿，花序大、花具芳香。可作庭院观赏树。

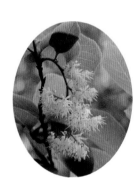

三、

常绿灌木 (66种)

● 园林中应用最多的种，在园林绿地中出现率 50% 以上（41 种）

● 园林中部分绿化区已应用的种，在园林绿地中出现率 50% 以下（20 种）

● 园林绿地中应用较少，但具有推广前景的种（5 种）

3.1　苏铁

别名：铁树、凤尾松、避尾蕉　　科名：苏铁科

学名：*Cycas revoluta* Thunb.

形态特征：常绿灌木，茎高可达 5 米；茎干圆柱状；叶从茎顶部生出，营养叶羽状，大型。小叶线形，厚革质，基部小叶成刺状；雌雄异株，雄球花圆柱形，黄色，密被黄褐色绒毛；雌球花扁球形，上部羽状分裂。种子卵形而稍扁，熟时红褐色或橘红色。

生态习性：喜温暖湿润气候，喜光，稍耐半阴，不甚耐寒，能耐干旱。花期 6～8 月，种子 10 月成熟。分蘖繁殖为主。

栽培要点：盆栽时，盆底应多垫瓦片以利排水。春、秋两季应多浇水。每月可施用腐熟饼肥水 1 次。冬季防冻。

园林应用：独赏树；树形古雅，羽叶洁滑光亮，四季常青，为珍贵观叶树种。孤植或丛植于庭前阶旁及草坪内，或盆栽。

3.2　千头柏

别名：子孙柏、扫帚柏、凤尾柏　　科名：柏科

学名：*Platycladus orientalis* Franco cv. 'Sieboldii'.

形态特征：常绿灌木，高可达 3～5m，一般栽培高度多在 1～1.5m；植株丛生状；树冠卵圆形或圆球形；大枝斜出，小枝直展，扁平，排成一平面；叶鳞形，交互对生；球花生于小枝顶端；球果卵圆形。

生态习性：较耐阴，较耐寒，耐旱，需排水良好，水大易导致植株烂根。花期 3～4 月；果熟 10～11 月。播种繁殖为主。

园林应用：绿篱、基础种植、地被；树冠卵圆形或球形，树形优美。列植于路旁，亦可孤植、丛植或片植于庭院、草坪。

3.3 砂地柏

别名：新疆圆柏、天山圆柏、双子柏　　科名：柏科

学名：*Sabina vulgaris* Ant.

形态特征：匍匐小灌木，高不及 1m；刺叶常生于幼树上，鳞叶交互对生，背面中部有明显腺体；球果熟时褐色、紫蓝或黑色，稍有白粉。

生态习性：耐旱性强，能在干燥的砂地上生长良好。

栽培要点：播种或扦插繁殖。种子须湿沙层积 10 个月才能发芽。扦插春、秋两季均可进行。

园林应用：地被；孤植或丛植于草坪、角隅、岩石旁，或盆栽。

3.4 铺地柏

别名：爬地柏、矮桧柏、匍地柏　　科名：柏科

学名：*Sabina procumbens* (Endl) Iwata et Kusaka.

形态特征：匍匐小灌木，高约 75cm，冠幅逾 2m；贴近地面伏生；叶全为刺叶，3 叶交叉轮生，叶上有 2 条白色气孔线，叶基下延生长；球果球形。

生态习性：喜光，耐贫瘠，能在干燥的砂地上生长良好，喜石灰质的肥沃土壤。扦插繁殖。

园林应用：地被；常片植于草坪，或配植于岩石园或草坪角隅，或盆栽。

3.5　含笑

别名：含笑梅、香蕉花、烧酒花　　科名：木兰科

学名：*Michilia figo* (Lour.) Spreng.

形态特征：常绿灌木，高2～3m；树皮和叶上均密被褐色绒毛；单叶互生，厚革质，椭圆形；花单生叶腋，花瓣6枚，肉质淡黄色，边缘常带紫晕，有香蕉气味；果卵圆形。

生态习性：喜温暖，喜弱阴，不宜暴晒，不甚耐寒，同时怕水涝。花期3～4月，果熟9月。无性繁殖为主。

栽培要点：宜在3～4月移植，其他季节成活率低。春至夏季每2～3个月施肥1次，以有机肥为佳，或酌施氮、磷、钾复合肥。

园林应用：花灌木、芳香植物。丛植于小游园、公园或街道，或配植于草坪边缘、稀疏林丛之下。

3.6　十大功劳

别名：黄天竹、猫儿刺、土黄连　　科名：小檗科

学名：*Mahonia fortunei* (Lindl.) Fedde.

形态特征：常绿灌木，高可达2m；一回羽状复叶互生，小叶5～9枚、革质、披针形，缘有刺状锐齿6～13对；总状花序簇生，黄色；浆果圆形或长圆形，蓝黑色，被白粉。

生态习性：喜温暖气候，耐阴，耐寒性不强，较耐旱，怕水涝。花期7～10月，果期9～11月。播种、扦插、分株繁殖均可。

栽培要点：春、秋两季均可移植，但以春季为佳。苗木移栽时须带土球，栽植时要浇透水。

园林应用：绿篱、基础种植；叶形奇特，典雅美观。孤植或丛植于庭院、林缘、草地边缘及假山石旁，或盆栽。

3.7 南天竹

别名：南天竺、竺竹、南竹叶　　科名：小檗科

学名：*Nandina domestica* Thunb.

形态特征：常绿灌木，高可达 2m；直立，少分枝，老茎浅褐色，幼枝红色；奇数羽状复叶对生，2～3 回，小叶椭圆状披针形；圆锥花序顶生，花小，白色；浆果球形，鲜红色。

生态习性：喜半阴，耐寒，既能耐湿也能耐旱。花期 5～6 月，果熟期 10 月至翌年 1 月。播种、分株繁殖为主。

栽培要点：栽培育苗时要注意选地，不宜栽在太阳直晒处。干旱季节要浇水，保持土壤湿润。

园林应用：观叶、观果植物；树姿秀丽，枝叶扶疏，秋冬叶色变红，累累红果。孤植或丛植于庭院、草地边缘、山石旁及林荫道旁，或盆栽。

3.8 海桐

别名：三矾花、七里香　　科名：海桐科

学名：*Pittosporum tobira* (Thunb.) Ait.

形态特征：常绿灌木，高 2～6m；枝叶密生；叶多数聚生枝顶，单叶互生，或在枝顶呈轮生状，厚革质、狭倒卵形，表面亮绿色；聚伞花序顶生，花白色或带黄绿色，芳香；蒴果近球形，有棱角；种子鲜红色。

生态习性：喜半阴，稍耐寒，对土壤要求不严，萌芽力强，耐修剪，抗海潮风及二氧化硫。花期 5 月，果熟期 9～10 月。播种或扦插繁殖。

栽培要点：栽培容易，管理粗放。易受多种介壳虫危害，必须及早注意防治。

园林应用：绿篱、基础种植、造型树、防护林；叶四季常青而具光泽，花芳香，种子鲜红。孤植、丛植于草坪边缘、林缘或对植于门旁，列植丁路边。

　山茶花

别名：曼陀罗树、耐冬、山茶　　　科名：山茶科

学名：*Camellia Japonica* L.

形态特征：常绿灌木或小乔木，高可达 15m；叶革质有光泽，倒卵形或椭圆形，有细锯齿；花单生于叶腋或枝顶，花瓣 5～7 枚，大红色，栽培品种有白、淡红等色，且多重瓣；蒴果近球形。

生态习性：喜半阴，略耐寒，喜空气湿度大，忌干燥。花期 2～4 月，果秋季成熟。扦插繁殖为主。

栽培要点：在整个生长发育过程中，需要较多的水分，水分不足会引起落花、落蕾、萎蔫等现象。

园林应用：专类园；叶色翠绿而有光泽，花朵大，色彩艳丽。孤植或丛植于庭园、花径、假山旁、草坪及树丛边缘，或盆栽。

3.10　茶梅

科名：山茶科

学名：*Camella sasanqua* Thunb.

形态特征：常绿灌木或小乔木，高可达 12m；树冠球形或扁圆形；树皮灰白色，嫩枝有粗毛；叶互生，椭圆形至长圆卵形，有细锯齿，革质；花重瓣或半重瓣，白色或红色，略芳香；蒴果球形，稍被毛。

生态习性：喜阴湿，以半阴半阳环境最为适宜。花期 10 月下旬至翌年 1 月。扦插繁殖为主。

栽培要点：盆栽较易干旱，平日应注意灌水，尤其夏季更不宜缺水，以免花蕾脱落。生长缓慢，枝条不宜过分修剪。

园林应用：绿篱、基础种植。孤植或对植于庭院和草坪，或配置于林缘、角落、墙基等处，或盆栽。

3.11 油茶

别名：茶子树、茶油树、白花茶　　科名：山茶科

学名：*Camellia oleifera* Abel

形态特征：常绿灌木或小乔木，高达 7m；单叶互生，革质，椭圆形或卵状椭圆形，边缘有细锯齿；树皮淡褐色，光滑。花顶生或腋生，两性花，白色，花瓣倒卵形，顶端常二裂；蒴果球形、扁圆形、橄榄形，果瓣厚而木质化，内含种子。

生态习性：喜光，喜温暖湿润气候，怕寒冷。要求水分充足，年降水量一般在 1000mm 以上，但花期连续降雨，影响授粉。花期 10 月。

栽培要点：要求在坡度和缓、侵蚀作用弱的地方栽植，对土壤要求不甚严格，一般适宜土层深厚的酸性土，而不适于石块多和土质坚硬的地方。

园林应用：可在园林中丛植或作花篱用，又为防火带的优良树种。

3.12 赤楠

别名：牛金子、鱼鳞木、赤兰　　科名：桃金娘科

学名：*Syzygium buxifolium* Hook. et Arm.

形态特征：常绿灌木，高 1～6m；树皮茶褐色，小枝四方形；叶革质，对生，偶有 3 片轮生，倒卵形或阔卵形，具散生腺点；聚伞花序顶生或腋生，花白色；浆果卵圆形，紫黑色。

生态习性：喜温暖气候，稍耐寒，以土层深厚而富含腐殖质的土壤栽培为宜。花期 5～6 月，果期 9～10 月。种子繁殖。

栽培要点：播种繁殖于春季进行。主根深，须根少，不易移。每年早春适当修剪整形。

园林应用：观果植物；株形优美，小果甚是可爱。配置花坛、花境，或盆栽。

3.13　火棘

别名：火把果、救军粮、救命娘　　科名：蔷薇科

学名：*Pyracantha fortuneana* (Maxim.) H.L.Li.

形态特征：常绿灌木，高约 3m；枝具棘刺，短枝多成刺状；叶互生，倒卵形或倒卵状长圆形，缘有圆钝锯齿，近基部全缘；复伞房花序，花白色；果近球形，红色。

生态习性：喜光，稍耐阴，不耐寒，耐旱。花期 3～4 月，果熟 9～10 月。播种繁殖。

栽培要点：扦插可在春季 2～3 月，选择 1～2 年生粗壮枝条，剪取 10～15cm 长，随剪随插。

园林应用：绿篱、基础种植；春季观花、冬季观果植物。孤植或丛植于庭院、草地边缘及园路转角处。

3.14　月季

别名：月月红、斗雪红、瘦客　　科名：蔷薇科

学名：*Rosa chinensis* Jacq.

形态特征：常绿或半常绿直立灌木；具钩状皮刺；奇数羽状复叶互生，小叶一般 3～5 枚，椭圆或卵圆形，叶缘有锯齿；花生于枝顶，花朵常簇生，稀单生，花色甚多；果卵形至球形，红色。

生态习性：喜光，不耐阴，耐寒，耐旱，适应性强。花期 4 月下旬～10 月，果熟期 9～11 月。扦插、嫁接繁殖为主。

栽培要点：扦插一年四季可进行。春插者当年秋季即可开花；冬插者寒冬时节须盖席防寒。嫁接多为芽接法，7～9 月为最适期。

园林应用：花坛、花境、地被、基础种植、月季盆景、切花；花色艳丽，花期长。常丛植或片植于草坪、园路角隅、庭院，或与假山配植，或盆栽。

3.15　蚊母树

别名：蚊子树、米心树　　科名：金缕梅科

学名：*Distylium racemosum* Sieb et Zucc.

形态特征：常绿乔木或灌木，栽培常呈灌木状，高可达 25m；树冠常不规整；单叶互生，革质，椭圆形或倒卵状长椭圆形，常有虫瘿；总状花序具星状毛，雌雄花同序；蒴果卵形，密生星状毛。

生态习性：喜温暖湿润气候，喜阳，耐阴，较耐寒，耐修剪，抗烟尘能力强。花期 4～5 月，果熟期 10 月。播种或扦插繁殖。

栽培要点：对土壤要求不严。

园林应用：绿篱、基础种植、防护林带；枝叶茂密，四季常青。对植于庭前。

3.16　檵木

别名：檵花　　科名：金缕梅科

学名：*Loropetalum chinense* (R．Br．) Oliv.

形态特征：常绿灌木或小乔木，高达 10m；小枝有锈色星状毛；叶革质，卵形，顶端锐尖，基部偏斜而圆，全缘，下面密生星状柔毛；花瓣白色，线形，长 1～2cm；蒴果褐色，近卵形。

生态习性：喜温暖湿润气候，稍耐阴、耐旱、耐寒。花期 5 月，果期 8 月。可用播种或嫁接法繁殖。

栽培要点：喜酸性土壤。

园林应用：优良常年观叶和观花树种，常植于园林绿地或栽作盆景观赏。

3.17　红花檵木

别名：红桎木、红继木　　科名：金缕梅科

学名：*Loropetalum chinense* (R. Br.) Oliv. var. *rubrum* Yieh.

形态特征：常绿灌木或小乔木；嫩枝被暗红色星状毛；叶互生，革质，卵形，暗紫色，嫩叶红色；花瓣4枚，淡紫红色，带状线形；蒴果木质，黑色，光亮。

生态习性：耐半阴，喜温暖气候及酸性土壤，适应性强。花期4～5月，果熟9～10月。扦插或嫁接繁殖。

栽培要点：适宜肥沃、湿润的微酸性土壤，不耐贫瘠。采用当年生春、夏老枝扦插，插后保持一定湿度。

园林应用：地被、绿篱、基础种植、造型树；开花繁盛，颇为美丽；孤植或丛植于草地、林缘、风景林下或与石山配置，或盆栽。

3.18　匙叶黄杨

别名：雀舌黄杨　　科名：黄杨科

学名：*Buxus harlandii* Hance (*B. bodinieri* Levl.).

形态特征：常绿小乔木或灌木，通常高不及1m；分枝多而密集；叶对生，革质，有光泽，倒披针形或倒卵状长椭圆形，先端钝圆或微凹；花小、黄绿色，短穗状花序，顶部生一雌花，其余为雄花；蒴果卵圆形，紫黄色。

生态习性：喜温暖湿润气候，喜光，耐阴，耐寒性不强，生长极慢，浅根性。花期4月，果7月成熟。扦插繁殖为主。

栽培要点：扦插于梅雨季节进行最好，选取嫩枝做插穗。

园林应用：绿篱、造型树、花坛；植株低矮，枝叶茂密。列植或丛植于庭院、草地边缘，或与山石、落叶花木配置，或盆栽。

3.19 黄杨

别名：山黄杨、万年青、豆瓣黄杨　　科名：黄杨科

学名：*Buxus microphylla* Sieb. et Zucc. ssp. *sinica* (Rehd. et Wils.) Hatusima

形态特征：常绿灌木或小乔木，高可达7m；枝叶疏散，小枝和冬芽的外鳞有短毛；叶对生，长椭圆形至宽椭圆形，叶柄及背面中脉的基部有毛；花簇生于叶腋或枝端，黄绿色；蒴果球形，熟时黑色。

生态习性：喜温暖湿润气候，喜半阴，较耐寒，耐修剪。花期3～4月，果熟7月。播种、扦插繁殖。

栽培要点：扦插繁殖于春季进行，扦插多用嫩枝。

园林应用：绿篱、基础种植、花坛；枝叶疏散，青翠可爱。孤植、丛植或列植于路旁，或与山石配置，或盆栽。

3.20 枸骨

别名：鸟不宿、猫儿刺、老虎刺　　科名：冬青科

学名：*Ilex cornuta* Lindl. et Paxt.

形态特征：常绿灌木或小乔木，高3～4m，最高可达10m以上；树皮灰白色；叶硬革质，矩圆形，顶端扩大并有3枚大尖硬刺齿，表面深绿而有光泽；花小，黄绿色，簇生于2年生枝叶腋；核果球形，鲜红色。

生态习性：喜光，耐半阴，耐寒性不强，耐修剪。花期4～5月；果熟期9～10月。播种、扦插繁殖。

栽培要点：栽培土质以排水良好、肥沃的酸性土壤为佳。生长缓慢，萌发力强。

园林应用：绿篱、基础种植；叶形奇特而光亮，秋季红果累累，良好的观叶、观果树种。孤植于花坛中心，对植于前庭、路口，或丛植、散植于草坪、林下、岩石园，或盆栽。

3.21　无刺枸骨

科名：冬青科

学名：*Ilex cornuta* var. *forumei*. S. Y. Hu

形态特征：常绿灌木或小乔木；叶硬革质，浓绿有光泽，叶缘无刺齿；花小，黄绿色；核果球形，初为绿色，入秋成熟转红。

生态习性：喜温暖湿润气候，喜光，耐半阴，耐寒性不强，耐修剪。花期4～5月，果熟期9～10月。播种、扦插繁殖。

栽培要点：栽培土质以排水良好、肥沃的酸性土壤为佳。

园林应用：绿篱、基础种植；叶浓绿有光泽，秋季红果累累，观叶、观果树种。孤植、列植、丛植于广场、庭院、道路、公园，或配植于岩石园。

3.22　龟甲冬青

别名：豆瓣冬青　　科名：冬青科

学名：*Ilex crenata* Thunb. cv. Convexa Makino.

形态特征：常绿灌木或小乔木，高可达5m；钝齿冬青的变种，多分枝，小枝有灰色细毛；叶小而密，叶面凸起，厚革质，椭圆形至长倒卵形；花白色；果球形，黑色。

生态习性：耐阴。花期5～6月，果熟期10月。扦插繁殖。

栽培要点：耐寒性差，不耐积水，萌芽力强，耐修剪。

园林应用：地被、基础种植；叶形似龟甲，良好的观叶植物。孤植、丛植于庭院、草坪，或列植于道路旁，或盆栽。

3.23　大叶黄杨

别名：日本卫矛、冬青、正木　　科名：卫矛科

学名：*Euonymus japonicus* Thunb.

形态特征：常绿灌木或小乔木，高可达 8m；小枝近
四棱形；叶对生，革质，有光泽，倒卵形或狭椭圆形，
边缘有细钝齿；聚伞花序腋生，花绿白色；蒴果近球形。

生态习性：喜温暖湿润气候，喜光，较耐阴，稍耐寒，
耐干旱，耐修剪。花期 6 ～ 7 月，果熟期 9 ～ 10 月。扦
插繁殖为主。

栽培要点：栽培容易，管理粗放。

园林应用：绿篱、基础种植；四季常青，叶色亮绿。孤植、丛植于草地边缘或
花坛，列植于道路旁，或对植于门前，或盆栽。

3.24　金边黄杨

别名：金边冬青卫矛　　科名：卫矛科

学名：*Euonymus japonicus* Thunb. cv.‘Aureo–marginaths’Nichols.

形态特征：常绿灌木或小乔木，高 0.5 ～ 2m；小枝略为四棱形；单叶对生，倒
卵形或椭圆形，边缘具钝齿，表面深绿色，有光泽，叶缘金黄色；聚伞花序腋生，
花绿白色；蒴果球形，淡红色。

生态习性：喜温暖湿润气候，喜光，较耐阴，稍耐寒，花期 6 ～ 7 月，果熟期 9 ～ 10
月。耐修剪。嫁接、扦插繁殖。

栽培要点：栽培容易，管理粗放。

园林应用：地被、绿篱、基础种植；叶缘金黄，良好的观叶植物。列植、片植
或群植于庭院、草坪或道路旁。

附种：

3.25　金心黄杨 *Euonymus japonicus* Thunb cv.‘Aureo–variegatus’Reg.

金心黄杨

3.26　洒金桃叶珊瑚

别名：洒金东瀛珊瑚、花叶青木　　科名：山茱萸科

学名：*Aukuba japonica* Thunb. f. *variegata* (D'Ombr.) Rehd.

形态特征：常绿灌木，高可达 5m；枝粗圆；叶对生，叶片椭圆状卵圆形至长椭圆形，油绿光泽，散生大小不等的黄色或淡黄色的斑点，先端尖，边缘疏生锯齿；圆锥花序顶生，花小，紫红色或暗紫色；浆果状核果，鲜红色。

生态习性：喜温暖气候，耐半阴，不甚耐寒。花期 3～4 月，果熟11 月至翌年 2 月。扦插繁殖为主。

栽培要点：在林下疏松肥沃的微酸性土或中性壤土生长繁茂，阳光直射而无庇荫之处，则生长缓慢，发育不良。

园林应用：地被、基础栽植；良好的观叶植物。丛植或片植于园林的庇荫处或树林下，或盆栽。

3.27　八角金盘

别名：八金盘、八手、手树　　科名：五加科

学名：*Fatsia japonica* (Thnub.) Decne. & Planch.

形态特征：常绿灌木或小乔木，高可达 5m；叶柄长10～30cm；叶片大，革质，近圆形，掌状 7～9 深裂，裂片长椭圆状卵形，表面有光泽；圆锥花序顶生，花序轴被褐色绒毛，黄白色；果近球形，熟时黑色。

生态习性：喜湿暖湿润气候，耐阴，较耐寒，不耐干旱，抗二氧化硫能力较强。花期 10～11 月，果熟期翌年 4 月。扦插、播种和分株繁殖。

栽培要点：在排水良好而肥沃的微酸性壤土上生长茂盛，在中性土上亦能适应，耐阴不耐曝晒。

园林应用：地被、基础种植；裂叶掌状，是美好的观叶植物。丛植于庭园、角隅和建筑物背阴处、溪旁、池畔，或群植于林下、草地边。

3.28 杜鹃

别名：红杜鹃、映山红、艳山红　科名：杜鹃花科

学名：*Rhododendron simsii* Planch.

形态特征：半常绿灌木，高可达 3m；枝纤细；枝、叶密被棕褐色扁平的糙伏毛；叶纸质，卵状椭圆形；花 2～6 朵簇生于枝端，鲜红或深红色，宽漏斗状，有紫斑；蒴果卵圆形，具糙状毛。

生态习性：喜冷凉湿润气候，耐半阴，较耐寒。花期 4～5 月，果熟期 10 月。播种、扦插繁殖为主。

栽培要点：具有半阴性，需一定光照，不宜曝晒，在荫蔽林下开花不良。要求富含腐殖质、疏松、湿润的微酸性土壤。

园林应用：地被、绿篱、基础种植、杜鹃园；我国十大名花之一，世界著名花卉。丛植于林缘、溪边、池畔及岩石旁、疏林下，或盆栽。

3.29 锦绣杜鹃

别名：鲜艳杜鹃　科名：杜鹃花科

学名：*Rhododendron pulchrum* Sweet.

形态特征：常绿灌木，高 1～2m；枝开展，具淡棕色毛；叶薄革质，椭圆形至椭圆状披针形或矩圆状倒披针形，初有散生黄色疏伏毛，伞形花序顶生，花 1～3 朵，漏斗状，蔷薇紫色，有紫斑；蒴果长卵形。

生态习性：花期 4～5 月，果期 9～10 月。播种、扦插繁殖为主。

栽培要点：以排水良好的砂质壤土为宜。

园林应用：地被、基础种植、杜鹃园；花大色艳，是最佳的观花植物。孤植或丛植于庭园、草坪边缘，或与山石配置。

3.30 西洋杜鹃

别名：比利时杜鹃　　科名：杜鹃花科

学名：*Rhododendron hybridum* Hort.

形态特征：常绿灌木，矮小；枝、叶表面疏生柔毛，分枝多；叶互生，叶片卵圆形，全缘；总状花序顶生，花冠阔漏斗状，花有半重瓣和重瓣，花色有红、粉、白、玫瑰红和双色等。

生态习性：喜温暖湿润、空气凉爽、通风和半阴环境。花期主要在冬、春季。扦插、嫁接繁殖。

栽培要点：须用肥沃、湿润和富含有机质的土壤。

园林应用：地被、基础种植、杜鹃园；花色丰富，良好的观花植物。丛植、片植于林缘、溪边、池畔及岩石旁、疏林下，或盆栽。

3.31 四季桂

科名：木犀科

学名：*Osmanthus fragrans* (Thunb.) Lour. var. *semperflorens* Hort.

形态特征：桂花栽培种；灌木状，分枝低，枝叶茂密；叶较平展下垂，主侧脉角度大；花黄白色。

生态习性：喜温暖，耐半阴，不耐水湿。花期5～9月。插条繁殖为主。

栽培要点：在开花时，浇水不宜过多，在发芽和孕蕾期间应多施些含磷、钾的稀释肥水，以使枝条及花蕾生长健壮茂盛。

园林应用：绿篱、基础种植。可群植、列植于林下层。

3.32　小叶女贞

别名：小叶冬青、小白蜡、楝青　　科名：木犀科

学名：*Ligustrum quihoui* Carr.

形态特征：落叶或半常绿灌木，高 1～3m。叶对生，薄革质，倒卵状长圆形至倒披针形或倒卵形，无毛或被微柔毛；圆锥花序顶生，近圆柱形；花白色，芳香；果倒卵形、宽椭圆形或近球形，呈紫黑色。

生态习性：喜温暖湿润气候，喜光，较耐阴，较耐寒，对二氧化硫、氯气、氯化氢、二氧化碳等有害气体抗性均强。花期 5～7 月，果期 8～11 月。播种、扦插或分株繁殖。

栽培要点：在湿润、肥沃的微酸性土壤上生长快速。

园林应用：绿篱、地被、基础种植；枝叶紧密、圆整，优良的抗污染树种。列植、片植于路旁，或片植于草坪。

3.33　金叶女贞

别名：冬青、蜡虫树　　科名：木犀科

学名：*Ligustrum × vicaryi* Hort. Hybrid

形态特征：常绿或半常绿灌木，高 2～3m；枝灰褐色；单叶对生，革质，长椭圆形，4～11 月叶片呈金黄色，冬季呈黄褐色至红褐色；核果紫黑色。

生态习性：喜光，稍耐阴，但不耐寒冷，具有滞尘抗烟的功能，能吸收二氧化硫。花期 5～6 月，果熟期 10 月下旬。播种、扦插繁殖。

栽培要点：耐修剪，在强修剪的情况下，整个生长期都能不断萌生新梢。

园林应用：绿篱、地被、基础种植；叶色金黄，抗性强，是良好的观叶植物和抗污染树种。列植于路旁，片植于草坪。

3.34　夹竹桃

别名：红花夹竹桃、柳叶桃、半年红　　科名：夹竹桃科

学名：Nerium indicum Mill.

形态特征：常绿直立大灌木，高可达 5m，含乳汁；叶 3～4 枚轮生，枝条下部对生，窄披针形，革质；聚伞花序顶生，花冠深红色或粉红色，芳香；蓇葖果矩圆形。

生态习性：喜温暖湿润气候，喜光，不耐寒，耐旱，忌水渍，抗烟尘及有毒气体能力强。花期 6～10 月，果期 12 月至翌年 1 月。扦插繁殖为主。

栽培要点：对土壤适应性强，以肥沃、湿润的中性壤土生长最佳，在微酸性土、轻碱土上也能生长。

园林应用：独赏树、背景树；姿态潇洒，花色艳丽，具芳香，是优良的观花植物。列植、丛植于草地、墙隅、池畔或庭院、工矿区，或盆栽。

3.35　蔓长春

别名：攀缠长春花　　科名：夹竹桃科

学名：Vinca major L.

形态特征：蔓性半灌木。茎偃卧，花茎直立。叶全缘对生，椭圆形，先端急尖，基部下延。花单生叶腋，花冠筒漏斗状，蓝色。

生态习性　喜温暖湿润环境，喜光也较耐阴，稍耐寒。花期 3～5 月。扦插繁殖为主。

栽培要点：以半阴环境生长最佳。

园林应用：地被植物；叶翠绿光滑而富于光泽，蓝色小花优雅宜人。宜作观赏地被。

3.36 栀子花

别名： 黄栀子、金栀子、银栀子　　**科名：** 茜草科

学名： *Gardenia jasminoides* Ellis

形态特征： 常绿灌小，高1～3m；叶对生或3叶轮生、革质、倒卵形或矩圆状倒卵形，下面脉腋内簇生短毛；托叶鞘状；单生枝顶或叶腋，花6瓣、白色、芳香；浆果卵形。

生态习性： 耐半阴，不耐寒，怕积水，对二氧化硫有抗性。花期6～8月，果熟期10月。扦插、压条繁殖为主。

栽培要点： 要求肥沃、疏松且排水好的酸性土壤。扦插以春季为最好。

园林应用： 绿篱、基础种植；叶色亮绿，花大洁白，芳香浓郁，是良好的美化、香化植物。丛植于林缘、庭前院隅、路旁、湖畔，或盆栽、切花。

附种：

> ### 3.37 大花栀子 *Gardenia jasmioides* f. *grandiflora* Makino
> 叶较大，花大而重瓣。

大花栀子的花

大花栀子的叶

3.38 水栀子

别名： 海栀子、雀舌栀子　　**科名：** 茜草科

学名： *Gardenia jasminoides* Ellis var. *radicans* (Thunb.) Makino

形态特征： 常绿灌木，植株较小，枝常平展匍地；枝梢有柔毛；叶对生或3叶轮生，披针形，革质、光亮，托叶膜质；花单生于叶腋，花瓣5～7枚，白色，有香气；果熟金黄色或橘红色。

生态习性： 不耐寒，耐半阴，怕积水，对二氧化硫有抗性。夏初开花。扦插、压条繁殖为主。

栽培要点： 要求肥沃、疏松且排水好的酸性土壤。扦插以春季为最好。

园林应用： 地被、基础种植；叶色亮绿，花小而繁多，良好的地被植物。丛植、片植于林缘、路旁。

3.39　六月雪

别名：满天星、碎叶冬青、白马骨　　科名：茜草科

学名：*Serissa japonica* (Thunb.) Thunb [*S. foetida* (L. f.) Comm.]

形态特征：常绿或半常绿丛生小灌木，株高不足1m；分枝多而稠密；叶对生或成簇生小枝上，长椭圆形或长椭圆披针状；花单生或多朵簇生，白色带红晕或淡粉紫色；小核果近球形。

生态习性：喜温暖、阴湿环境，不耐严寒，耐修剪。花期6～7月。扦插繁殖为主。

园林应用：地被、绿篱、花坛镶边；树形纤巧，夏日盛花，宛如白雪满树。丛植或片植于林下、灌木丛中，或盆栽。

附种：

3.40　金边六月雪 *Serissa japonica* var. *aureo-marginata* Hort.
叶缘黄色或淡黄色。

金边六月雪片植

金边六月雪的花

3.41　大花六道木

科名：忍冬科

学名：*Abelia. grandiflora* (Andre) Rehd

形态特征：半常绿灌木，高达2m；幼枝红褐色，有短柔毛。叶卵形至卵状椭圆形，长2～4cm，表面暗绿而有光泽。花冠白色或略带红晕，钟形，长1.5～2cm，端5裂；花萼2～5，多少合生，粉红色；雄蕊通常不伸出；成松散的顶生圆锥花序；7月至晚秋开花不断。

生态习性：耐半阴，耐寒，耐旱；生长快，根系发达，移栽易活，耐修剪。

栽培要点：它对土壤要求不高，酸性和中性土都可以；对肥力的要求也不严格，耐干旱、瘠薄，萌蘖力、萌芽力很强盛。

园林应用：作盆景或绿篱材料。

3.42 绒柏

别名：鄢陵　　科名：柏科

学名：*Chamaecyparis pisifera* Endl cv. 'Squarrosa'.

形态特征：常绿灌木或小乔木，胸径约1m；树冠塔形，枝密生；树皮褐色，纵裂；叶 3～4 轮生，长 6～8mm，线形刺叶，针叶细，柔软，背面有两条白色的气孔带；球果近圆球形。

生态习性：喜温凉湿润气候，喜光，耐阴，耐寒性较差。扦插和嫁接繁殖。

园林应用：独赏树、绿篱、造型树；枝叶纤细优美秀丽。孤植、丛植于庭院、公园，或盆栽。

3.43 鹿角杜鹃

别名：岩杜鹃　　科名：杜鹃花科

学名：*Rhododendion latoucheae* Franch.

形态特征：常绿灌木或小乔木，高 2～5m；小枝无毛；叶近轮生，常 2～5 枚集生枝顶，革质，长圆形或椭圆形，边缘反卷，上面深绿色，具光泽，下面淡灰白色；花单生枝顶叶腋；花粉色，有黄绿色斑点；蒴果圆柱形。

生态习性：花期 4～5 月，果期 7～9 月。播种、扦插繁殖为主。

园林应用：独赏树；观花树种。孤植、丛植于草坪。

3.44 紫花含笑

别名：粗柄含笑　　　科名：木兰科

学名：*Michilia crassipes* Law.

形态特征：常绿灌木或小乔木，高 2～5m；树皮和叶均密被褐色绒毛；单叶互生，叶椭圆形，光亮，厚革质；花单生叶腋，花形小，呈圆形，花瓣 6 枚，花紫红色或紫黑色，有香蕉气味；果卵圆形。

生态习性：喜湿润环境，稍耐阴。花期 4～5 月，果期 8～9 月。播种、嫁接和扦插繁殖为主。

园林应用：独赏树；树冠圆形，花色美丽。孤植于庭院、公园，或丛植于草坪边缘或稀疏林丛之下。

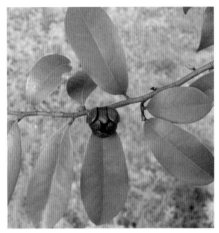

3.45 乌药

别名：铜钱树、天台乌药、斑皮柴　　　科名：樟科

学名：*Lindera aggregata* (Sims.) Kosterm.

形态特征：常绿灌木或小乔木，高可达 5m，胸径 4cm；树皮灰褐色；叶互生，革质或近革质，卵形、椭圆形至近圆形，先端长渐尖或尾尖，基部圆形，上面绿色，有光泽，下面苍白色，基出 3 大脉。

生态习性：喜亚热带气候，适应性强。花期 3～4 月，果期 5～11 月。种子繁殖。

园林应用：地被、基础种植；孤植、丛植于林下、林缘或庭院荫凉处。

3.46 阔叶十大功劳

别名：土黄柏、土黄连、八角刺　　科名：小檗科

学名：*Mahonia bealei* (Fort.) Carr.

形态特征：常绿灌木或小乔木，高可达 4m；单数羽状复叶，小叶 9～15 枚，厚革质，表面亮绿色，叶缘反卷，每边有 2～8 个刺锯齿；总状花序顶生而直立，3～9 条簇生，黄色，芳香；浆果卵形，暗蓝色，有白粉。

生态习性：喜暖温气候，耐阴，不耐严寒，较耐旱。花期 4～5 月，果期 9～10 月。播种、扦插、分株繁殖。

园林应用：绿篱、基础种植；枝叶苍劲，黄花成簇。丛植、孤植于庭院、草地，或盆栽。

3.47 金边瑞香

别名：蓬莱花、风流树　　科名：瑞香科

学名：*Daphne odora* Thunb. f. *marginata* Makino

形态特征：常绿小灌木；叶互生，长椭圆形至倒披针形，质较厚，有光泽，叶缘金黄色；顶生头状花序，白色或淡红紫色，芳香，花被筒状；核果圆球形，红色。

生态习性：喜半阴，耐寒性较差，忌积水。花期 1～4 月，果期 7～8 月。扦插、嫁接繁殖为主。

园林应用：地被、绿篱、基础种植；早春开花，芳香浓郁且常绿。列植于道路旁，或丛植于林下、路旁、假山、岩石旁、山坡台地，或盆栽。

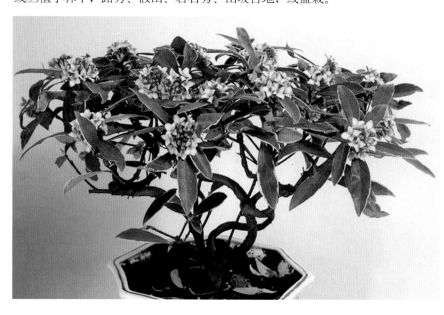

3.48 茶

别名：茶树　　科名：山茶科

学名：*Camellia sinensis*（L.）O. Kuntze

形态特征：常绿灌木或小乔木；叶革质，长圆形或椭圆形，表面光亮，边缘有锯齿；花1～3朵腋生，白色，芳香，花瓣5～6片；蒴果球形。

生态习性：喜光，稍耐阴。花期10月至翌年2月，果至次年10月末成熟。扦插、播种繁殖为主。

园林应用：绿篱、地被；茶花色白而芳香，观赏价值和经济价值并重。列植于路旁，或丛植于草坪边缘。

3.49 石斑木

别名：雷公树、白杏花、报春花　　科名：蔷薇科

学名：*Rhapniolepis indica.*

形态特征：常绿灌木或小乔木，高2～4m。枝粗壮极叉开，枝和叶在幼时有褐色柔毛，后脱落。叶片长椭圆形、卵形或倒卵形，先端圆钝至稍锐尖，基部楔形，全缘或有疏生钝锯齿，边缘稍向下方反卷，上面深绿色，稍有光泽，下面淡绿色，网脉明显。圆锥花序顶生，直立，密生褐色柔毛；花瓣白色，倒卵形，长1～1.2cm；雄蕊20。果实球形，黑紫色带白霜，顶端有萼片脱落残痕。

生态习性：亚热带树种。喜温暖湿润气候。耐干旱瘠薄。常生长在裸露低丘陵向阳山坡、溪边、路旁、杂木林内或灌木丛中，在略有庇荫处则生长更好。花期4月，果期7～8月。繁殖以播种为主。

栽培要点：宜生于微酸性砂壤土中。

园林应用：石斑木花朵美丽，枝叶密生，能形成圆形紧密树冠。在园林中最宜植于园路转角处，或用于空间分隔，或用作阻挡视线的隐蔽材料。果实可食用。

3.50 红叶石楠

别名：火焰红、千年红　　科名：蔷薇科

学名：*Photinia × fraseri*

形态特征：为杂交石楠种，常绿阔叶小乔木或多枝丛生灌木；株形紧凑；单叶轮生状，革质，长椭圆至侧卵状椭圆形，有锯齿，嫩叶较石楠更鲜红，持续时间长。

生态习性：喜强光，耐阴。花期 5～7 月，果熟期 10 月。扦插、播种繁殖。

园林应用：绿篱、地被、基础种植；嫩叶鲜红，十分美丽。孤植、丛植于庭院、草地、路旁，或与其他彩叶植物组合成各种图案，或盆栽。

3.51 小果蔷薇

别名：小金樱、白花七叶树、七姊妹　　科名：蔷薇科

学名：*Rosa cymosa* Tratt.

形态特征：常绿攀缘状灌木，高达 6m。小枝疏生皮刺，少数无刺。单数羽状复叶，小叶 3～5，少数 7，卵状披针形或长椭圆形，顶端渐尖，基部宽楔形至近圆形，边缘为内弯的锐锯齿；两面无毛。复伞房花序，花多数，花瓣白色；雄蕊多数；雌蕊心皮多数。花萼裂片 5。蔷薇果小，近球形，肉质，熟后红色。

生态习性：蔷薇喜阳光，亦耐半阴，较耐寒，在中国北方大部分地区都能露地越冬。耐干旱，耐瘠薄，也可在黏重土壤上正常生长。花期 4～5 月，果期 10～11 月。

栽培要点：对土壤要求不严，但栽植在土层深厚、疏松、肥沃湿润而又排水通畅的土壤中则生长更好。

园林应用：可用于垂直绿化，布置花墙、花门、花廊、花架、花格、花柱、绿廊、绿亭，点缀斜坡、水池坡岸，装饰建筑物墙面或植花篱。也是嫁接月季的优良砧木。

3.52 朱砂根

别名：大罗伞、红铜盆、平地木

科名：紫金牛科

学名：*Ardisia crenata* Sims

形态特征：常绿矮小灌木，高1～2m；无分枝，有匍匐根状茎；单叶互生，长椭圆形至倒披针形，边缘反卷，呈波状或波状齿，叶面有腺点，两面无毛；伞形花序顶生于侧枝上，花白色或淡红色；果球形，直径6～8mm，鲜红色，具腺点。

生态习性：喜半阴，生于山地的常绿阔叶林中或溪边荫湿的灌木丛中腐殖质土壤上；忌干旱；果期冬季至翌年。

栽培要点：忌干旱，要求通风及排水良好的肥沃土壤。

园林应用：林下、溪水边、构筑物荫蔽处地被；适宜园林中假山、岩石园中配植，与山石搭配。

3.53 玉叶金花

别名：白纸扇、白头公、野白纸扇　　**科名**：茜草科

学名：*Mussaenda pubescens* Ait. f.

形态特征：攀缘状灌木。茎上部、叶及花序轴密被红色短柔毛。单叶对生，托叶披针形。聚伞花序顶生，花黄色，花萼5裂，有时1枚裂片扩大成花瓣状，白色，卵圆形至阔卵圆形。浆果椭圆形，干后黑色，聚集一团。

生态习性：本种怕冷，喜高温，适生温度为20～30℃，冬季气温低至10℃时即落叶休眠，低至5～7℃时则极易受冻干枯死亡。故越冬温度最好在15℃以上。花期4～10月（华南）。

栽培要点：需置于全日照或半日照的环境中。

园林应用：盆栽或庭院丛植均极为理想。

3.54　六道木

别名：交翅　　科名：忍冬科

学名：*Abelia dielsii*

形态特征：常绿灌木，幼枝带红褐色。被倒生刚毛。叶对生或3叶轮生，叶长圆形或长圆状披针形，全缘或疏生粗齿，具缘毛。双花生于枝梢叶腋，粉红色，无总梗。花萼筒被短刺毛。裂片4。花冠白色至淡红色，裂片4。果微弯，疏被刺毛。花期5月，7～9月花开不断，果期8～9月。

生态习性：耐半阴，耐寒，耐旱，生长快，耐修剪，喜温暖、湿润气候，亦耐干旱瘠薄。根系发达，萌芽力、萌蘖力均强。在空旷地、溪边、疏林或岩石缝中均能生长。

园林应用：丛植、花篱，六道木枝叶婉垂，树姿婆娑，花美丽，萼裂片特异。可丛植于草地边、建筑物旁，或列植于路旁作为花篱。叶、花可入药。还可以用作地被，花境。

3.55　中华蚊母树

科名：金缕梅科

学名：*Distylium chinensis* (Franch.)　Diels.

形态特征：常绿灌木，高约1m；嫩枝粗壮，被星状柔毛，节间极短；叶窄长椭圆形，革质，上面绿色，稍发亮，近先端有2～3个锯齿，叶脉不明显，常有虫瘿；雄花穗状花序；蒴果卵圆形。

生态习性：喜光，稍耐阴，耐寒性不强，对烟尘及多种有毒气体抗性很强。花期3～4月，果期8～10月。扦插、播种繁殖。

园林应用：绿篱、防护林；抗污染树种。孤植或丛植于林缘、路旁，或盆栽。

别名：柑橘　科名：芸香科

学名：*Citrus reticulata* Blance.

形态特征：常绿小乔木或灌木，高约 3m；枝有刺；叶长卵状披针形，长 4 ~ 8cm；花单生或簇生叶腋，黄白色；果扁球形，橙黄色或橙红色。

生态习性：喜温暖湿润气候，稍耐寒。春季开花，果熟期 10 ~ 12 月。播种、嫁接繁殖。

园林应用：生产结合观赏树种；四季常青，春季满树盛开香花，秋冬黄果累累，极具观赏价值。丛植或群植于草坪。

3.57 金柑

别名：金橘、罗浮、牛奶金柑　科名：芸香科

学名：*Fortunella margarita* (Lour.) Swingle

形态特征：常绿灌木，高可达 3m；枝密生，无刺；叶互生，叶片长椭圆形、披针形或矩圆形，叶缘微波状或具不明显的细锯齿，叶柄有狭翅；花 1 ~ 3 朵腋生，花瓣 5，白色；果倒卵形，橙黄色，果皮肉质。

生态习性：喜温暖湿润、光照充足环境，稍耐阴，不耐寒；花期 6 月，果熟期 12 月。扦插或嫁接繁殖。

园林应用：生产结合观赏树种；果实金黄、具清香，是极好的观果花卉。盆栽。

3.58　熊掌木

别名：五角金盘　　科名：五加科

学名：*Fatshedera lizei* (Cochet.) Guillaum.

形态特征：八角金盘与常春藤的杂交种，常绿蔓性灌木，高可达 1m 以上；茎幼时具锈色柔毛；单叶互生，掌状 3～5 裂，全缘，似熊掌；顶生圆锥花序，黄绿色；不结果。

生态习性：喜冷凉温湿环境，耐阴，不耐强光，在夏季温度较高和干燥、瘠薄处生长不良。扦插、压条繁殖。

园林应用：地被、基础种植；四季青翠碧绿，是优良的观叶植物。片植、群植于林下、草坪，或盆栽。

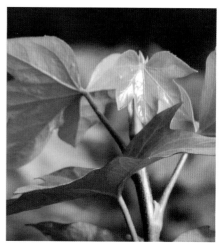

3.59　通脱木

别名：木通树、天麻子、通草　　科名：五加科

学名：*Tetrapanax papyriferus* (Hook.) K．Koch.

形态特征：常绿灌木或小乔木，高达 6m；叶大，互生，聚生于茎顶，掌状 5～11 裂；伞形花序聚生成顶生或近顶生大型复圆锥花序，花瓣 4，三角状卵形，外面密被星状厚绒毛；雄蕊 5。果球形，直径约 4mm，熟时紫黑色。

生态习性：喜光，喜温暖。根的横向生长力强，并能形成大量根蘖。花期 10～12 月，果期翌年 1～2 月。

栽培要点：在湿润、肥沃的土壤上生长良好。

园林应用：宜在公路两旁、庭园边缘的大乔大下种植，也可在庭园中少量配植。

3.60 棕竹

别名：筋斗竹　　科名：棕榈科

学名：*Rhaptis excelsa* (Thunb.) Henryi

形态特征：常绿丛生灌木，高 2～3m；叶掌状深裂，裂片条状披针形，有不规则齿缺，边缘和脉上有褐色小锐齿，横脉多而明显；肉穗花序多分枝，淡黄色；浆果球形。

生态习性：喜温暖湿润环境，耐阴，不耐寒，适应性强。花期 6～7 月。播种、分株繁殖为主。

园林应用：基础种植、室内绿化；植株秀丽青翠，叶形优美，是优良的富含热带风光的观叶植物。孤植或丛植于庭院、角隅、林下、林缘和溪边，或盆栽。

3.61 凤尾兰

别名：波罗花、凤尾丝兰、剑麻、剑叶丝兰　　科名：龙舌兰科

学名：*Yucca gloriosa* L.

形态特征：常绿灌木；叶片剑形，顶端尖硬，螺旋状密生于茎上，叶质较硬，有白粉，边缘光滑或老时有少数白丝；圆锥花序，花朵杯状，下垂，花瓣 6 片，乳白色；蒴果椭圆状卵形。

生态习性：喜温暖湿润和阳光充足环境；耐寒，耐阴，耐旱也较耐湿，对土壤要求不严；花期 6～10 月；常用分株和扦插繁殖。

园林应用：庭园观赏树木，常植于花坛中央、建筑前、草坪中、池畔、台坡、建筑物、路旁或作绿篱栽植。

3.62 顶蕊三角咪

别名：雪山林、黄蕊黄杨、长青草　　科名：黄杨科

学名：*Pachysandra teminalis* Sieb. et Zucc.

形态特征：常绿亚灌木，高 20～30cm；茎下部横卧，具不定根，上部直立；叶互生或簇生于枝顶，薄革质，倒卵形或菱状椭圆形，叶缘中部以上有齿牙，叶面具光泽；穗状花序顶生，花小，白色；果实卵形。

生态习性：耐寒、耐阴。花期 4～5 月，果期 9～10 月。扦插繁殖。

园林应用：地被、基础种植。片植于阴湿角落、建筑物背阴面，或盆栽。

3.63 紫金牛

别名：矮地菜、矮茶风、矮脚樟　　科名：紫金牛科

学名：*Ardisia japonica* (Thunb.) Bl.

形态特征：常绿小灌木，高 10～30cm；叶对生或近轮生，叶片坚纸质或近革质，椭圆形，缘具细锯齿；伞形花序，3～5 朵腋生或生于近茎顶端的叶腋，粉红色或白色，具密腺点；核果球形，鲜红色转黑色，有黑色腺点。

生态习性：喜温暖湿润环境，喜阴，忌阳光直射。花期 5～6 月，果期 11～12 月。播种或扦插繁殖。

园林应用：地被；枝叶常青，入秋后果色鲜艳，经久不凋，是优良的地被植物。丛植、片植于密林下，或盆栽。

3.64 金弹子

别名：瓶兰花、刺柿、瓶兰

科名：柿树科

学名：*Diospyros armata* Hemsl.

形态特征：常绿或半常绿灌木，高
2～4m；枝端常有枝刺；叶倒卵状披
针形至长椭圆形，叶基楔形，叶面暗
绿色，革质有光泽；雄花为聚伞花序，
乳白色，壶形，有芳香；果近球形，
熟时黄色。

生态习性：喜温暖湿润环境，喜半阴，
耐寒。花期4～5月，果期5～10月。
播种繁殖。

园林应用：芳香植物和观果植物。孤
植或丛植于庭院、街道或草坪，或盆栽。

3.65 乌饭树

别名：南烛、西烛叶、乌米饭　　科名：杜鹃花科

学名：*Vaccinium bracteatum* Thunb.

形态特征：常绿灌木，树高1～3m；枝条细，灰褐带红色；叶革质，椭圆状卵形、
狭椭圆形或卵形，边缘具有稀疏尖锯齿，基部楔状；总状花序腋生，径2～5cm，
花冠白色，壶状，具绒毛，先端5裂
片反卷；浆果球状，成熟时紫黑色。

生态习性：喜光、耐旱、耐寒、耐瘠薄。
花期6～7月，果期8～9月。

栽培要点：耐瘠薄，适生范围较广，
我国大部分地区均可种植。

园林用途：庭院观赏，夏日叶色翠绿，
秋季叶色微红，萌发力强，极宜制作盆景。

3.66 水团花

别名：水杨梅、水蓼花、假马樱树　　科名：茜草科

学名：*Adina pilulifera* (Lam.) Franch. ex Drake

形态特征：常绿灌木至小乔木，通常高约2m，最高可达5m。叶对生，倒披针
形或矩圆状披针形，长5～12cm。头状花序单生叶腋，径1.5～2cm；花白色，
径2～3mm。蒴果楔形，具明显纵棱。

生态习性：喜温暖湿润环境；较耐阴，常生于山谷疏林下、旷野路边或溪涧旁的
石隙中。花期7～8月。果期8～9月（广东）。

栽培要点：喜砂质土，酸性、中性都能适应。

园林应用：水团花枝叶茂密，株型优美，适于庭园栽植观赏，也可用于较阴湿
地或坡地的绿化美化。

四、

落叶灌木 (51 种)

多花蔷薇

别名：野蔷薇　　科名：蔷薇科

学名：*Rose multiflora*

形态特征：落叶灌木，高 1～2m。枝细长，上升或蔓生，有皮刺。羽状复叶；小叶 5～9，倒卵状圆形至矩圆形，先端急尖或稍钝，基部宽楔形或圆形，边缘具锐锯齿，有柔毛；叶柄和叶轴常有腺毛；托叶大部附着于叶柄上，先端裂片成披针形，边缘篦齿状分裂并有腺毛。伞房花序圆锥状，花多数；花白色，芳香；果球形，褐红色。

生态习性：性强健，喜光，耐半阴，耐寒。耐瘠薄，忌低洼积水。花期 5～6 月，果期 10～11 月。常用分株、扦插和压条繁殖，也可播种。

栽培要点：对土壤要求不严，在粘重土中也可正常生长。

园林应用：是良好的春季观花树种。适用于花架、长廊、粉墙、门侧、假山石壁的垂直绿化，对有毒气体的抗性强。根、叶、花、果可入药。也可作基础种植，河坡悬垂，或植于围墙旁，引其攀附。

紫薇

别名：入惊儿树、满堂红、痒痒树　　科名：千屈菜科

学名：*Lagerstroemla indica* L.

形态特征：落叶灌木或小乔木，高可达 7m；树皮易脱落，树干光滑；小枝四棱；叶互生或对生，椭圆形、倒卵形或长椭圆形，无毛或沿主脉上有毛；圆锥花序顶生，花红色或粉红色；蒴果椭圆状球形。

生态习性：喜光，稍耐阴；喜温暖气候，耐寒性强，耐旱，怕涝。花期 6～9 月，果期 7～9 月。播种、分株、扦插繁殖。

栽培要点：春季为种植适期，生长期保持土壤湿润。早春施 1 次重肥，初夏施用 1 次磷肥，有利于花芽生长，花后及时剪除花序，节省养分。生长过程中及时剪除树干和枝条上的萌蘖，冬季进行修剪整形。

园林应用：独赏树；树姿优美、树干光滑洁净，花色艳丽；孤植或丛植在庭院、建筑前，或植于池畔、路边、草坪上，或盆栽。

4.3 木槿

别名：木槿花、篱障花、根花、无穷花　　科名：锦葵科

学名：*Hibiscus syriacus* L.

形态特征：落叶灌木或小乔木，高 3～6m；小枝幼时密被绒毛，后渐脱落；叶菱状卵形，基部楔形，边缘有钝齿，仅背面脉上有毛；花单生叶腋，单瓣或重瓣，有淡紫、红、白等色；蒴果卵圆形。

生态习性：喜光，稍耐阴，耐寒，耐旱，怕涝；花期 6～9 月，果期 9～11 月。播种、扦插、压条等法繁殖。

栽培要点：喜温暖、湿润的环境，不拘土质。

园林应用：独赏树、基础种植；花朵大，花色、花型多。孤植、丛植或群植于草坪、路边、林缘，或盆栽。

4.4 木芙蓉

别名：芙蓉花、拒霜花、木莲　　科名：锦葵科

学名：*Hibiscus mutabilis* L.

形态特征：落叶灌木或小乔木，高 2～5m；枝干密生星状毛；叶互生，阔卵圆形或圆卵形，掌状 3～5 浅裂，先端尖或渐尖，两面有星状绒毛；花单生叶腋，通常为淡红色，后变深红色；蒴果扁球形。

生态习性：喜光，稍耐荫，不耐寒，忌干旱，耐水湿。花期 9～10 月，果熟期 10～11 月。扦插、压条繁殖为主。

栽培要点：喜肥沃疏松土壤。

园林应用：独赏树、绿篱；花大而美丽，是良好的观花树种。孤植、丛植于庭前、坡地、路旁、林缘、湖畔。

附种：

4.5 重瓣木芙蓉 *Hibiscus mutabilis* f. *plenus* (Andrews) S. Y. Hu chong 花重瓣。

重瓣木芙蓉

重瓣木芙蓉

4.6　锦带花

别称：五色海棠、山脂麻、海仙花　　科名：忍冬科

学名：*Weigela florida*

形态特征： 落叶灌木，高约 3m，宽约 3m，枝条开展，有些树枝会弯曲到地面，小枝细弱，幼时具 2 列柔毛。叶椭圆形或卵状椭圆形，长 5～10cm，端锐尖，基部圆形至楔形，缘有锯齿，表面脉上有毛，背面尤密。花冠漏斗状钟形，玫瑰红色，裂片 5。蒴果柱形；种子无翅。花期 4～6 月。

生态习性： 喜光，耐阴，耐寒；对土壤要求不严，能耐瘠薄土壤，但以深厚、湿润而腐殖质丰富的土壤生长最好，怕水涝。萌芽力强，生长迅速。

栽培要点： 常用扦插、分株、压条方法繁殖。栽培容易，生长迅速，病虫害少。早春开花前施一次腐熟堆肥，则可年年开花茂盛。

园林应用： 锦带花枝叶茂密，花色艳丽，花期可长达两个多月，是华北地区主要的早春花灌木。适宜庭院墙隅、湖畔群植；也可在树丛林缘作花篱、丛植配植；点缀于假山、坡地。

4.7　绣球花

别名：八仙花、绣球荚莲、粉团花　　科名：绣球花科

学名：*Hydrangea macrophylla* (Thunb.) Seringe.

形态特征： 落叶灌木，高达 3～4m；小枝粗壮，无毛，皮孔明显；叶对生，大而光泽，倒卵形至椭圆形，缘有粗锯齿；顶生伞房花序近球形，每一朵花有瓣状萼 4～5 片，花白色、蓝色或粉红色。

生态习性： 性喜温暖，喜半阴环境，不耐寒，怕旱又怕涝。花期 6～7 月。扦插繁殖为主。

栽培要点： 移栽宜在落叶后或萌芽前进行，植株须带宿土。平时栽培夏季必须阴凉、通风。冬季落叶后应换盆、换土一次。

园林应用： 花坛、花丛；花球大而美丽。丛植或群植于林下、路缘、棚架，或盆栽。

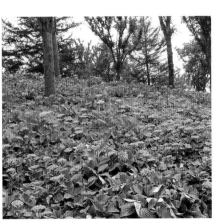

4.8　蜡梅

别名：黄梅花、香梅、雪里花　　科名：蜡梅科

学名：*Chimonanthus praecox* (L.) Link.

形态特征：落叶灌木，高可达 4～5m；针形；花冬末先叶开花，瘦果种子状，粟褐色。叶对生，近革质，椭圆状卵形至卵状披针形，花单生于叶腋，黄色，带蜡质，有浓香；瘦果种子状，粟褐色。

生态习性：喜光，能耐阴，耐寒，耐旱，忌渍水。花期 12 月至翌年 1 月，果 8 月成熟。嫁接繁殖为主。

栽培要点：喜疏松、排水良好的微酸性砂质性土壤。应带土移植。

园林应用：风景林、专类园；花黄如蜡，清香四溢。群植或孤植于庭院观赏，配置于室前、墙隅均适宜，或盆栽。

4.9　紫荆

别名：紫珠、满条红　　科名：苏木科

学名：*Cercis chinensis* Bunge.

形态特征：落叶灌木或小乔木，叶互生，近圆形；花簇生于老枝上，先叶开放，紫红色。荚果狭披针形，扁平；种子扁圆形，近黑色。

生态习性：喜光，有一定的耐寒性，不耐淹。花期 3～4 月，果期 8～10 月。播种繁殖为主。

栽培要点：以肥沃、土层深厚且排水良好的壤土为佳，生长期须遮阴。

园林应用：独赏树、风景林；紫色花艳丽可爱，心形叶片光泽而动人。孤植或丛植庭院、建筑物前及草坪边缘，或与常绿松柏配植为前景或植于浅色的物体前观赏。

4.10　金钟花

别名：黄金条、单叶连翘、狭叶连翘　　　科名：木犀科

学名：*Forsvthla virldlsslma* Lindl.

形态特征：落叶灌木，高可达 3m；枝直立，呈四棱形，淡紫绿色，具片状髓；叶片椭圆形至披针形，中部以上缘有粗锯齿；花先叶开放，1～3 朵腋生，深黄色；蒴果卵圆形。

生态习性：喜光照，耐半阴，耐热、耐寒、耐旱、耐湿。花期 3～4 月，果期 8～11月。播种、扦插、压条、分株繁殖。

栽培要点：以扦插最方便快速，春季发芽前扦插，或夏季用带叶的绿枝扦插。

园林应用：花坛、花池、花丛；花先叶开放，满枝金黄，艳丽可爱。丛植于草坪、角隅、岩石假山下或作基础种植。

4.11　迎春花

别名：金腰带、串串金、云南迎春　　　科名：木犀科

学名：*Jasminum mesnyi* Hance.

形态特征：落叶灌木，直立或匍匐，高 0.4～0.5m；枝细长呈拱形下垂生长，有四棱；侧枝健壮；叶卵形至长圆状卵形，三出复叶对生；花单生于叶腋间，先叶开放，鲜黄色。

生活习性：喜光，稍耐阴，略耐寒，怕涝。花期 2～4 月。分株、压条、扦插繁殖。

栽培要点：一般在夏季施以腐熟的有机肥料一次，开花前至开花期要视土壤干湿程度浇水 1～3 次，夏季要适时中耕除草，每年秋季落叶后最好都能增施 1次肥料。

园林应用：花坛、花池、基础种植；植株铺散，枝条鲜绿，花黄色可爱。列植或丛植在湖边、溪畔、桥头、墙隅或栽植在草坪、林缘、坡地和岩石园。

4.12　小檗

别名：日本小檗　　科名：小檗科

学名：*Berberis thunbergii* DC.

形态特征：落叶灌木，一般高约 1m；枝具细条棱，小枝红褐色，具茎刺；单叶互生，叶片倒卵形或匙形，叶表暗绿，背面灰绿，有白粉；2～12 朵簇生状伞形花序，淡黄色；浆果长椭圆形，熟时亮红色。

生态习性：喜光，耐阴，耐寒性强，也较耐干旱瘠薄，忌积水涝洼，耐修剪。花期 4～6 月，果期 7～10 月。播种、扦插繁殖为主。

栽培要点：对土壤要求不严，喜疏松且排水良好、富含有机质的砂质壤土。

园林应用：绿篱、地被；叶小圆形，入秋变红，春日黄花，秋季红果，观叶、观花、观果的优良树种，列植、丛植于草坪、假山石、池畔。

附种：

4.13　紫叶小檗 *Berberis thunbergii* DC.var. *atropurpurea* Chenault. 叶常年紫红色。

紫叶小檗

4.14　结香

别名：雪花皮、打结花、打结树　　科名：瑞香科

学名：*Edgeworthia chrysantha* Lindl.

形态特征：落叶灌木，高 0.7～1.5m；枝通常三杈状，韧皮坚韧，叶互生，常簇生枝顶，长椭圆形，表面有柔毛，背面被长硬毛；花黄色，浓香，30～50 朵聚成假头状花序，顶生或近顶生，花被圆筒状；核果卵形，红色。

生态习性：喜温暖湿润气候，喜半阴，耐日晒，耐寒性不强，忌积水。花期 3～4 月，果期春夏间。分株或扦插繁殖。

园林应用：绿篱、地被、基础种植；姿态清雅，花先叶开放，多而芳香。孤植、丛植于庭前、路旁、水边、石间、墙隅，或盆栽，曲枝造型。

4.15　七姊妹

科名：蔷薇科

学名：*Rosa multiflora* Thunb. var. *carnea* Thory.

形态特征：落叶攀缘灌木；枝圆柱形，具皮刺，复叶，小叶通常 5～7 枚，倒卵形、长圆形或卵形；花较大，深粉红色，重瓣，常 6～7 朵成扁伞房花序；果近球形，褐红色。

生态习性：喜光，耐寒。花期 5～6 月，果熟期 10～11 月。扦插、播种繁殖为主。

园林应用：花篱、垂直绿化、基础种植；花大而繁多，色艳浓香，是极佳的观花植物。花墙、花门、花廊、花架、花格、花柱、绿廊、绿亭绿化、或丛植于斜坡、水池坡岸、草坪边缘、或盆栽、切花。

4.16　玫瑰

别名：刺玫花、徘徊花、刺客

科名：蔷薇科

学名：*Rosa rugosa* Thunb.

形态特征：落叶直立丛生灌木，高达 2m；茎枝灰褐色，密生刚毛与倒刺；奇数羽状复叶，小叶 5～9 枚，椭圆形，有边刺，表面多皱纹，背面有柔毛及刺毛；花单生或数朵聚生，常为紫红色，芳香；果扁球形，红色。

生态习性：喜光，耐寒，耐旱，不耐涝。花期 5～8 月，果熟 9～10 月，扦插、分株繁殖为主。

园林应用：花篱、地被、花境、花坛；色艳花香，是优良的观赏花木。丛植于庭院或草坪边缘。

4.17　中华绣线菊

别名：铁黑汉条　　科名：蔷薇科

学名：*Spiraea chinensis* Maxim.

形态特征：落叶灌木，高 1.5～3.0m；小枝呈拱形弯曲，红褐色；叶片菱状卵形至倒卵形，边缘有缺刻状粗锯齿，或具不明显 3 裂，上面被短柔毛，网脉凹下；伞形花序顶生，花瓣近圆形，白色。

生态习性：喜光也稍耐阴，抗寒，抗旱。花期 3～6 月。播种、分株、扦插繁殖。

园林应用：花坛、花池、花丛；花小而繁多。丛植或群植于山坡、山谷、溪边、林缘、灌丛中或路旁。

4.18　粉花绣线菊

别名：日本绣线菊　　科名：蔷薇科

学名：*Spiraea Japonica* L. f.

形态特征：落叶灌木，高约 1.5m；枝光滑，或幼时具细毛；叶卵形至卵状长椭圆形，长 2～8cm，先端尖，叶缘有缺刻或重锯齿，叶背灰蓝色，脉上常有短柔毛；花淡粉红至深粉红色，偶有白色者，常簇聚于有短柔毛的复伞房花序上。

生态习性：喜光略耐阴，抗寒，耐旱。花期 6～7 月。播种、分株、扦插繁殖均可。

园林应用：花坛、花境、花丛、基础种植；花色娇艳，花朵繁多。丛植于花坛、花境、草坪及园路角隅等处构成佳景。

4.19　棣棠花

别名：蜂棠花、黄度梅、金棣棠梅　　科名：蔷薇科

学名：*Kerrla japonlca* (L.) DC.

形态特征：落叶丛生无刺灌木，高 1.5～2.0m；小枝绿色，光滑，无棱；叶片卵形至卵状披针形，顶端渐尖，基部圆形或微心形，边缘有锐重锯齿，表面无毛或疏生短柔毛，背面或沿叶脉、脉间有短柔毛；花金黄色；瘦果黑色，扁球形。

生态习性：喜半阴，耐寒性较差，喜湿润环境。花期 4～10 月，果期 7～8 月。分株、扦插、播种繁殖。

园林应用：基础种植、花坛、切花；花、叶、枝俱美。丛植、群植于篱边、墙际、水畔，或与假山配置。

附种：

4.20　重瓣棣棠花 *Kerria japonica* (L.) DC. f. *pleniflora* (Witte) Rehd.
　　　花重瓣。

重瓣棣棠花

重瓣棣棠花

重瓣棣棠花

4.21　金丝桃

别名：土连翘　　科名：金丝桃科

学名：*Hypericum monogynum* L. [*Hypericum chinense* L.]

形态特征：常绿、半常绿或落叶灌木，高 0.5～1.3m；小枝圆柱形，红褐色；叶长椭圆形，对生，基部渐狭而稍抱茎，无柄，具透明腺点；花单生或成聚伞花序，鲜黄色；蒴果卵圆形。

生态习性：喜光，略耐阴，耐寒性不强，喜湿润土壤。花期 6～7 月，果期 8～9 月。播种、分株、扦插繁殖。

园林应用：花坛、花丛、切花；花叶秀丽。丛植或群植于庭院内、假山旁及路边、草坪等，或盆栽。

4.22 枳

别名：枸橘、臭橘、雀不站　　科名：芸香科

学名：*Poncirus trifoliate* (L.) Rafin.

形态特征：落叶灌木或小乔木，高达 7m；茎枝具粗大腋生的棘刺，扁而具棱；3 出复叶，叶缘有波形浅齿，近革质，顶生小叶较大，倒卵形，侧生小叶较小，基稍歪斜；花白色，雌蕊绿色，有毛；果球形，黄绿色，芳香。

生态习性：较耐寒，耐修剪。花期 4 月，叶前开放，果熟期 10 月。播种、嫁接繁殖。

园林应用：绿篱、屏障树；枝条绿色多刺，春季叶前开花，秋季黄果累累，是良好的观花观果树种。孤植、丛植于庭园。

4.23 双荚槐

别名：金边黄槐、双荚槐、金叶黄槐　　科名：苏木科

学名：*Cassia bicapsularis* L.

形态特征：落叶小灌木或小乔木，高为 1.5 ~ 3.0m；偶数羽状复叶，互生，卵状长椭圆形或倒卵状椭圆形，小叶缘四周呈金边环绕；伞房式总状花序顶生，黄色；荚果圆柱状，2 个一组，故名"双荚槐"；种子黑褐色。

生态习性：喜光，耐寒，耐干旱，耐瘠薄的土壤。花期 10 ~ 11 月，果期 11 月至翌年 3 月。种子、扦插繁殖。

园林应用：花坛、花丛、基础种植；黄色花序，花色艳丽。列植于乡村道路或丛植于庭院。

4.24　马甲子

别名：马甲刺、铁篱笆、鸟不站刺　　科名：鼠李科

学名：*Paliurus ramossimus* Poir.

形态特征：落叶灌木，高达 3m；老枝灰色，新枝绿色，有绒毛；叶互生，阔卵形，叶表深绿有光泽，基部歪斜，三出脉，边缘有锯齿，叶柄基部具 2 个刺状托叶；聚伞花序腋生，花淡黄绿色。蒴果扁圆形；

生态习性：抗寒性强，耐旱，耐瘠薄土。花期 5～8 月，果期 9～10 月。种子繁殖为主。

园林应用：绿篱；叶表深绿有光泽。列植于庭院边缘。

4.25　木绣球

别名：绣球、绣球荚莲　　科名：忍冬科

学名：*Viburnum macrocephalum* Fort.

形态特征：落叶灌木，高达 4m；树冠呈球形，枝条开展；叶对生，叶卵形或椭圆形，边缘有细齿，表面暗绿色，背面有星状短柔毛；大球状伞形花序几乎全为不孕花，花白色。

生态习性：喜光，略耐阴，颇耐寒，喜湿润土壤。花期 4～6 月。扦插、压条、分株繁殖。

园林应用：庭荫树、独赏树；树姿开展圆整，春日繁花聚簇，团团如球，犹似雪花压树。孤植或丛植于草坪及路侧或配置于庭中堂前。

4.26 琼花

别名：八仙花、聚八仙花、蝴蝶花　　科名：忍冬科

学名：*Viburnum macrocephalum* Fort. f. *keteleeri* (Carr.) Rehd.

形态特征：落叶灌木，高达4m；树冠呈球形，枝条开展；叶对生，叶卵形或椭圆形，边缘有细齿，表面暗绿色，背面有星状短柔毛；大球状伞形花序，花序周围是白色大型的不孕花，中部是可孕花，花大如盘，白色。

生态习性：较耐寒，喜湿润土壤。花期4～5月，果期10～11月。扦插、压条、分株繁殖。

园林应用：独赏树；树冠呈球形，春季绿叶白花，叶茂花繁，秋季绿叶红果，红绿相映。孤或丛植于草地、林缘。

4.27 蝴蝶荚蒾

别名：蝴蝶戏珠花　　科名：忍冬科

学名：*Viburnum plicatum* Thunb. var. *tomentosum* (Thunb.) Miq.

形态特征：落叶灌木。高达3m。叶对生，叶片宽卵形或长圆状卵形，叶背面具星状毛，先端尖，边缘有锯齿。复伞形花序，外围有4～6朵大的黄白色不孕花，中部的可孕花白色，芳香。核果椭圆形，先红色后渐变黑色。

生态习性：喜湿润气候，较耐寒，稍耐半阴。花期4～5月。果期8～9月。

栽培要求：宜栽培于富含腐殖质的壤土中。

园林应用：为花、果俱美的园林观赏植物。

4.28　接骨木

别名：接骨风、接骨丹、续骨木　　科名：五福花科

学名：*Sambucus williamsii* Hance

形态特征：落叶灌木至小乔木，高 4～8m。枝有皮孔，光滑无毛，髓心淡黄棕色。奇数羽状复叶，椭圆状披针形，长 5～12cm，先端尖至渐尖，基部阔楔形，常不对称，缘具锯齿，两面光滑无毛，揉碎后有臭味。圆锥状聚伞花序顶生，花冠辐状，白色至淡黄色。浆果状核果近球形，黑紫色或红色。

生态习性：性强健，喜光，耐寒，耐旱。根系发达，萌蘖性强。花期 4～5 月，果 6～7 月成熟。

栽培要点：适应性较强，对气候要求不严。

园林应用：接骨木枝叶繁茂，春季白花满树，夏秋红果累累，是良好的观赏灌木，宜植于草坪、林缘或水边，也可用于城市、工厂的防护林。

4.29　枸杞

别名：枸杞菜、枸杞头　　科名：茄科

学名：*Lycium chinense* Mill.

形态特征：多分枝灌木，高约 1m；枝弯曲下垂，有纵条棱，具针状棘刺；单叶互生或簇生，卵形、卵状菱形至卵状披针形，端急尖；花单生或簇生于叶腋，花冠漏斗状，淡紫色。浆果卵状，红色；种子扁肾脏形。

生态习性：喜光照，稍耐阴，喜温暖，较耐寒，耐旱。花果期 6～11 月。播种、扦插、压条、分株繁殖。

园林应用：花坛、花径、花丛；花紫色，花期长，入秋红果累累，秋季观花观果灌木。丛植或群植于池畔、山坡、径旁、石隙，或盆栽。

4.30 珊瑚樱

别名：红珊瑚、冬珊瑚　　科名：茄科

学名：*Solanum pseudo-capasicum* L.

形态特征：常绿亚灌木，植株高达1.2m；叶狭矩圆形至倒披针形，边缘呈波状；花小，单生于叶腋，辐射状，白色；浆果球形，橙红色或黄色。

生态习性：性喜光，稍耐寒，比较耐干旱。花期7~9月，果熟期11月至翌年2月。播种繁殖为主。

园林应用：花坛、花池；果期长，果由绿变红，再到橙黄，浑圆玲珑，十分可爱。多盆栽观赏。

4.31 花叶小檗

科名：小檗科

学名：*Berberis thunbergii* 'Atropurpurea Nana'

形态特征：落叶多枝灌木，高2~3m。叶深紫色或红色，幼枝紫红色，老枝灰褐色或紫褐色，有槽，具刺。叶全缘，菱形或倒卵形，在短枝上簇生。花单生或2~5朵成短总状花序，黄色，下垂，花瓣边缘有红色纹晕。浆果红色，宿存。

生态习性：喜阳也能耐阴，喜凉爽湿润环境，耐寒也耐旱，不耐水涝，萌蘖性强，耐修剪，花期4月，果熟期9~10月。

栽培要点：小檗萌蘖性强，耐修剪，定植时可行强修剪，对各种土壤都能适应，在肥沃深厚、排水良好的土壤中生长更佳。

园林应用：小檗春开黄花，秋缀红果，是叶、花、果俱美的观赏花木，适宜在园林中作花篱或在园路角隅丛植、大型花坛镶边或剪成球形对称状配植．或点缀在岩石间、池畔。也可制作盆景。

4.32 红栌

别名：红叶树、烟树　　科名：漆树科

学名：*Cotinus coggygria*

形态特征：落叶灌木或乔木。树冠圆形或伞形，小枝紫褐色有白粉。单叶互生，宽卵圆形至肾脏形，叶柄细长，紫红色。圆锥花序顶生，花单性与两性共存而同株，花瓣黄色，不孕花有紫红色羽毛状花柄宿存。核果小，肾形。

生态习性：喜光、耐半阴，耐寒、耐旱、耐贫瘠、耐盐碱土，不耐水湿，根系发达。

园林应用：是非常好的城市景观及园林美化、观赏植物。

栽培要点：在深厚肥沃、偏酸性的砂壤土上生长良好，种植地应选高燥不积水、温差较大的地方。

4.33 赪桐

别名：朱桐、红顶风、荷苞花　　科名：马鞭草科

学名：*Clerodendrum japonicum* （Thunb.）Sweet, Hort. Brit.

形态特征：落叶或半常绿灌木，植株高 1.5 ～ 2m；茎直立，不分枝或少分枝；幼茎四方形，深绿色至灰白色；叶对生，心形，纸质，腹面深绿色，背面灰绿色，叶缘浅齿状；总状圆锥花序，顶生，向一侧偏斜；花小，但花丝长；花萼、花冠、花梗均为鲜艳的深红色。果圆形，蓝紫色。

生态习性：性喜高温、湿润、半荫蔽的气候环境，耐荫蔽，耐瘠薄，忌干旱，忌涝，畏寒冷，生长适温为 23 ～ 30℃。花期 5 ～ 11 月。果期 12 月至翌年 1 月。

栽培要点：喜土层深厚的酸性土壤。

园林应用：主要用于公园、楼宇、人工山水旁的绿化，成片栽植效果极佳。

4.34　臭牡丹

别名：矮桐子、大红袍、臭八宝　　科名：马鞭草科

学名：*Clerodendrum bungei* Steud.

形态特征：落叶灌木，嫩枝稍有柔毛，枝内白色中髓坚实。叶宽卵形或卵形，有强烈臭味，边缘有锯齿。聚伞花序紧密，顶生，花冠淡红色、红色或紫色，有臭味。核果倒卵形或卵形，直径 0.8～1.2cm，成熟后蓝紫色。

生态习性：喜阳光充足和湿润环境，适应性强，耐寒耐旱，也较耐阴，宜在肥沃、疏松的腐叶土中生长。生于山坡、林缘或沟旁。

园林应用：适宜栽植于坡地、林下或树丛旁，也可作地被植物。

栽培要点：生长期要控制根蘖扩展。保持土壤湿润，5～6 月可施肥 1 次，并随时修剪过多的萌蘖苗。

4.35　紫珠

别名：珍珠枫　　科名：马鞭草科

学名：*Callicarpa bodinieri* Purplepearl

形态特征：落叶灌木，株高 1.2～2m，小枝、叶柄和花序均被糠秕状星状毛，单叶对生，叶片倒卵形至椭圆形，先端渐尖，边缘疏生细锯齿。聚伞花序腋生，具总梗，花多数，花蕾紫色或粉红色，花朵有白、粉红、淡紫等色；果实球形，紫色，有光泽，经冬不落。

生态习性：喜温，喜湿，怕风，怕旱。3 月开始展叶，4 月上旬完全展开。花期 6～7 月，果期 8～11 月，边开花边结籽。

栽培要点：土壤以红黄壤为好，在阴凉的环境生长较好。紫珠萌发条多，根系极发达，为浅根性树种，常与马尾松、油茶、毛竹、山竹、映山红、尖叶山茶、山苍子、芭茅、枫香等混生。

园林应用：常用于园林绿化或庭院栽种，也可盆栽观赏；其果穗还可剪下瓶插或作切花材料。

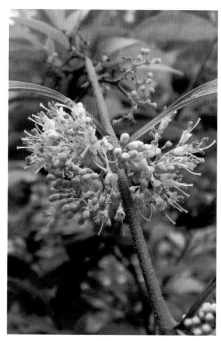

4.36　卫矛

别名：鬼箭羽、麻药（广东）、篦梳风　　科名：卫矛科

学名：*Euonymus alatus* (Thunb.) Sieb. et Zucc.

形态特征：落叶灌木，高 2～3m。小枝四棱形，有 2～4 排木栓质的阔翅。叶对生，叶片倒卵形至椭圆形，长 2～5cm，宽 1～2.5cm，两头尖，很少钝圆，边缘有细尖锯齿；早春初发时及初秋霜后变紫红色。花黄绿色，径约 5～7mm，常 3 朵集成聚伞花序。蒴果棕紫色，深裂成 4 裂片，有时为 1～3 裂片；种子褐色，有橘红色的假种皮。

生态习性：适应性强，耐寒、耐阴、耐修剪，生长较慢。花期 4～6 月，果熟期 9～10 月。

园林应用：常植于庭院观赏。

4.37　夏蜡梅

科名：蜡梅科

学名：*Sinocalycanthus chinensis*

形态特征：落叶灌木，叶对生，膜质，卵圆形至倒卵形，长 18～26cm，宽 11～16cm，全缘或具不整齐细齿。花单生于当年嫩枝顶端，夏季开花，直径 5～7cm，花被二型，外轮 12～14 片，呈花瓣状，白色至粉红色，边缘紫红色；内部花被片 9～12 枚，呈副冠状，肉质较厚，淡黄色，腹面基部散生淡红色斑纹，无香气。瘦果矩圆形，长 1～1.5cm，深褐色，疏被白色茸毛。花期 5～6 月，果期 9～10 月。

生态习性：为我国特有的一种落叶观赏花木。喜温暖湿润环境。适应性强，在江南、江淮之间均能正常越冬越夏。忌水湿，在排水良好的湿润砂壤中生长旺盛。叶色浓绿，能结实。在全光照下叶色变黄，生长不良。萌蘖力强。

园林应用：配置于室前、桩景、瓶花。

4.38　绢毛山梅花

科名：虎耳草科

学名：*Philadelphus sericanthus* Koehne

形态特征：落叶灌木，高 1.5～4m。树皮黄褐色，呈薄片状剥落；幼枝无毛，红褐色。叶对生，先端渐尖或长渐尖，上面疏生白色平贴硬毛或无毛，下面叶脉上被白色硬毛，主脉基部及叶柄常呈红色或青紫色。总状花序生于侧枝顶端，花期 5～6 月。果期 8～9 月。

生态习性：适应性强，能在山区、丘陵区生长，有较强的耐干旱瘠薄能力；实生苗开花早，2～3 年生便能开花。

栽培要点：种子繁殖，还可以进行扦插、压条繁殖。

园林应用：花白色秀丽，芳香沁人，美丽可爱，是很好的观赏植物。

4.39　老鸦柿

别名：山柿子、野山柿、野柿子　　科名：柿树科

学名：*Dlospyros thombifolla* Hemsl.

形态特征：落叶灌木，高达 3m；枝条细，稍弯曲，有刺；叶互生，卵状菱形至倒卵形，叶背面被疏柔毛；花单生于叶腋，白色，单性，雌雄异株；果卵球形或卵形，熟时橙黄色。

生态习性：喜光，较耐阴，不耐寒，耐修剪，适应性强。花期 5～6 月，果期 9～10 月。播种繁殖为主。

园林应用：基础种植；优良的观果树种；孤植或丛植于庭院、草坪边缘，或盆栽。

4.40 郁李

别名：爵梅、秧李　　科名：蔷薇科

学名：*Prunus japonica* Thunb.

形态特征：落叶灌木，高达 1.5m；小枝纤细而柔，干皮褐色，老枝有剥裂；叶卵形至卵状椭圆形，先端长尾状，缘有锐重锯齿；花与叶同放，粉红或近白色；核果近球形，深红色，光滑而有光泽。

生态习性：喜光，耐寒，耐干旱。花期 5 月，果期 7～8 月。分株或扦插繁殖。

园林应用：风景林、独赏树；春季花朵繁茂。丛植于庭院。

4.41 锦鸡儿

别名：金雀花、土黄豆、阳雀花　　科名：蝶形花科

学名：*Caragana sinica* (Buc'hoz) Rehd.

形态特征：落叶灌木，高可达 2m；小枝细长有棱，托叶针刺状；偶数羽状复叶，小叶 2 对，倒卵形，无柄，顶端一对常较大，先端圆形或微缺；花单生，蝶形花，黄色或深黄色，凋谢时变褐红色；荚果圆筒状。

生态习性：喜光，耐寒，耐干旱，耐瘠薄土壤。花期 4～5 月，果期 7 月。播种、扦插、分株、压条繁殖。

园林应用：绿篱、基础种植；枝繁叶茂，花冠蝶形，黄色带红，展开时似金雀。丛植于草地或配置于坡地、山石边，或作盆景栽植。

4.42　美丽胡枝子

别名：三妹木、假蓝根　　科名：蝶形花科

学名：*Lespedeza formosa* (Vog.) Koehne.

形态特征：落叶灌木，高可达 2m；干皮黑褐色，有细纵棱，密被白色短柔毛；3 小叶复叶，小叶椭圆状或卵状椭圆形，先端急尖或钝圆，背面密被白色柔毛；总状花序单生或排成圆锥状，花紫红色；荚果卵形或矩圆形，被锈毛。

生态习性：喜光，较耐寒，较耐干旱。花期 7～9 月，果期 9～10 月。种子繁殖为主。

园林应用：基础种植、地被植物；叶鲜绿，盛夏紫红色小花密集繁多。丛植于园林中。

4.43　蜡瓣花

别名：中华蜡瓣花　　科名：金缕梅科

学名：*Corylopsis sinensis* Hemsl.

形态特征：落叶灌木，高 2～5m；枝有柔毛；叶倒卵形或倒卵状椭圆形，基部斜心形，缘具锐尖齿，背面灰绿色，密被细柔毛；花先叶开放，黄色，芳香；蒴果卵球形；种子黑色，有光泽。

生态习性：喜光，耐半阴，较耐寒。花期 3～4 月，果期 9～10 月。播种繁殖为主。

园林应用：基础种植、花丛；先叶开花，花序累累下垂，光泽如蜜蜡，色黄而具芳香，甚为秀丽。丛植于庭院、草地、林缘、路边，或配植于假山、岩石间。

4.44　朝天罐

别名：高脚红缸、罐子草　　科名：野牡丹科

学名：*Osbeckia opipara* C．Y．Wu et C．Chen

形态特征：灌木，高 0.3～1m；茎四棱形，偶六棱形，被糙伏毛；单叶对生，卵形或卵状披针形；花紫红色或深红色，聚伞圆锥花序顶生；蒴果卵形或长圆形。

生态习性：适应性较强，耐旱，耐晒；夏秋季开花；播种繁殖。

园林应用：夏、秋季观花植物，宜栽于庭园周围或作花坛装饰物，也宜作盆栽。

栽培要点：喜生于较湿润的酸性土壤上。

4.45　地稔

别名：铺地锦、地落子、地石榴　　科名：野牡丹科

学名：*Melastoma dodecandrum* Lour．

形态特征：多年生披散状或匍匐状小灌木，长 10～30cm；茎分支，下部伏地，多生有不定根；叶深绿色，硬纸质，椭圆或卵形；花生于枝顶，桃红色；果罐状、上端截平，成熟后为红紫色。

生活习性：耐旱、耐瘠薄。花期 4～11 月，果期 5～11 月。种子、分株、扦插繁殖。

园林应用：地被植物；观叶、花。园林观赏地被植物，适宜于边坡绿化，也可布置林缘、路缘、岩石园等。

4.46 南方荚蒾

别名：火柴树、火斋、满山红　科名：忍冬科

学名：*Viburnum fordiae* Hance

形态特征：灌木或小乔木，高 3～5m，叶对生；叶柄长 5～12mm，叶片宽卵形或鞭状卵形，先端尖至渐尖，基部钝或圆形，边缘基部以上疏生浅波状小尖齿。复伞形式聚伞花序顶生或生于具 1 对叶的侧生小枝之顶，花冠白色，辐状。核果卵状球形，红色。

生态习性：喜肥沃、湿润、松软土壤，不耐瘠土和积水，生于山谷溪涧旁疏林，山坡灌丛中或平原旷野。花期 4～5 月，果期 10～11 月。

园林应用：可植于建筑物的东西两侧或北、庭园观赏。

4.47 白花龙

别名：白龙条、响铃子、梦童子　科名：安息香科

学名：*Styrax faberi* Perk.

形态特征：落叶灌木或小乔木，幼枝密被星状柔毛。叶椭圆形、倒卵形或长圆状披针形，边缘有细锯齿。总状花序顶生，着花 3～5 朵，下部常单花腋生，花白色。核果倒卵形或近球形。

生态习性：白花龙于春、夏季开白色花朵，簇生于枝顶，不时逸出香气，色、香俱佳，花期 4～6 月，果期 8～10 月。

栽培要点：喜生长在丘陵避风坡面较肥沃的红壤上，较耐旱。

园林应用：宜地栽点缀庭园或成片栽于山坡。

4.48 银果胡颓子

别名：银果牛奶子　科名：胡颓子科

学名：*Elaeagnus magna* Rehd.

形态特征：落叶灌木，高 1～3m，幼枝淡黄色，被银色鳞片。叶膜质或纸质，倒卵状矩圆形或卵状披针形，长 5～10cm，顶端圆或钝，基部狭窄，上面被银色鳞片，老时部分宿存，下面灰白色；叶柄长 4～8mm。花银白色，被鳞片，1～3 朵生新枝基部，果长椭圆形，长 12～16mm，密被银白色鳞片，成熟时粉红色，果梗粗壮。

生态习性：喜温暖湿润环境，耐半阴；果鸟喜食。花期 4～5 月，果期 6 月。

栽培要点：适宜栽于向阳的砂质土壤上生长，不耐水涝。

园林应用：丛植林缘或路旁，群落式配置于向阳水岸边。

4.49 白棠子树

科名：马鞭草科

学名：*Callicarpa dichotoma* (Lour.) K.Koch

形态特征：落叶灌木，小枝紫红色，幼时有粗糙短柔毛，后变光滑。叶卵形、倒卵形，先端急尖，基部楔形，上半部有细锯齿，叶下密被黄色小腺点，聚伞花序 2～3 分枝，总梗与叶柄等长或短于叶柄，子房具腺点，果球形，紫色。

生态习性：喜光，耐阴，喜温暖湿润气候，较耐寒。喜深厚肥沃的土壤，萌芽力强；花期 5～6 月，果期 7～11 月。

栽培要点：扦插、播种繁殖。冬季应疏剪、施基肥。

园林应用：秋季果实累累，紫堇色明亮如珠，果期长，是优良的观果灌木。庭院或公园可丛植于园路旁。

4.50 鼠李

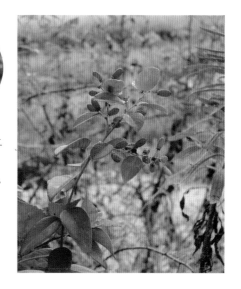

别名：乌槎树、冻绿柴、老鹳眼　　科名：鼠李科

学名：*Rhamnus davurica*

形态特征：落叶开张的大灌木或小乔木，高可达 10m。树皮灰褐色，小枝褐色而稍有光泽，顶端有大形芽，叶对生于长枝上，或丛生于短枝上；有长柄；长圆状卵形或阔倒披针形，先端渐尖，基部圆形或楔形，边缘具圆细锯齿，上面亮绿色，下面淡绿色，无毛或有短柔毛，侧脉通常 4～5 对。花生于叶腋，黄绿色，雌雄异株。核果近球形，径 5～7mm，成熟后紫黑色。花期 5～6 月。果期 8～9 月。

生态习性：适应性强，耐寒，耐阴，耐干旱、贫瘠。播种繁殖无需精细管理。

园林应用：枝叶繁茂，入球累累黑果，可植于庭院观赏。

4.51 满树星

别名：鼠李冬青、秤星木、天星木

科名：冬青科

学名：*Ilex aculcolata* Nakai

形态特征：落叶灌木，高 2m。有长枝和短枝，枝灰褐色，长枝被柔毛，并有皮孔。叶互生；叶柄长 1～1.2cm，有短毛；叶片薄纸质，倒卵形，长 2～8cm，宽 1～3cm，先端渐尖，基部楔形，边缘具锯齿，两面有短柔毛，侧脉 3～4 对，网脉不明显。花序单生长枝或短枝叶腋或鳞片腋内；花白色，有香气，裂片三角形，花瓣圆卵形，雄蕊与花冠等长；雌花序具单花，果实球形，直径 7mm，有网状条纹和槽，内果皮骨质，花期 6 月，果期 7 月。

生态习性：生长于海拔 100～1200m 的地区，多生长在山谷、路旁的疏林中以及灌丛中。

园林应用：庭园观赏。

五、
木质藤本 （34种）

5.1　紫藤

别名：藤萝　　科名：蝶形花科

学名：*Wisteria sinensis* (Sims) Sweet

形态特征：落叶藤本，茎左旋；奇数羽状复叶，小叶 3～6 对，卵状椭圆形至卵状披针形；总状花序，花先叶开放，蓝紫色，芳香；荚果倒披针形，密生黄色绒毛；种子扁圆形。

生态习性：喜光，略耐阴，较耐寒，耐干旱、耐水湿性中等，有一定耐瘠薄能力。花期 4～5 月，果期 5～8 月。播种、分株、压条、扦插繁殖。

栽培要点：对土壤适应性强。移植时需带土球，攀附缠绕的棚架宜选用牢固耐久的材料制成。

园林应用：棚架式绿化；枝叶繁茂，花先叶开放，穗大而美，有芳香。优良的庭院棚架、门廊、枯树及山面绿化材料。

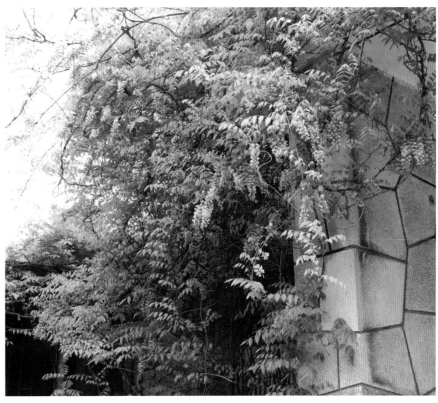

5.2　葛藤

别名：野葛、葛根　　科名：蝶形花科

学名：*Pueraria lobata* (Willd.) Ohwi.

形态特征：藤本，全株有黄色长硬毛；小叶 3，顶生小叶菱状卵形，端渐尖，全缘，有时浅裂，叶背白粉霜；总状花序腋生，花冠紫红色，翼瓣的耳长大于阔；荚果线形，扁平，密生长硬黄毛。

生态习性：喜温暖湿润气候，喜光，耐寒，耐干旱。花及果期 8～11 月。播种、压条法繁殖。

栽培要点：栽培土质以排水良好的腐殖质壤土或砂质壤土为佳。

园林应用：盆架式绿化以及山石、台阶、坡面、地面绿化；枝叶稠密，蔓延力强。缠绕篱垣、花架、花廊，或附在山石上，或植于山坡。

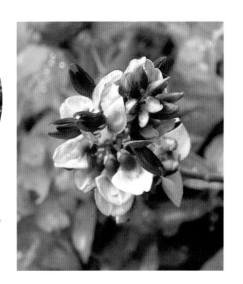

5.3 薜荔

别名：木莲、凉粉果　　科名：桑科

学名：*Flcus pumila* L.

形态特征： 常绿攀缘或匍匐灌木；含乳汁，小枝有棕色绒毛；叶两型，在不结果枝上生不定根，叶卵状心形；结果枝上无不定根，叶革质，卵状椭圆形背面披黄褐色柔毛，网脉明显，凸起成蜂窝状；隐花果单生于叶腋，梨形或倒卵形。

生态习性： 喜温暖湿润气候，耐阴，不耐寒，耐旱。花期4～5月，　果期6月。播种、扦插繁殖。

栽培要点： 选用1年生枝条作为插条，夏季扦插。宜经常施追肥，水分需充足。

园林应用： 墙面绿化、墙垣绿化、立柱式绿化以及山石、台阶、坡面、地面绿化；园林中可用于点缀假山石及绿化墙垣和树干。

5.4 扶芳藤

别名：七里香　　科名：卫矛科

学名：*Euonymus fortunei* (Turcz.)H.–M.

形态特征： 常绿藤本灌木，茎匍匐或攀缘，长可达10m；枝上有细密微突气孔，能随处生根；叶对生，卵形或广椭圆形，革质，浓绿色；聚伞花序，绿白色；蒴果淡黄紫色。

生态习性： 性耐阴，耐寒性不强，能耐干旱瘠薄。花期5～6月，果期10～11月。扦插、播种繁殖。

栽培要点： 对土壤要求不严。扦插繁殖，因其萌芽力强，一般6～7月扦插极易成活。管理粗放。

园林应用： 草坪、墙垣式绿化及山石、台阶、坡面、地面绿化；叶色油绿光亮，入秋变红。庭院中常见地面覆盖植物，也用以掩覆墙面、坛缘、山石或攀缘于老树、花格之上。

5.5 　异叶爬山虎

科名：葡萄科

学名：*Parthenocissus dalzielii* Gagnep.
　　　[*P. heterophylla* (Bl.) Merr.]

形态特征：落叶藤本；营养枝上的叶为单叶，心卵形，
缘有粗齿，花果枝上的叶为具长柄的三出复叶，中间
小叶倒长卵形，侧生小叶斜卵形，基部极偏斜，叶缘有
不明显的小齿或近全缘；聚伞花序常生于短枝端叶腋；果
熟时紫黑色。

生态习性：喜温暖湿润的气候，对土壤要求不严。扦插、压条、播种繁殖。

栽培要点：要求肥力充足，每年施肥 1～2 次。休眠期修剪。

园林应用：墙面绿化、立柱式绿化及山石、坡面、地面绿化；叶密色翠，秋季
叶变红或橙色。用于园林和城市垂直绿化，亦可用作地被植物。

5.6 　三叶爬山虎

别名：三叶地锦、西南地锦　　　科名：葡萄科

学名：*Parthenocissus semicordata* (Wall.)Planch.
　　　[*P. himalayana* (Royle) Planch.]

形态特征：落叶藤本，长达 10m；叶通常为掌状 3 小叶，
中间小叶倒卵形或倒卵状长椭圆形，侧生小叶斜卵形，
略小，叶缘有明显而带尖头的锯齿，表面暗绿色，背面
苍白色，沿脉有短柔毛；聚伞花序常生于短枝端或与叶对
生；果熟时黑褐色。

生态习性：喜温暖湿润的气候，对土壤要求不严。扦插、压条、播种繁殖。

园林应用：墙面绿化、立柱式绿化及山石、台阶、坡面、地面绿化；秋叶红艳
美丽，宜植于庭园观赏，作垂直绿化植物或地被植物。

5.7　爬山虎

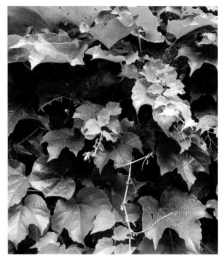

别名：爬墙虎、地锦、飞天蜈蚣　科名：葡萄科

学名：*Parthenocissus tricuspidata* (Sieb. et Zucc.) Planch.

形态特征：落叶藤本。叶广卵形，通常三裂，基部心形，缘有粗锯齿，背面具有白粉，秋季变为鲜红色；聚伞花序常生于短枝顶端两叶之间，花淡黄绿色；浆果小球形，熟时蓝黑色，被白粉。

生态习性：喜阴湿环境，不怕强光，耐寒，耐旱，怕积水，耐贫瘠。花期6月，果期9～10月。播种、扦插、压条繁殖。

栽培要点：对环境适应性极强。扦插，从落叶后至萌芽前均可进行。

园林应用：墙面绿化、立柱式绿化及山石、坡面、地面绿化；枝繁叶茂，层层密布，入秋叶色变红。垂直绿化建筑物的墙壁、假山等。

5.8　葡萄

别名：蒲桃、草龙珠、山葫芦　科名：葡萄科

学名：*Vitis vinifera* L.

形态特征：落叶藤本，长达30m；叶互生，近圆形，3～5掌状裂，缘具粗锯齿；圆锥花序，花小，黄绿色；浆果椭球形或圆球形，熟时黄绿色或紫红色，有白粉。

生态习性：喜光，喜高温，喜干燥。花期4～5月，果期8～9月。扦插、压条、嫁接、播种繁殖。

栽培要点：管理粗放，注意通风和保持土壤的肥沃，也要注意修剪。

园林应用：棚架式绿化；叶形美丽，秋季果实累累。在庭院、公园、疗养院及居住区均可栽植。

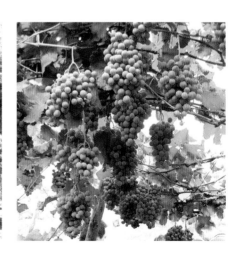

5.9 常春藤

别名：土鼓藤、钻天风、三角风　　科名：五加科

学名：*Hedera nepalensis* K. Koch. var. *sinensis* (Tobl.) Rehd.

形态特征：常绿攀缘藤本；茎枝有气生根，幼枝被鳞片状柔毛；在不育枝上的叶三角状卵形，全缘或 3 浅裂，花枝上的叶椭圆状卵形或椭圆状披针形，全缘；伞形花序单生或 2～7 个顶生，淡黄白色或淡绿白色；浆果圆球形，黄色或红色。

生态习性：性极耐阴，有一定耐寒性。花期 5～8 月，果期 9～11 月。扦插、压条繁殖。

栽培要点：管理粗放，注意通风和保持土壤的肥沃，也要注意修剪。

园林应用：墙面绿化、立柱式绿化及山石、台阶、坡面、地面绿化；枝叶形态雅致。可用以攀缘假山、岩石，或作垂直绿化材料，或作观赏地被栽植，或盆栽。

5.10 忍冬

别名：金银花、金银藤、二色花藤　　科名：忍冬科

学名：*Lonicera japonica* Thunb.

形态特征：半常绿缠绕藤本，长可达 9m；枝细长，中空，皮棕褐色；叶卵状或椭圆状卵形，幼时两面具柔毛，老后光滑；花成对腋生，初开为白色略带紫晕，后转黄色，芳香；浆果球形，黑色。

生态习性：喜光也耐阴，耐寒，耐旱，耐水湿。花期 5～7 月，果期 8～10 月。播种、扦插、压条、分株繁殖。

园林应用：盆架式绿化以及山石、台阶、坡面、地面绿化；植株轻盈，藤蔓缭绕，花期长，芳香，是色香俱备的垂直绿化树种。缠绕篱垣、花架、花廊或附在山石上，或植于山坡。

5.11 山鸡血藤

别名：香花崖豆藤、鸡血藤　　科名：蝶形花科

学名：*Mllletla dielsiana* Harms ex Diels

形态特征：木质藤本，长达 25m；小枝被毛或无毛；小叶 5 枚，革质，卵形、矩圆形至披针形，先端短渐尖而钝，基部钝或浑圆，圆锥花序顶生，粉红色；荚果狭矩圆形，密被锈色茸毛。

生态习性：喜光，也耐阴。花期 8 月。种子、扦插繁殖。

园林应用：盆架式绿化；花粉红可爱。宜栽植于庭院观赏。

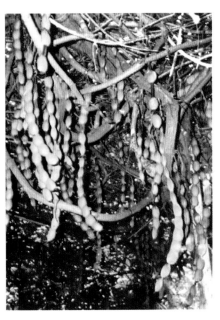

5.12 常春油麻藤

科名：蝶形花科

学名：*Mucuna sempervlrens* Hemsl.

形态特征：常绿木质藤本，长可达 25m；羽状三出复叶，纸质，顶端小叶卵形或长方卵形，两侧小叶长方卵形；总状花序，花大，下垂，花冠深紫色或紫红色，荚果扁平，木质，密被金黄色粗毛。

生态习性：喜半阴环境，喜高温，不耐寒，喜多湿。花期 4～5 月，果期 8～10 月。播种、扦插、压条繁殖。

园林应用：盆架式绿化及山石、台阶、坡面、地面绿化；树形高大，叶片常绿，老茎开花。适宜在庭院或公园中栽植，或攀附建筑物、围墙、陡坡、岩壁等处生长，是棚架和垂直绿化的优良藤本。

5.13 龙须藤

别名：羊蹄藤、乌郎藤、九龙藤　　科名：苏木科

学名：*Bauhlnla championii* (Benth.) Benth.

形态特征：落叶藤本，蔓长 3～10m；茎卷须不分枝，常 2 枚对生；单叶互生；叶片阔卵形或心形，先端 2 浅裂或不裂，裂片尖，基出脉 5～7 条；总状花序，花较小，白色；荚果扁平。

生态习性：喜光照，较耐阴，耐干旱瘠薄。花期 6～10 月，果期 7～12 月。扦插、播种、压条繁殖。

园林应用：绿篱、棚架式绿化、墙垣式绿化；叶形有观赏价值。长江流域以南常作为绿篱植物，或作墙垣、棚架、假山等处攀缘、悬垂绿化材料。

5.14 络石

别名：石龙藤、白花藤、万字茉莉　　科名：夹竹桃科

学名：*Trachelospermum jasminoides* (Lindl.) Lem.

形态特征：常绿木质藤本，长达 10m；具乳汁；节部常生气生根；单叶对生，椭圆形至阔披针形，革质，叶背有毛；聚伞花序腋生，花冠白色，呈片状螺旋形排列，有芳香；果筒状双生。

生态习性：喜光，耐阴，耐旱也耐湿。花期 6～7 月，果期 8～12 月。扦插、压条繁殖。

园林应用：地被植物及山石、台阶、坡面、地面绿化；叶色浓绿，四季常青，花白繁茂且具芳香。宜作常青地被。

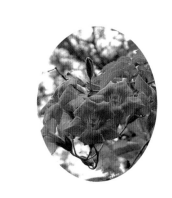

5.15 凌霄花

别名：紫葳、女葳花、中国霄　　科名：紫葳科

学名：*Campsis grandiflora* (Thunb.) K. Schum.

形态特征：木质藤本，长达10m；具气根；树皮灰褐色，呈细条状纵裂；叶对生，奇数羽状复叶，小叶7～9枚，卵形至卵状披针形，边缘有粗锯齿；花序顶生，圆锥状，花大，花冠唇状漏斗形，橘红色；花萼绿色，5裂至中部；蒴果长如豆荚，扁平。

生态习性：喜光，略耐阴，喜温，较耐水湿。花期7～9月，果期8～10月。扦插、压条、分株繁殖。

园林应用：棚架式绿化、墙垣式绿化及山石、台阶、坡面、地面绿化；花大色艳。攀缘墙垣、枯树、盆架等，或点缀于假山间均极适宜。

5.16 美国凌霄

别名：硬骨凌霄、美洲凌霄、洋凌霄　　科名：紫葳科

学名：*Campsis radicans* (L.) Seem.

形态特征：木质藤本，高达40m，干直径可达3m以上，树冠广卵形；树干端直，树冠雄伟壮丽，秋叶鲜黄；喜光，耐寒，耐干旱，不耐水涝，少病虫害；深根性树种，生长较慢。

生态习性：喜光，也稍耐阴，耐寒力较强，耐干旱，也耐水湿。花期6～8月，果期9～10月。播种、扦插、分株繁殖。

园林应用：棚架式绿化、墙垣式绿化及山石、台阶、坡面、地面绿化；红花灿烂如云霞。宜植于庭园、公园，攀缘于枯树、山石、棚架，是优良的绿化庇荫植物。

5.17　中华猕猴桃

别名：猕猴桃、藤梨　　科名：猕猴桃科

学名：*Actlnldla chinensis* Planch.

形态特征：落叶缠绕藤本；叶纸质，圆形，卵圆形或倒卵形，顶端突尖、微凹或平截，缘有刺毛状细齿，背面密生灰棕色星状绒毛；花乳白色，后变黄色，有香气；浆果椭圆形或卵形，有棕色绒毛，黄褐绿色。

生态习性：喜温暖湿润气候，喜光，略耐阴，有一定的耐寒能力。花期6月，果期8～10月。播种繁殖为主。

园林应用：棚架式绿化；花大，美丽而又有芳香。良好的棚架材料，也是园林中观赏结合生产的树种，适宜在园林中配植应用。

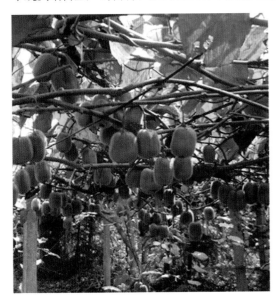

5.18　花叶常春藤

别名：洋爬山虎　　科名：五加科

学名：*Hedera helix* Linn. var. *argenteo − varigata* Hort.

形态特征：常绿攀缘藤本；茎枝有气生根；在不育枝上的叶三角状卵形，全缘或3浅裂，花枝上的叶椭圆状卵形或椭圆状披针形，全缘，叶上具墨绿、水绿、石青和乳白色；伞形花序单生或2～7个顶生，淡黄白色或淡绿白色；果圆球形浆果状，黄色或红色。

生态习性：性喜气候温，喜疏荫环境，不耐严寒酷暑。花期5～8月，果期9～11月。扦插、压条繁殖。

园林应用：墙面绿化、立柱式绿化及山石、地面绿化；叶色绚烂多彩可用以攀缘假山、岩石，或作垂直绿化材料，或作观赏地被或盆栽。

5.19　威灵仙

别名：铁脚威灵仙、百条根、老虎须　　科名：毛茛科

学名：*Clematis chinensis* Osbeck

形态特征：蔓生藤本；新鲜茎光滑无毛，有明显的纵行纤维条纹，茎叶干后变黑色；羽状复叶对生，小叶狭卵形至三角状卵形；圆锥花序腋生或顶生；瘦果狭卵形而扁，疏生柔毛。

生态习性：阴生；耐旱、抗寒性强；花期6～8月，果期9～10月；播种繁殖。

栽培要点：以凉爽、有一定荫蔽度的环境和富含腐殖质的砂质壤土为佳，春天撒播法育苗。

园林应用：于山坡林边、路旁或灌木丛中丛植。

5.20　栝楼

别名：瓜楼、药瓜、杜瓜　　科名：葫芦科

学名：*Trichosanthes kirilowii* Maxim

形态特征：多年生草质藤本；根状茎肥厚，茎多分枝，卷须细长；叶互生，近圆形或心形，通常5～7掌状分裂；花白色，总状花序，单生于叶腋；果实近球形，成熟时金黄色。

生态习性：适应性强，喜阳，也耐半阴；较耐寒、不耐干旱，忌水涝；花期7～8月，果熟期9～10月；多用分根繁殖为主。

栽培要点：选择土层深厚、肥沃的砂质壤土为好，北方在3～4月，南方在10月下旬至12月下旬进行分根繁殖。

园林应用：栝楼掌叶纷披，花白色含清香，果形大，熟时橙红色，久悬不落，宜作绿篱植于高棚大架或墙垣壁隅。

5.21　雀梅藤

别名：对节刺、碎米子　　科名：鼠李科

学名：*Sageretia thea* (Osbeck) Johnst.

形态特征：落叶藤状或直立灌木；小枝灰色或灰褐色，密生短柔毛，有刺状短枝；叶卵形或卵状椭圆形，缘有细锯齿，背面稍有毛；穗状圆锥花序密生短柔毛，花小，绿白色；核果近球形，紫黑色。

生态习性：喜光稍耐阴，不耐寒。花期7～11月，果期翌年3～5月。播种、扦插繁殖。

园林应用：绿篱；在园林中常作绿篱材料，亦常盆栽。

5.22　南五味子

别名：红木香、紫金藤

科名：五味子科

学名：*Kadsura japonica* (Linn.) Dunal

形态特征：常绿藤本，长达4m；单叶互生，革质，椭圆形或长椭圆形，常有透明腺点，表面暗绿色，背面淡紫色而有光泽，缘有疏浅齿；花单生叶腋，花冠白色或淡黄色，具芳香；浆果球形，深红至暗蓝色。

生态习性：喜温暖湿润气候，不耐寒。花期6～7月，果期9～12月。播种、扦插繁殖。

园林应用：棚架式绿化、地被植物；枝叶繁茂，夏有香花，秋有红果。庭院和公园垂直绿化的良好树种。或作地被材料配置于岩石，或植为篱垣。

5.23　小木通

别名：蓑衣藤　　科名：毛茛科

学名：*Clematis armandii* Franch.

形态特征：落叶木质藤本，高达6m；小枝有棱；三出复叶，小叶革质，长椭圆状卵形至卵形；聚伞花序或圆锥聚伞花序顶生或腋生，白色，偶带淡红色；瘦果扁，卵形至椭圆形，疏生柔毛。

生态习性：喜温暖气候，稍耐阴。花期3～4月，果期4～7月。播种、压条、分株繁殖。

园林应用：棚架式绿化及山石、台阶、坡面、地面绿化；花、叶秀美可观。作园林篱垣、花架绿化材料，或令其缠绕树木、点缀山石均适宜，或盆栽。

5.24 云实

别名：云英、天豆、黄牛刺　　科名：苏木科

学名：*Caesalpinia decapetala* (Roth) Alston

形态特征：落叶攀缘性灌木，干皮密生倒钩刺；2回羽状复叶，小叶 12～24，长椭圆形；总状花序顶生，黄色，最内一片有红色条纹；荚果长椭圆形，木质，顶端圆，有喙，沿腹缝线有宽 3～4mm 的狭翅。

生态习性：喜光，略耐阴；不耐寒，耐瘠薄；花期 5 月，果期 8～10 月；常用扦插和播种繁殖。

栽培要点：以排水良好、土层深厚的砂质壤土较好，3～5 月均可繁殖。

园林应用：云实似藤非藤，别有风恣，花金黄色，繁盛，既可攀缘花架、花廊，也可修成刺篱作屏障，或修整成藻木状孤植于山坡或草坪一角。

5.25 老虎刺

别名：倒钩藤、三棵针、刺檀香　　科名：苏木科

学名：*Pterolobium punctatum* Hemsl.

形态特征：披散状或攀缘性常绿藤本，长 7～15m；枝条与叶轴具下弯的刺。二回羽状复叶，羽片 20～28 个，每羽片有小叶 20～30 个；小叶长椭圆形，微偏斜，长约 1cm，宽约 3～4mm，先端微缺，基部斜圆形，两面皆疏被短柔毛或变无毛。圆锥花序顶生；萼片 5，长椭圆形，基部合生，长约 5～6mm；花瓣 5，与萼几等长，白色；雄蕊 10。荚果椭圆形，扁平，长约 5cm，宽约 1cm，顶端的一侧具膜质红色翅。

生态习性：喜光，耐阴湿；喜温暖气候；酸性土，钙质土均可生长，花期 6～8 月，果期 10～12 月；常用播种繁殖。

栽培要点：苗移栽后需要适当遮阴，成活后可粗放管理。播种繁殖。

园林应用：夏日花白，秋日枝叶浓绿，翅果鲜红、艳丽，别有风姿，可作攀缘花架、花廊及围篱，或做山石绿化植物。

5.26 珍珠莲

别名：匍茎榕、凉粉树、岩石榴　　科名：桑科

学名：*Flcus sarmentosa* var. *henryi* (King et Oliv.) Corn.

形态特征：攀缘或匍匐状常绿灌木；叶革质，长椭圆形
或长椭圆形披针形，背面密被褐色柔毛或长柔毛，网脉隆
起成蜂窝状；隐花果成对腋生，近球形，表面密被褐色长
柔毛。

生态习性：耐阴也喜光，不耐旱。播种或插条繁殖。

园林应用：墙面绿化及山石、台阶、坡面、地面绿化；用作垂直绿化材料，可
种植于园林中的岩石边或坡地。

5.27 粉叶羊蹄甲

别名：拟粉叶羊蹄甲　　科名：苏木科

学名：*Bauhlnla glauca* Wall.

形态特征：落叶木质藤本；卷须稍扁，旋卷；叶纸质，
近圆形，两裂达中部或更深裂，裂片卵形，背面粉白
色，疏被柔毛，基出脉 9～11 条；伞房花序式的总状
花序顶生或与叶对生，花密集，花瓣白色，边缘皱波状；
荚果带状。种子卵形，扁平。

生态习性：不耐旱，不耐涝。花期 4～6 月，果期 7～9 月。种子、插条繁殖。

园林应用：地被植物；叶、花有观赏价值。植于庭园观赏。

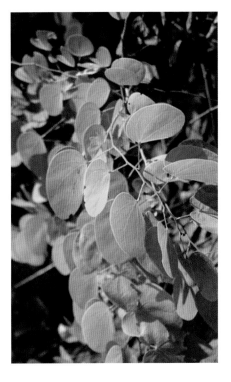

5.28 花叶络石

科名：夹竹桃科

学名：*Trachelospermum jasminoides* cv. Variegatum

形态特征：常绿攀缘藤本，具气生根；叶对生，薄革质，营养枝的叶披针形，
花枝的叶椭圆形或卵圆形，深绿色，聚伞花序腋生，花白色，花瓣排成右旋风
车形；蓇葖果双生，条状披针形，紫
黑色。

生态习性：喜光，耐阴，耐干旱，不
耐水淹。花期 5 月，果期 11 月。播种、
扦插、压条繁殖。

园林应用：地被植物及山石、台阶、
坡面、地面绿化；叶色多样，四季常青，
花白繁茂且具芳香。宜作常青地被。

5.29　金樱子

别名：刺榆子、刺梨子、金罂子　　科名：蔷薇科

学名：*Rosa laevigata* Michx.

形态特征：常绿蔓性灌木，无毛；小枝除有钩状皮刺外，密生细刺；小叶椭圆状卵形或披针状卵形，边缘有细锯齿，背面沿中脉有细刺；花单生侧枝顶端，白色；果近球形或倒卵形，有细刺。

生态习性：喜光，喜温暖湿润气候；花期 5 月，果期 9～10 月；以播种繁殖为主。

栽培要点：以排水良好，土层深厚、肥沃、富含腐殖质的壤土为好，于春季 2～3 月或初冬 10～11 月定植。

园林应用：金樱子园林应用范围较广，可孤植修剪成灌木状，也可攀缘墙垣、篱栅作垂直绿化材料。

5.30　木防己

科名：防己科

学名：*Cocculus orbiculatus* (L.) DC.

形态特征：草质或近木质缠绕藤本，幼枝密生柔毛；叶形状多变，卵形或卵状长圆形；花淡黄色，聚伞状圆锥花序顶生；核果近球形，两侧扁，兰黑色，有白粉。

生态习性：阳生，喜光；耐寒，耐干旱，稍耐盐碱；花果期 5～10 月；种子繁殖。

栽培要点：喜深厚肥沃湿润的土壤。

园林用途：观花、观果，可作篱架攀缘绿化，也可作草坪及地被栽植。

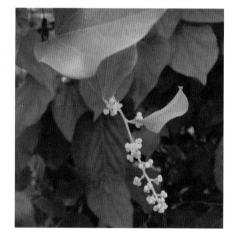

5.31　石南藤

别名：爬岩香、巴岩香、蓝藤　　科名：胡椒科

学名：*Piper wallichii* (Miq.) H.–M.

形态特征：攀缘藤本；枝有纵棱，茎圆柱形，略扁，有分枝；叶椭圆形至卵状披针形，气微香，味辛辣；穗状花序与叶对生；浆果球形。

生态习性：喜凉爽湿润的气候，较耐寒、耐半阴、耐干旱脊薄，不耐涝；花期 5～6 月；以分株繁殖为主。

园林应用：作篱架、附石及攀爬墙垣材料。

栽培要点：以深厚、肥沃、富含腐殖质的夹砂土较好，于 3～4 月进行繁殖。

5.32 钩藤

别名：大钩丁、双钩藤

科名：茜草科

学名：*Uncaria rhynchophylla* (Miq.) Jacks.

形态特征：常绿木质藤本；小枝四方形，变态枝钩状；叶对生，卵状披针形或椭圆形；头状花序；蒴果倒卵状椭圆形。

生态习性：适应性强，喜温暖、湿润、光照充足的环境；不耐严寒；花期6～7月。果期10～11月；以种子繁殖为主。

园林应用：绿篱、墙壁绿化。

栽培要点：在土层深厚、肥沃疏松、排水良好的土壤上生长良好，秋季播种。

5.33 马兜铃

别名：水马香果、蛇参果　　科名：马兜铃科

学名：*Aristolochia debilis*

形态特征：草质藤本；茎柔弱，无毛；叶互生，卵状三角形、长圆状卵形或戟形，基出脉明显，长3～6cm，基部宽1.5～3.5cm，先端钝圆或短渐尖，基部心形，两侧裂片圆形，下垂或稍扩展；花单生或2朵聚生于叶腋；蒴果近球形，先端圆形而微凹，具6棱，成熟时由基部向上沿空间6瓣开裂。

生态习性：喜光，稍耐阴；耐寒，耐旱，怕涝；花期7～8月，果期9～10月；以播种繁殖为主。

栽培要点：宜在湿润而肥沃的砂质壤土或腐殖质壤土中种植，晚秋或翌年春播种繁殖。

园林应用：在园林中宜片植，作地被植物，亦可用于攀缘低矮栅栏作垂直绿化材料。

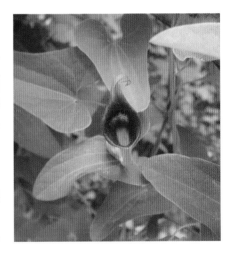

5.34 绿叶地锦

别名：绿爬山虎、青龙藤、五盘藤　　科名：葡萄科

学名：*Parthenocissus laetevirens* Rehd.

形态特征：小枝圆柱状或者具显眼的纵脊，幼时具短柔毛，后脱落，具卷须；指状复叶，小叶倒卵状椭圆形或倒卵状披针形；圆锥状多歧聚伞花序假顶生；种子倒卵球形，基部急尖成短喙，先端圆形。

生态习性：喜阴湿；性耐寒；花期7～8月，果期9～11月；以扦插繁殖为主。

栽培要点：一般土壤均能种植，忌积水，3～4月栽种。

园林应用：垂直绿化。

六、
竹类植物（13种）

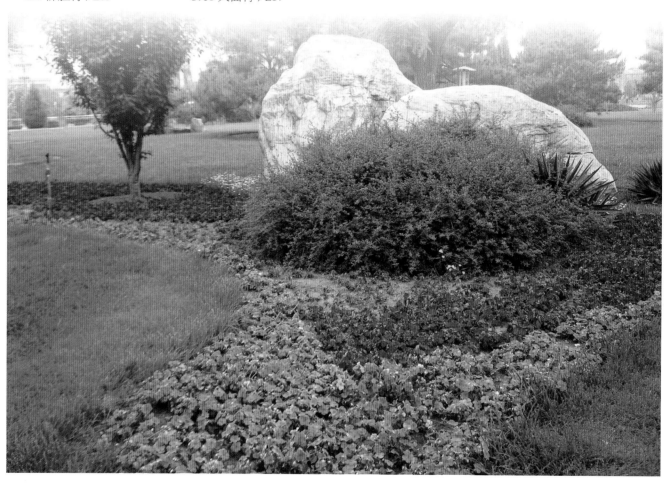

6.1 粉单竹

别名：单竹　　科名：禾本科竹亚科

学名：*Bambusa chunguii* Mccl.

形态特征：高 3～10m，最高可达 16～19m，径约 5cm；秆直立，幼秆密被白粉；节间圆柱形，淡黄绿色，被白粉，秆环平坦；箨鞘坚硬，鲜时绿黄色，被白粉，背面遍生淡色细短毛；箨叶反转，卵状披针形，近基部有刺毛；每小枝有叶 4～8 枚，叶片线状披针形。

生态习性：喜温暖湿润气候。移鞭繁殖。

园林应用：风景林、专类园；竹丛疏密适中，姿态挺拔秀丽。列植、丛植或林植于庭院、道路、山坡及溪边。

6.2 凤尾竹

别名：观音竹、米竹　　科名：禾本科竹亚科

学名：*Bambusa multiplex* (Lour.) Raeusch. cv. 'Femleaf'.

形态特征：丛生竹，较高大，高 3～6m；秆中空；小枝弯曲下垂，9～13 小叶排生于枝的两侧，似羽状。

生态习性：喜温暖湿润气候，喜光，稍耐阴。分株、扦插繁殖。

园林应用：绿篱、地被植物、专类园；株丛密集，叶细纤柔，宛如凤尾。丛植或群植于堤岸，亦可用作庭院观赏或作绿篱。

6.3　孝顺竹

别名：凤凰竹、蓬莱竹、慈孝竹　　科名：禾本科竹亚科

学名：*Bambusa multiplex* (Lour.) Raeusc ex J. A. et J. H. Schult.

形态特征：丛生竹，秆高达 38m，径 1～3cm；秆直立密生；节间圆柱形，上部有白色或棕色刚毛，绿色，老时变黄；枝条多数簇生于一节，每小枝着叶 5～10 片，叶片线状披针形或披针形，叶背粉白色，叶质薄。

生态习性：喜温暖、湿润环境，喜光稍耐阴，不甚耐寒。移植母竹（分兜栽植）繁殖为主。

园林应用：绿篱、专类园；竹秆丛生，四季青翠，形似花篮或喷泉，姿态秀美。丛植庭园观赏，或栽植于建筑、道路、河岸、假山两旁或围墙边缘作绿篱。

6.4　小琴丝竹

别名：花孝顺竹　　科名：禾本科竹亚科

学名：*Bambusa multiplex* (Lour.) Raeuschel cv. Alphonse-Karr. (Mitf.) Young.

形态特征：常绿乔木，高度达 20m，胸径达 3.5m；树冠圆锥形变广圆形；叶两种，鳞叶交互对生，刺叶 3 枚轮生、上面微凹、有 2 条白色气孔带；果球形、褐色、被白粉。

生态习性：喜光但耐阴性很强，耐寒、耐热，对多种有毒气体有一定的抗性。深根性树种，生长速度中等。花期 4 月下旬，果期次年 10～11 月。种子和扦插繁殖为主。

园林应用：行道树、独赏树、绿篱；老树奇姿古态，良好的观树形树种。可用作盘扎整形或盆景材料。

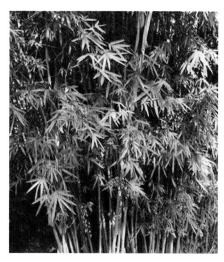

6.5 佛肚竹

别名：佛竹、密节竹　　科名：禾本科竹亚科

学名：*Bambusa ventricosa* McClure.

形态特征：秆二形，正常秆高8～10m，径35cm，下部呈"之"字形曲折，节间长，圆柱形；畸形秆矮而粗，节间短，下部节间膨大呈瓶状；箨鞘，初时深绿色，老后变成橘红色；箨叶卵状披针形；每小枝具叶7～13枚，叶卵状披针形至长圆状披针形，背面被柔毛。

生态习性：喜温暖湿润气候，喜光，不耐寒，不耐旱。分株繁殖为主。

园林应用：专类园；枝叶四季常青，节间膨大，状如佛肚，形状奇特。在湖南宜丛植于冬季冰冻较小的东南向或四面围合的庭院内，或盆栽。

6.6 黄金间碧玉

别名：黄皮刚竹、黄皮绿筋竹、金竹　　科名：禾本科竹亚科

学名：*Bambusa vulgaris* Schrad cv. 'Vittata'.

形态特征：丛生竹，秆高6～15m，径4～6cm；竿直立，鲜黄色，间以绿色纵条纹，节间圆柱形，节凸起；箨鞘背部密被暗棕色短硬毛，易脱落；箨叶直立，卵状三角形，腹面具暗棕色短硬毛；叶披针形或线状披针形。

生态习性：喜温暖湿润气候。移植母竹或竹苑栽植。

园林应用：风景林、专类园；竹大劲直，风姿独特，加之竹竿鲜黄色，间以绿色纵条纹，美丽挺拔。宜丛植于庭园内池旁、亭际、窗前，或叠石之间。

6.7　青皮竹

别名：篾竹、山青竹、地青竹、黄竹　　科名：禾本科竹亚科

学名：*Bambusa textiles* McClure.

形态特征：秆高达9～12m，径35cm；竿直立，幼时被白粉并密生向上淡色刺毛，节上簇生分枝；箨环倾斜，箨鞘厚革质，坚硬光亮；箨叶直立，长三角形或卵状三角形，背面无毛，腹面粗糙；小枝上具叶片8～12枚，叶片披针形。

生态习性：温暖湿润气候。笋期5～9月。移植母竹繁殖。

园林应用：风景林、专类园；竹竿密集，枝稠叶茂，绿荫成趣。丛植或群植于庭院、公园、房前屋后。

6.8　慈竹

别名：钓鱼竹、茨竹、甜慈　　科名：禾本科竹亚科

学名：*Neoslnocalamus affinis* (Rendle) Keng f.

形态特征：秆高5～10m，顶端细长作弧形或下垂如钓丝，节间长达60cm；箨鞘革质，稍呈"山"字形；箨叶直立或外翻，披针形，先端渐尖，基部收缩成圆形，腹面密被白色小刺毛，背面之中部亦疏生小刺毛。

生态习性：喜温暖湿润气候，干旱瘠薄处生长不良。移植母竹繁殖。

园林应用：风景林、专类园；秆丛生，枝叶茂盛秀丽。丛植或群植于庭园内。

6.9　阔叶箬竹

别名：寮竹、箬竹、亮箬竹　　科名：禾本科竹亚科

学名：*Indocalamus latifolius* McClure.

形态特征：秆高约 1m，节间长 5 ～ 22cm；秆箨宿存，质坚硬，背部有紫棕色小刺毛；每小枝具叶 1 ～ 3 片，长椭圆形，表面无毛，背面灰白色，略生微毛，叶缘粗糙。

生态习性：喜光耐半阴，较耐寒，喜湿耐旱。播种、分株、埋鞭繁殖。

园林应用：地被植物、基础种植；植株低矮。丛植于园林中栽植观赏或植于小溪和河堤边，或作地被绿化材料。

6.10　人面竹

别名：罗汉竹　　科名：禾本科竹亚科

学名：*Phyllostachys aurea* Carr. ex.A. et C. Riv.

形态特征：秆直，高 5 ～ 12m，粗 2 ～ 5cm，幼时被白粉，无毛，成长的竿呈绿色或黄绿色；中部节间长 15 ～ 30cm，基部或有时中部的数节间极短，竹秆下部节间肿胀或节环交互歪斜；箨鞘背面黄绿色或淡褐黄带红色，背部有褐色小斑点或小斑块；箨叶狭长三角形；叶片狭长披针形或披针形。

生态习性：喜温暖湿润气候，耐寒性较强。分株繁殖为主。

园林应用：风景林、专类园；竹秆奇特。丛植于庭院观赏。

6.11 桂竹

别名：刚竹、月季竹、麦黄竹　　科名：禾本科竹亚科

学名：*Phyllostachys bambusoides* Sieb. et Zucc.

形态特征：秆高达 18m，径达 14cm，中部节间长达 40cm；秆绿色，秆环和箨环均隆起；箨叶三角形至带形，橘红色，边缘绿色，皱折下垂；叶长椭圆状披针形，下面粉绿色。

生态习性：笋期 6 月。分株繁殖为主。

园林应用：风景林、专类园；群植或林植于石山旁，或有硬质地面的屋旁。

6.12 毛竹

别名：楠竹、孟宗竹　　科名：禾本科

学名：*Phyllostachys heterocycla* (Carr.) Mitford cv. 'pubescens'.

形态特征：秆大型，高可达 20m 以上，粗达 18cm；箨鞘厚革质，密被糙毛和深褐色斑点和斑块；箨叶狭长三角形，向外反曲；枝叶两列状排列，每小枝保留 2～3 叶，叶小，披针形。

生态习性：喜温暖湿润气候。笋期 3～5 月。播种、分株、埋鞭繁殖。

园林应用：风景林、专类园；四季常青，秀丽挺拔。丛植于水池、建筑旁，或林植于风景区。

6.13 紫竹

别名：黑竹、乌竹　　科名：禾本科

学名：*Phyllostachys nigra* (Lodd ex Lindl.) Munro.

形态特征：散生竹，秆高 4～10m，径 2～5cm；新秆绿色，老秆则变为棕紫色至紫黑色；箨鞘淡玫瑰紫色，背部密生毛；箨叶三角状披针形，绿色至淡紫色；叶片 2～3 枚生于小枝顶端；叶片披针形，质地较薄。

生态习性：喜温暖湿润气候，喜光，稍耐寒。分株繁殖为主。

园林应用：专类园；竹秆紫黑，叶翠绿，颇具特色。丛植或群植于石景旁或庭院中。

七、

一二年生草本 (33种)

羽衣甘蓝

别名：叶牡丹、牡丹菜、花菜　　科名：十字花科

学名：*Brasslca oleracea* L.var. *acephala* L. f. *tricolor* Hort.

形态特征：二年生草本，株高 30～60cm，植株形成莲
座状叶丛；叶片宽大匙形，被有白粉，深度波状皱褶，
有淡红、紫红、白、黄等色；总状花序顶生，花葶比
较长；长角果圆柱形，种子球形。

生态习性：喜冷凉气候；喜光；极耐寒，耐热性也很强，
耐盐碱，喜肥沃土壤；花期 4～5 月；以播种繁殖为主。

栽培要点：肥料以底肥为主，追肥在 10 月上旬进行。

园林应用：观叶植物，叶色鲜艳，可作为花坛、花境的布置材料及盆栽观赏。

三色堇

别名：三色堇菜、蝴蝶花、人面花、猫脸花　　科名：堇菜科

学名：*Viola tricolor* L. var. *hortensis* DC.

形态特征：多年生作二年生栽培，株高 10～40cm；茎光滑多
分枝；叶互生，基生叶圆心脏形，茎生叶较狭，托叶羽状深裂；
花大，腋生，下垂，花瓣五枚，呈蝴蝶状，花色有紫、白、黄
三色；蒴果椭圆形。

生态习性：较耐寒；喜凉爽，略耐半阴，要求肥沃湿润的砂壤
土。花期 4～7 月，果期 5～8 月；播种繁殖。

栽培要点：忌高温。取植物基部抽生的枝条进行扦插繁殖。

园林应用：观赏花卉，宜植于花坛、花境、花池、岩石园、野趣园，或作地被，
亦可盆栽。

7.3　石竹

别名：中国石竹、洛阳花、石竹子花　　科名：石竹科

学名：*Dianthus chinensis* L.

形态特征：多年生作一二年生栽培，株高15～75cm；茎直立，节部膨大；单叶互生，线性披针形，基部抱茎；花芳香，单生或数朵呈聚伞花序，有白、粉红、鲜红等色；蒴果矩圆形或长圆形；种子扁圆形，黑褐色。

生态习性：喜阳光充足、干燥、通风及凉爽湿润气候；耐寒，耐干旱，要求肥沃、疏松、排水良好及含石灰质的壤土或砂质壤土；花期5～9月，果期6～10月；常用播种、扦插和分株繁殖。

园林应用：宜花坛、花境、花台栽植或盆栽，也可用于岩石园和草坪边缘点缀。

7.4　大花马齿苋

别名：太阳花、半支莲、洋马齿苋　　科名：马齿苋科

学名：*Portulaca grandiflora* Hook

形态特征：一年生肉质草本，株高20～30cm；茎下垂或匍匐生长；叶圆柱形；花单朵或数朵簇生枝顶，有白、淡黄、黄、橙、粉红、紫红或具斑嵌合色；蒴果盖裂，种子细小。

生态习性：喜温暖向阳环境；耐干旱，不择土壤，但以疏松、排水良好、湿润为最好；花期6～10月；以播种繁殖为主。

园林应用：宜植于花坛、花境、路边、岸边、岩石园、窗台、花池，或与草坪组合形成模纹效果，亦可盆栽。

7.5 红叶甜菜

别名：若迭菜、红恭菜、紫菠菜　　科名：藜科

学名：*Beta vulgaris* L. cv. 'Dracaenifolia'

形态特征：多年生作二年生栽培；主根直立；叶片呈暗紫红色，菱形，全缘。叶在根颈处丛生，叶片长圆状卵形，全绿、深红或红褐色，肥厚有光泽；花茎自叶丛中间抽生，花小，单生或2～3朵簇生叶腋；胞果，种子细小。

生态习性：喜光，较耐阴，耐寒力较强，对土壤要求不严，适应性强，在排水良好的砂壤土中生长较佳；花、果期5～7月；播种繁殖。

园林应用：紫红色的叶片整齐美观，可作露地花卉，布置花坛，也可盆栽。

7.6 地肤

别名：扫帚草、地麦、落帚　　科名：藜科

学名：*Kochia scoparia* (L.) Schrad. f. *trichophylla* (Hort.) Schinz et Thell.

形态特征：一年生草本，高50～150cm；茎直立，多分枝；叶片线形或披针形，两端均渐狭细，无毛或有短柔毛；花1～2朵生于叶腋，花被5裂，下部联合；胞果扁球形。

生态习性：喜光；喜温暖气候，耐寒，适宜碱性壤土；花期7～9月，果期8～10月；播种繁殖。

园林应用：布置花坛、花境、花丛的植物材料，也可盆栽。

7.7　鸡冠花

别名：鸡冠、鸡髻花、老来红　　科名：苋科

学名：*Celosia cristata* L. [*C. argentea* L. var. *cristata* (L.) Kuntze]

形态特征：一年生草本，株高 40～100cm；茎直立粗壮；叶互生，长卵形或卵状披针形；肉穗状花序顶生，呈扇形、肾形、扁球形等，花有白、淡黄、金黄、淡红、火红、紫红、棕红等色；胞果卵形，种子黑色有光泽。

生态习性：喜高温、全光照且空气干燥的环境；较耐旱，不耐寒，喜疏松肥沃、腐殖的砂质壤土。种子繁殖为主。

栽培要点：小苗经 1 次移植后定植。适时施肥、浇水，及时中耕除草。

园林应用：适宜作切花，也可植于花坛、花境、花丛或盆栽观赏。

7.8　千日红

别名：百日红、千金红、百日白　　科名：苋科

学名：*Gomphrena globosa* L.

形态特征：一年生直立草本，高 20～60cm；全株被白色硬毛；叶对生，纸质，长圆形；头状花序顶生，紫红色，圆球形或椭圆状球形，苞片和小苞片紫红色、粉红色、乳白色或白色；胞果不开裂。

生态习性：对环境要求不严，但性喜阳光、炎热干燥气候，适生于疏松肥沃、排水良好的土壤；花期 7～10 月；以播种繁殖为主。

栽培要点：发芽适温为 16～23℃浇水、施肥不可过多。花后应及时修剪，以便重新抽枝开花。栽培容易，管理粗放。

园林应用：花坛、花境材料，也可作切花或干花材料。

7.9　凤仙花

别名：指甲花、急性子　　科名：凤仙花科

学名：*Impatiens balsamina* L.

形态特征：一年生草本，高20～80cm；茎直立，光滑多分枝；叶狭至阔披针形，缘有锯齿，柄两侧具腺体；花单朵或数朵着生于上部密集叶腋，有白、黄、粉、紫、深红等色或具斑点；蒴果尖卵形。

生态习性：喜阳光充足、温暖气候；耐炎热，喜土壤深厚、排水良好、肥沃的砂质壤土；花期6～9月，果期7～10月；种子繁殖。

园林应用：可作花坛、花境材料，为篱边庭前常栽草花。

附种：

7.10　重瓣凤仙花 *Impatiens balsamina* L. f. 'Plena'，花多重瓣。

7.11　矮凤仙花 *Impatiens balsamina* L. f. 'Plena nana'，分支矮。

重瓣凤仙花

矮凤仙花

凤仙花

7.12　华凤仙

别名：水指甲花、象鼻花　　科名：华凤仙科

学名：*Impatiens chinensis* L.

形态特征：一年生草本，高30～60cm。茎下部伏地，生根，上部直立，节上有2至多枚托叶状的刺毛。叶对生，线形或线状长圆形至倒卵形，先端短尖或钝，基部浑圆或近心形，边缘有疏离的小硬尖刺；叶柄极短或无柄。花粉红色或白色，腋生，单生或数个聚生，径约1～2cm；花梗长；外面的萼片延伸成细尾状，并内弯成钩形；旗瓣圆形，渐尖，翼瓣半边倒卵形，基部一侧有耳。蒴果椭圆形，中部膨大。

生态习性：花期夏季。

栽培要点：生于潮湿地或水边、田边。

园林应用：可作花坛、花境材料，装点庭院，或盆栽。

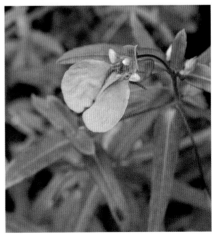

7.13 紫茉莉

别名：胭脂花、草茉莉、烧汤花、茉牛花、地雷花　　科名：紫茉莉科

学名：*Mirabilis jalapa* L.

形态特征：多年生作一年生栽培，高可达 1m；主枝直立；单叶对生，叶片卵形或卵状三角形；花常数朵簇生枝端，花被紫红色、黄色、白色或杂色，有香气；花冠漏斗形，边缘有波状浅裂；瘦果球形，黑色，种子白色。

生态习性：喜温和而湿润的气候；喜光；略耐阴，不择土壤，不耐寒；花期6～10月，果期8～11月；以播种繁殖为主。

园林应用：观赏价值较高的花卉植物，可丛植于房前、屋后、篱垣、疏林旁。

7.14 雏菊

别名：延命菊、春菊、马兰头花　　科名：菊科

学名：*Bellis perennis* L.

形态特征：多年生宿根草本作一二年生栽培，株高10～20cm；叶基部簇生，长匙形或倒卵形，边缘具皱齿；花茎自叶丛中央抽出，头状花序单生丁茎顶，舌状花有白、粉、蓝、红、粉红、深红或紫红，筒状花黄色；瘦果，种子扁平状。

生态习性：喜冷凉、湿润和阳光充足的环境；较耐寒，不耐水湿；花期暖地2～3月，寒地4～5月；以播种繁殖为主。

园林应用：装饰花坛、花境、花带的重要材料，或用来装点岩石园，可植于草地边缘，也可盆栽作室内观赏。

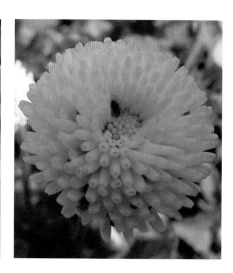

金盏菊

别名：金盏花、长生菊　　科名：菊科

学名：*Calendula officinalis* L.

形态特征：多年生作一二年生栽培，株高 30～60cm；
全株被毛；叶互生，长圆形或长圆状倒卵形，基部抱
茎；头状花序单生，花梗粗壮，舌状花有黄、橙、橙红、
白等色；瘦果弯曲。

生态习性：喜阳光充足的凉爽环境，耐瘠薄土壤和干旱，
但以肥沃、疏松和排水良好的砂质壤土最适宜；花期 4～6 月，
果熟期 5～7 月；以播种繁殖为主。

园林应用：重要的花坛、花境材料，也可作切花栽培。

7.16 翠菊

别名：江西腊、蓝菊、五月菊、七月菊　　科名：菊科

学名：*Callistephus chinensis* (L.) Nees

形态特征：一年生直立草本花卉，株高 30～90cm；茎具白色糙毛；叶互生，
广卵形至匙形，叶缘具不规则的粗锯齿；头状花序较大，单生枝顶，舌状花常
为紫色，管状花为黄色，瘦果楔形。

生态习性：喜凉爽环境；不耐寒，要求肥沃、排水良好的土壤．花期 7～10 月；
以种子繁殖为主。

园林应用：栽植于花坛、花境，或盆栽。

别名：千日莲　　科名：菊科

学名：*Cineraria cruenta* Mass

形态特征：多年生作一二年生栽培；叶大，叶片心脏状卵形，硕大似瓜叶，叶面皱缩，叶缘波状有锯齿，掌状脉，头状花序簇生成伞房状生于茎顶，花色有红、白、蓝、紫各色或具斑点；瘦果黑色纺锤形。

生态习性：喜温暖湿润气候；不耐寒，在肥沃、富含有机质、湿润、排水良好的砂质壤土上生长良好；花期12月至翌年2月；以播种繁殖为主。

园林应用：冬春季最常见的盆花，可移栽于露地布置早春花坛。

7.18 　大波斯菊

别名：波斯菊、秋英、秋樱、扫帚梅　　科名：菊科

学名：*Cosmos bipinnatus* Cav.

形态特征：一年生草本植物，株高60～100cm；茎直立，分枝较多；单叶对生，二回羽状全裂，裂片狭线形；头状花序着生在细长的花梗上，顶生或腋生，舌状花1轮，花瓣尖端呈齿状，花瓣8枚，有白、粉、深红色，中间筒状花均为黄色；瘦果有喙。

生态习性：喜阳光；不耐寒，怕霜冻，忌酷热，耐瘠薄土壤，肥水过多易徒长而开花少，甚至倒伏；花期8～10月；常以播种繁殖。

园林应用：适于布置花境，宜在草地边缘、树丛周围及路旁成片栽植作地被材料。

  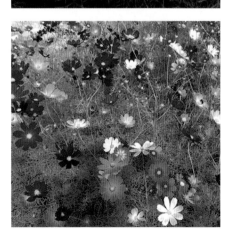

7.19　万寿菊

别名：臭芙蓉、臭菊　　科名：菊科

学名：*Tagetes erecta* L.

形态特征：一年生草本花卉，株高 20～90cm；茎粗壮直立，叶羽状全裂，裂片披针形，有油腺；头状花序顶生，花色为黄、橙黄、橙色；瘦果黑色有光泽。

生态习性：喜温暖；在多湿、酷暑下生长不良，亦较耐干旱，对土壤要求不严；花期 6～10 月；以种子繁殖为主。

栽培要点：幼苗期生长迅速，应及时间苗。对肥、水要求不严，在土壤过分干旱时应适当灌水。

园林应用：宜植于花坛、花境、林缘或作切花。

7.20　孔雀草

别名：红黄菊、小花万寿菊　　科名：菊科

学名：*Tagetes patula* L.

形态特征：一年生草本花卉，株高 30～40cm；叶对生，羽状分裂，裂片披针形，叶缘有明显的油腺点；头状花序，花外轮为暗红色，内部为黄色。

生态习性：喜阳光；但在半阴处栽植也能开花，对土壤要求不严；花期 5～10 月；用播种和扦插繁殖均可。

园林应用：宜作花坛边缘材料或用于布置花丛、花境，也可盆栽和作切花。

7.21 百日菊

别名：百日草、步步登高　　科名：菊科

学名：*Zinnia elegans* Jacq

形态特征：一年生草本，株高 30～90cm；全株有长毛；叶十
字对生，基部抱茎；头状花序顶生，花有红、橙、黄、白及之
间各色；瘦果扁平。

生态习性：喜温暖阳光；较耐干旱与瘠薄土壤；花期 6～10 月；
以播种繁殖为主。

栽培要点：发芽适宜温度为 20～25℃，此条件下，7～15 天萌发，
播后 70 天左右开花。真叶 2～3 片时移植，4～5 片时摘心，经 2～3 次移植
后可定植。追肥以磷肥为主。

园林应用：常用来作花坛、花境、花带及花丛等，或盆栽观赏。

7.22 风毛菊

别名：八棱麻、八楞麻、三棱草　　科名：菊科

学名：*Saussurea japonica*

形态特征：二年生草；茎直立粗壮，具纵棱，疏被细毛和腺毛；基生叶具长柄，
叶片长椭圆形，羽状深裂，茎生叶由
下自上渐小，椭圆形或线状披针形，
羽状分裂或全缘，基部有时下延成翅
状；头状花序密集成伞房状，紫红色；
瘦果长椭圆形。

生态习性：阳性，喜凉爽，忌酷热；
极耐寒，耐贫瘠；花期 6～8 月；以
种子繁殖为主。

栽培要点：喜非酸性土壤。

园林应用：花丛、花境或林缘地被植物。

7.23　美女樱

别名：麻绣球、铺地锦　　科名：马鞭草科

学名：*Verbena hylerida* Voss.

形态特征：多年生作一二年生栽培，高 30～40cm；全株具灰色柔毛；茎四棱，半蔓生性，匍匐状；叶对生，长圆形、卵圆形或披针状三角形，边缘具缺刻状粗齿或整齐的圆钝锯齿；聚伞花序顶生或腋生，有白、粉红、深红、紫、蓝等不同颜色，略具芬芳。

生态习性：喜阳光充足，对土壤要求不严，但适宜肥沃而湿润的土壤，有一定的耐寒性，但夏季不耐干旱；花期 6～9 月；播种繁殖为主。

栽培要点：秋播或春播均可。若栽培条件完善，四季均可扦插。

园林应用：可以栽种花坛、花带、花丛。

7.24　一串红

别名：墙下红、草象牙红、爆竹红　　科名：唇形科

学名：*Salvia splendens* Ker-Gawl.

形态特征：多年生作一二年生栽培，株高 50～80cm；茎直立，光滑有四棱；叶对生，卵形，边缘有锯齿；轮伞状总状花序着生枝顶，苞片红色，花瓣衰落后花萼宿存，鲜红色，花有鲜红、粉、红、紫、淡紫、白等色。

生态习性：喜阳光充足；也稍耐半阴，不耐寒，喜疏松肥沃土壤；花期 7～10 月。以播种繁殖为主。

栽培要点：光照充足有助于种子发芽。空气干燥时，除须经常喷水外，还可以加盖塑料薄膜以保持湿度。扦插容易控制植株徒长和花期。盆栽时前期不喜水多。

园林应用：花坛的主要材料，也可作花带、花台等应用，还可以作盆栽观赏。

7.25 蓝花鼠尾草

别名：一串紫　　科名：唇形科

学名：*Salvia splendens* var. *atropurpura*

形态特征：直立一年生草本；全株具长软毛，株高30～50cm；叶对生，卵形，边缘有锯齿；顶生轮伞状总状花序，蓝紫色；小坚果卵形。

生态习性：喜温暖、湿润、阳光充足；适应性较强，不耐寒；花期7～10月，果期10～11月；以播种繁殖为主。

栽培要点：对土壤要求一般，较肥沃即可，春季3～6月播种。

园林应用：花境、花坛和大型绿地配景。

7.26 彩叶草

别名：锦紫苏、洋紫苏、五彩苏、老少年　　科名：唇形科

学名：*Coleus blumei* Benth.

形态特征：多年生作一二年生栽培，株高50～80cm；全株有毛；单叶对生，菱状卵形，有粗锯齿，两面有软毛，叶具多种色彩，有淡黄、桃红、朱红、紫等色彩鲜艳的斑纹；总状花序顶生，花小，浅蓝色或浅紫色。

生态习性：喜温暖及湿润的环境；喜光；要求疏松肥沃、排水良好的土壤，较为耐寒；花期夏、秋；常采用播种或扦插繁殖。

栽培要点：适宜春、秋季进行繁殖。

园林应用：观叶植物，是花坛、花境的良好材料，特别适用于模纹花坛，盆栽观赏也极佳。

7.27　柳穿鱼

别名：小金鱼草　　科名：玄参科

学名：*Linaria maroccana*.

形态特征：一年生草本，株高 20～30cm；叶对生，长条形，全缘，植株下部叶轮生；总状花序顶生，花冠青紫色，下唇在喉部向上隆起，有小黄斑，花冠长约 2.5cm。

生态习性：喜凉爽，喜光，耐寒，忌酷热，要求土壤排水良好。花期 5～6 月，能自播繁衍。

园林应用：作为初夏花坛之材料，也可用于花境、盆栽。

7.28　谷精草

别名：流星草　　科名：谷精草科

学名：*Eriocaulon buergerianum*

形态特征：一年生草本；叶基生，长披针状线形，密丛生；花小，辐射对称，花葶纤细，长短不一，头状花序球形，顶生；蒴果膜质。

生态习性：阳生；耐水湿；花果期为秋冬季；以种子繁殖为主。

栽培要点：喜潮湿土壤，春季播种。

园林应用：药用植物园、水边绿化。

7.29　黄堇

别名：断肠草、石莲　　科名：罂粟科

学名：*Corydalis pallida* (*Thunb.*) Pers.

形态特征：一年生草本，具恶臭，高 10～60cm；根细长。茎多分枝；叶片轮廓三角形，羽状全裂；总状花序，黄色；蒴果条形。

生态习性：喜阳光，耐阴；耐水湿、抗寒冷；花期 3～5 月，果期 6 月；以种子繁殖为主。

园林应用：观花、观果，适合作花坛布置或盆栽应用，也可作耐阴地被。

7.30　瘦风轮菜

科名：唇形科

学名：*Calamintha gracilis*

形态特征：一年生草本，高 10 ～ 30cm；茎细而柔软，伏地；叶卵形具柄，边缘有锯齿；花小，花轮多花，近球状，单轮或数轮排成总状花序。

生态习性：喜阳光；花期 3 ～ 4 月，果期 5 ～ 6 月；以种子繁殖为主。

栽培要点：日照充足通风良好环境，排水良好的砂质壤土为佳。

园林应用：观花、用作草坪及地被。

7.31　醉蝶花

别名：西洋白花菜、紫龙须　　科名：白花菜科

学名：*Cleome spinosa*

形态特征：一年生草本，株高 60 ～ 100cm，被有黏质腺毛，枝叶具气味；掌状复叶互生，小叶 5 ～ 7 枚，长椭圆状披针形，有叶柄，两枚托叶演变成钩刺；总状花序顶生，淡紫色，具长爪，蒴果细圆柱形。

生态习性：喜阳光，略耐半阴；耐炎热，不耐寒；花期 7 ～ 10 月，果期夏末秋初；以播种繁殖为主。

栽培要点：最适宜的生长温度 20 ～ 32℃，适空气相对湿度为 65% ～ 75%。除开花期需水量较多外，苗期可不浇或少浇水，较易管理。

园林应用：花坛、花境、丛植，也可作盆栽观赏，是非常优良的抗污花卉。

7.32 泽珍珠菜

别名：星宿菜　　科名：报春花科

学名：*Lysimachia candida*

形态特征：一二年生直立草本，茎高 18～60cm，有时基部稍带红色；叶互生，披针形或椭圆状披针形，或线形；初时花密集呈阔圆锥形，后渐伸长，白色；蒴果圆形。

生态习性：喜温暖湿润；耐旱，耐肥；花果期 5～7 月；以种子繁殖为主。

栽培要点：适合生于山坡草地、河岩、路旁潮湿地，春季栽植。

园林应用：适宜于作地被材料、水景材料或盆栽应用。

7.33 鸭跖草

别名：兰花草、竹叶草　　科名：鸭跖草科

学名：*Commelina communis* L.

形态特征：一年生草本。茎圆柱形，肉质，下部茎匍匐状，节常生根；叶互生全缘，带肉质，卵状披针形；总状花序，深蓝色；蒴果椭圆形。

生态习性：喜温暖、湿润；不耐寒；花期夏季；一般采用扦插法繁殖。

园林应用：盆栽、地被。

栽培要点：喜肥沃、疏松土壤，春、夏、秋季均可进行栽植。

八、

多年生草本 _(47 种)

8.1　菊花

别名：黄花、节华、鞠　　科名：菊科

学名：*Dendranthema morifolium* (Ramat.) Tzvel.

形态特征：多年生草本植物，株高 30～150cm；茎基部半木质化；单叶互生，卵圆至长圆形，边缘有缺刻及锯齿。头状花序一朵或数朵聚生枝顶，边缘为雌性舌状花，有红、黄、白、墨、紫、绿、橙、粉、棕、雪青、淡绿等，中心为两性筒状花，多为黄绿色。

生态习性：喜凉爽环境，较耐寒，最忌积涝；喜土层深厚、富含腐殖质、疏松肥沃、排水良好的壤土；用扦插、分株、嫁接繁殖。

栽培要点：喜肥。

园林应用：广泛用于花坛、地被、盆花和切花等。

8.2　大丽菊

别名：大丽花、天竺牡丹、地瓜花　　科名：菊科

学名：*Danlia pinnata* Cav.

形态特征：多年生草本；叶对生，1～3 回奇数羽状深裂，裂片呈卵形或椭圆形，边缘具粗钝锯齿；头状花序顶生，具总长梗，外围为舌状花，中央为筒状花，有红、黄、橙、紫、淡红和白色等色；瘦果扁，长椭圆形，黑色。

生态习性：喜光；喜疏松肥沃、排水良好的土壤；花期夏秋季；以播种和扦插繁殖为主。

园林应用：适宜花坛、花境或庭前丛植，也是重要的盆栽花卉，还可作切花。

8.3　金鸡菊

别名：小波斯菊、金钱菊、孔雀菊　　科名：菊科

学名：*Coreopsis basalis* (Dietr.) Blake.

形态特征：多年生宿根草本，株高 30～90cm；全株疏生长毛，叶全缘浅裂，茎生叶长圆匙形或披针形，3～5 裂；头状花序具长梗，舌状花呈黄、棕或粉色，管状花黄色至褐色。

生态习性：喜光；耐寒耐旱，对土壤要求不严，但耐半阴，适应性强；对二氧化硫有较强的抗性；采用播种或分株繁殖。

园林应用：极好赏花观叶的疏林地被，可用于屋顶绿化，还可作花境材料。

8.4　垂盆草

别名：柔枝景天、狗牙齿、半枝莲　　科名：景天科

学名：*Sedum sarmentosum* Bge.

形态特征：多年生肉质草本；不育枝匍匐生根；叶 3 片轮生，倒披针形至长圆形，聚伞花序，花淡黄色，花瓣 5，披针形至长圆形；种子卵圆形。

生态习性：耐寒，耐旱，耐贫瘠，耐盐碱，耐水湿，喜肥沃土壤，喜半阴环境；花期 5～6 月，果期 7～8 月；用分株、扦插繁殖。

园林应用：地被植物、垂直绿化、盆栽观赏，尤其适宜室内窗前吊挂，雅致可爱。

8.5 天竺葵

别名：洋绣球、入腊红、石腊红　　科名：牻牛儿苗科

学名：*Pelargonium hortorum* Bailey

形态特征：宿根草本，株高 30～60cm；全株被细毛和腺毛，具异味；茎肉质；叶互生，圆形至肾形，通常叶缘内有马蹄纹；伞形花序顶生，总梗长，花有白、粉、肉红、淡红、大红等色，具白、黄、紫色斑纹的彩叶品种。

生态习性：喜温暖、湿润和阳光充足环境；耐寒性差，怕水湿和高温，宜肥沃、疏松和排水良好的砂质壤土；花期 5～6 月；常用播种和扦插繁殖。

园林应用：盆栽花卉，也常用作春夏花坛材料，是"五·一"布置花坛常用的花卉。

8.6 马蹄金

别名：小金钱草、荷苞草、肉馄饨草　　科名：旋花科

学名：*Dichondra repens* Forst.

形态特征：多年生匍匐小草本；茎细长，被灰色短柔毛，节上生根；叶肾形至圆形，叶面微被毛，背面被贴生短柔毛，全缘，具长叶柄；花单生叶腋，花冠钟状，黄色，深 5 裂；蒴果近球形。

生态习性：耐阴；耐湿，稍耐旱，适应性强；可播种和分株繁殖。

园林应用：良好的地被植物，适于公园、庭院等栽培观赏，也可用于沟坡、堤坡、路边等固土材料。

8.7　虎耳草

别名：金线吊芙蓉、金丝荷叶　　科名：虎耳草科

学名：*Saxifraga stolonifera* Meerb.（S. *sarmentosa* L. f. ）

形态特征：多年生草本，高 8～45cm；茎被长腺毛；基生叶近心形、肾形至扁圆形，浅裂，裂片边缘具不规则齿牙和腺睫毛，腹面绿色，背面通常红紫色，被腺毛，有斑点，具掌状达缘脉序；茎生叶披针形。聚伞花序圆锥状，花瓣白色。

生态习性：喜阴湿环境，不甚耐寒；花果期 4～11 月；以分株繁殖为主。

园林应用：地被材料、盆栽观赏，或用作岩石园栽植材料。

8.8　一叶兰

别名：蜘蛛抱蛋、大叶万年青、竹叶盘　　科名：百合科

学名：*Aspidistra elatiorex* Murray

形态特征：多年生常绿草本；根状茎近圆柱形，具节和鳞片；叶单生，矩圆状披针形、披针形至近椭圆形，两面绿色，有时稍具黄白色斑点或条纹。叶柄明显，粗壮；花被钟状，外面带紫色或暗紫色，内面下部淡紫色或深紫色。

生态习性：喜温暖湿润、半阴环境，较耐寒，极耐阴，耐瘠薄，但以疏松、肥沃的微酸性砂质壤土为好；以分株繁殖为主。

栽培要点：春季换盆，2～3 年换盆一次，换盆时剪去部分老根。生长期宜多浇水，可经常向叶面喷水。

园林应用：观叶植物，叶形挺拔整齐，姿态优美、淡雅而有风度。

8.9　玉簪

别名：玉春棒、白鹤花、玉泡花、白玉簪　　科名：百合科

学名：*Hosta plantaginea* (Lam.) Aschers.

形态特征：宿根草本，株高 30 ~ 50cm；叶基生成丛，卵形至心状卵形，基部心形，叶脉呈弧状；总状花序顶生，高于叶丛，花为白色，管状漏斗形，浓香。

生态习性：喜阴湿环境；耐寒冷，不耐强烈日光照射，要求土层深厚、排水良好且肥沃的砂质壤土；花期 6 ~ 8 月；以分株和播种繁殖为主。

栽培要点：春季发芽前或秋季枯黄前，将根丛挖取切分，另行栽植即可。春季或开花前追施 1 次肥。

园林应用：地被植物、盆栽，是较好的阴生植物，园林中多植于林下，或植于建筑物庇荫处以衬托建筑，或配植于岩石边。

8.10　麦冬

别名：麦门冬、沿阶草、狮子尾　　科名：百合科

学名：*Ophiopogon japonlcus* (L.f.) Ker-Gawl.

形态特征：多年生常绿草本；叶丛生于基部，狭线形；花茎常低于叶丛，稍弯垂，花淡紫色，总状花序；果蓝色。

生态习性：喜温暖和湿润气候；抗性强，喜光耐阴，喜肥沃、排水良好的土壤，但亦能耐瘠薄的土壤；花期 5 ~ 9 月；以分株法繁殖为主。

栽培要点：春、秋季皆可进行分株繁殖。

园林应用：观叶地被植物，四季常绿。

  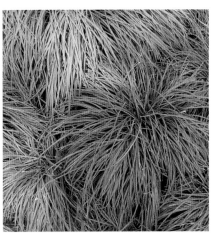

8.11 阔叶麦冬

别名：香柏　科名：百合科

学名：*Liriope platyphylla* Wang et Tang.

形态特征：多年生常绿草本；叶基生，成丛状，宽线形，稍成镰刀状，有明显横脉；花梗高出叶丛，顶生总状花序，小花多而密，淡紫色或紫红色；浆果黑紫色。

生态习性：喜阴湿；较耐寒，在肥沃、湿润的砂质土上生长良好；花期 7～8 月；分株或播种繁殖。

园林应用：林下地被，可丛植或配置假山，亦可盆栽绿化用。

8.12 土麦冬

别名：山麦冬、麦冬草、鱼子兰　科名：百合科

学名：*Liriope spicata* Lour.

形态特征：多年生常绿草本；叶片细线形，稍革质；总状花序，花淡紫色或近白色；浆果圆球形，成熟后深褐色或蓝黑色。

生态习性：喜温暖湿润气候；不择土壤，但在肥沃、水分充足的砂壤土上生长最为茂盛；花期 6～7 月，果熟期 8～10 月；播种或分株法繁殖。

园林应用：岩石、假山、台阶边缘的地被植物，也宜作花坛、花境、树坛、花径的镶边材料，或盆栽观赏。

8.13 万年青

别名：开喉剑、九节莲、冬不凋、铁扁担　　科名：百合科

学名：*Rhodea japonica* Roth.

形态特征：多年生常绿草本，株高 50cm；根状茎粗短；叶丛生，倒阔披针形，叶脉突出，直出平行脉多条，主脉较粗；花葶低于叶丛，顶生穗状花序，小花密集，钟状，淡绿白色；浆果球形，鲜红色。

生态习性：喜半阴、温暖、湿润、通风良好的环境；不耐旱，稍耐寒，忌阳光直射，忌积水，但以富含腐殖质、疏松透水性好的微酸性砂质壤土最好；花期6～7月，果期9～10月；分株繁殖。

栽培要点：生长期须保持土壤湿润并遮阴。

园林应用：地被植物，可盆栽观赏；是观叶观果的优良的疏林下地被植物。

8.14 吉祥草

别名：观音草　　科名：百合科

学名：*Reineckia carnea* (Andr.) Kunth. ex
　　　　Murray.

形态特征：多年生常绿草本，株高 20～30cm；地下具根茎，地上有匍匐茎；叶丛生，广线形至线状披针形；花葶低于叶丛，顶生疏松穗状花序，小花无柄，紫红色，芳香；浆果球形，鲜红色。

生态习性：喜温暖，稍耐寒，喜半阴湿润环境，忌阳光直射，对土壤要求不严。花期9～10月，果期10月；分株繁殖为主。

园林应用：适于作林下地被，是优良的耐阴地被植物。

8.15　葱兰

别名：葱莲、白花菖蒲莲、韭菜莲　　科名：石蒜科

学名：*Zephyranthes candida* (Lindl.) Herb.

形态特征：多年生常绿草本，株高 30～40cm；有皮鳞茎卵形；叶基生，肉质线形，暗绿色；花葶较短，花单生，花瓣 6 枚，白色、红色、黄色。

生态习性：喜阳光充足，耐半阴和低湿，宜肥沃、带有黏性而排水好的土壤，较耐寒；花期 8～10 月；以分株和播种繁殖为主。

栽培要点：早春或晚秋栽植。

园林应用：花坛镶边、疏林、花径，多用作地被植物，盆栽装点几案亦很雅致。

8.16　韭兰

别名：红花葱兰、韭菜兰、花韭、红菖蒲莲　　科名：石蒜科

学名：*Zephyranthes grandiflora* Lindl.

形态特征：多年生常绿草本，高 15～30cm；成株丛生状；叶片线形，极似韭菜；花茎自叶丛中抽出，花瓣 6 枚，花形较大，呈粉红色，花瓣略弯垂。

生态习性：以肥沃的砂质壤土为佳；花期 4～9 月；可用分株法或鳞茎栽植。

栽培要点：早春或晚秋栽植。

园林应用：作花坛、花径、草地镶边栽植，或作盆栽供室内观赏，亦可作半阴处地被花卉。

8.17　鸢尾

别名：紫蝴蝶、蓝蝴蝶、乌鸢、扁竹花　　科名：鸢尾科

学名：*Iris tectorum* Maxim

形态特征：多年生宿根性直立草本，高约 30～50cm；根状茎匍匐多节；叶为渐尖状剑形，呈二纵列交互排列；总状花序，蝶形，花冠蓝紫色或紫白色，花被深紫斑点，中央面有一行鸡冠状白色带紫纹突起；蒴果长椭圆形。

生态习性：耐寒性与耐旱性俱强，喜排水良好、适度湿润、呈微酸性的砂质壤土。花期 4～6 月，果期 6～8 月。多采用分株、播种法繁殖。

园林应用：林下作地被观赏，也可作为花境、花丛布置。

8.18　蝴蝶花

别名：日本鸢尾、扁竹　　科名：鸢尾科

学名：*Iris japonica* Thunb.

形态特征：多年生草本，根茎匍匐状；有长分枝；叶多自根生，剑形，扁平，全缘，叶脉平行，中脉不显著；总状花序，小花基部有苞片，剑形，绿色，花被 6 枚，蒴果长椭圆形；种子圆形黑色，剧毒。

生态习性：耐阴，耐寒，只要肥沃湿润的地方，较弱光照就会生长良好，喜湿润土壤；花期 4～5 月；分株或播种繁殖。

栽培要点：全年均可进行繁殖。

园林应用：栽在花坛或林中作地被植物。

8.19 龙舌兰

别名：世纪树、龙舌掌、番麻　　科名：龙舌兰科

学名：*Agave americana* L.

形态特征：多年生常绿草本；叶片肥厚，莲座状簇生，灰绿色，带白粉，先端具硬刺尖，叶缘具钩刺；圆锥花序顶生，花多数，稍漏斗状，黄绿色。

生态习性：喜温暖、阳光充足的环境；耐干旱贫瘠，以疏松透水的土壤为最好；常用分株和播种繁殖。

栽培要点：生长期每月施肥一次，夏季增加浇水量，以保持叶片翠绿柔嫩；遇烈日时，稍遮阴。盆栽观赏，要及时除去旁生蘖芽，保持株形美观。

园林应用：观叶植物，叶片坚挺美观，四季常青，也可用于盆栽或花槽观赏。

8.20 金边龙舌兰

别名：金边莲、龙舌兰、金边假菠萝

科名：龙舌兰科

学名：*Agave americana* L. var. *marginata* Hort.

形态特征：多年生常绿草本；叶片肥厚，莲座状簇生，绿色，边缘有黄白色条带镶边，有紫褐色刺状锯齿；花黄绿色；蒴果长椭圆形。

生态习性：喜温暖、阳光充足的环境；耐干旱贫瘠，以疏松透水的土壤为最好；花期夏季；常用分株和播种繁殖。

园林应用：观叶植物，亦可用于盆栽或花槽观赏。

8.21 淡竹叶

别名：竹麦冬、长竹叶、山鸡米、山冬　　科名：禾本科

学名：*Lophatherum gracile* Brongn.

形态特征：多年生草本，高 40～100cm；秆直立，中空，节明显；叶互生，广披针形，脉平行并有小横脉，叶鞘包秆，边缘光滑或略被纤毛；圆锥花序顶生；颖果深褐色。

生态习性：喜阴，不耐日照；土壤需湿润、疏松、排水很好，不耐旱；花期 7～9 月，果期 10 月；分株或种子繁殖。

园林应用：观叶地被植物，四季常绿。

8.22 细叶结缕草

别名：台湾草、天鹅绒草　　科名：禾本科

学名：*Zoysia tenuifolia* Willd. ex Trin.

形态特征：多年生草本；具匍匐枝，秆纤细，高5～10cm；叶片丝状内卷；总状花序，小穗穗状排列，狭窄披针形，每小穗含一朵小花；颖果卵形，细小。

生态习性：喜温暖气候；具有较强的抗旱性，但耐寒性和耐阴性较差，对土壤要求不严，以肥沃湿润土壤最为适宜；以营养繁殖为主。

园林应用：草坪低矮平整，耐践踏，常栽种于花坛内或作草坪造型，也可用作运动场、飞机场及各种娱乐场所的地面绿化。

8.23 沟叶结缕草

别名：马尼拉草　　科名：禾本科

学名：*Zoysia matralla* (L.) Merr.

形态特征：多年生草本；具横走根茎和匍匐茎，秆细弱，直立，秆高12～20cm；叶片质硬，扁平或内卷，上面具有纵沟；总状花序线形，小穗卵状披针形，黄褐色或略带紫色；颖果卵形，细小。

生态习性：喜温暖湿润气；以营养繁殖为主。

园林应用：常栽种于花坛内或作草坪造型供人观赏，也可用作运动场、飞机场及各种娱乐场所的地面绿化。

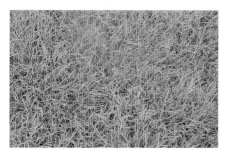

8.24 紫锦草

别名：紫叶鸭跖草、紫叶草　　科名：鸭跖草科

学名：*Setcreasea purpurea* Boom.

形态特征：多年生草本，植株高20～30cm；叶披针形，略有卷曲，紫红色，被细绒毛；茎紫褐色，初始直立，伸长后呈半蔓性匍匐状；花色桃红。

生态习性：喜高温多湿，强光或荫蔽处均能生长；喜排水良好的砂质土壤及腐殖质土；花期春、夏季；扦插繁殖。

园林应用：观叶植物，适合草坪丛植、道旁列植美化，也可用作花坛的边缘镶边材料，并可种植于树池、疏旷草地、假山、石缝等处，也可盆栽作为室内观赏植物。

8.25　吊竹梅

别名：吊竹兰、斑叶鸭跖草　　科名：鸭跖草科

学名：*Zebrina pendula* Schuizl.

形态特征：多年生匍匐常绿草本；茎下垂，多分枝，节上生根；叶长圆形，叶面绿色杂以银白色条纹或紫色条纹，有的叶背紫红色；花数朵聚生于小枝顶端，白色。

生态习性：喜温暖湿润环境；耐阴，畏烈日直晒，适宜疏松肥沃的砂质壤土；扦插繁殖。

园林应用：观叶植物，可栽植于庭院内观叶，或作吊盆欣赏。

8.26　美人蕉

别名：红艳蕉　　科名：美人蕉科

学名：*Canna indica* L.

形态特征：多年生球根草本花卉，株高 100～150cm；茎叶具白粉；叶互生，宽大，长椭圆状披针形、阔椭圆形；总状花序自茎顶抽出，具四枚瓣化雄蕊，花色有乳白、鲜黄、橙黄、桔红、粉红、大红、紫红、复色斑点等 50 多个品种。

生态习性：喜温暖和充足的阳光；不耐寒，要求深厚、肥沃土壤；花期北方 6～10 月，南方全年；播种繁殖。

栽培要点：春、夏、秋季均可进行繁殖。

园林应用：花坛、花境、庭院或作基础栽植，宜大片栽植。

8.27　大花美人蕉

别名：法国美人蕉、昙华　　科名：美人蕉科

学名：*Canna generalis* Bailey.

形态特征：多年生球根草本花卉，株高 100～150cm；地下具肥壮多节的根状茎，全身被白粉；叶大型，互生，呈长椭圆形；顶生总状花序，花大，有深红、橙红、橙黄、乳白等色，并有复色斑纹；蒴果椭圆形，种子圆球形黑色。

生态习性：喜阳光充足和温暖湿润的环境；不耐寒，在土层深厚而疏松肥沃、通透性能良好的砂壤土中生长特别好。花期 6～10 月。以分根繁殖为主。

园林应用：宜作花境背景、在花坛中心栽植，或作基础栽植，也可成丛或成带状种植在林缘、草地边缘。

8.28　芭蕉

别名：绿天、扇仙、甘蕉、天苴　　科名：芭蕉科

学名：*Musa basjoo* Sieb. et Zucc.

形态特征：多年生草本植物，茎高 3～4m；不分枝，丛生；叶大，呈长椭圆形，有粗大的主脉，两侧具有平行脉，叶表面浅绿色，叶背粉白色；花淡黄色。

生态习性：喜温暖；不耐寒，耐半阴，在土层深厚、疏松肥沃和排水良好的土壤中生长较好；花期夏季；分株繁殖。

栽培要点：分兜移栽，一般在深秋至翌年早春进行。栽植好后要随即用稻草、茅草或地膜覆盖好，以防止冻害，等大地回暖后再揭开覆盖物。栽后 3～4 年内每年施肥、盖土 1 次，以促进繁殖生长。

园林应用：观叶植物，常孤植或丛植于庭院内观赏，或植于假山、墙隅、窗前。

8.29　狗牙根

别名：绊根草、爬根草、感沙草、铁线草

科名：禾本科

学名：*Cynodon dactylon* (L.) Pers.

形态特征：多年生草本；具根状茎或匍匐茎，节间长短不等；穗状花序。

生态习性：适应性广，在湿润或较干旱地均能生长；常用播种和根茎繁殖。

栽培要点：分株繁殖，春、秋皆可进行，生长快，易成草坪。耐修剪。

园林应用：优良草种，多用于铺设草坪，或与暖地型草种混合铺设，同时又可应用于公路、铁路、水库等处作固土护坡绿化材料种植。

8.30　白车轴草

别名：白三叶草、白花苜蓿　　科名：蝶形花科

学名：*Trifolium repens* L.

形态特征：多年生草本；茎匍匐；叶具三小叶，小叶倒卵形至倒心脏形，边缘有细锯齿，几无小叶柄，叶面有人字形斑纹；花序头状，有长总花梗，花冠白色或粉红色。

生态习性：喜凉湿；喜光亦耐阴，不耐瘠薄；适宜于排水良好、肥沃、湿润地；花期 4 ~ 7 月；用种子繁殖。

园林应用：作地被、边坡绿化。

8.31　矾根

科名：虎耳草科

学名：*Heuchera mlcrantha*

形态特征：多年生耐寒草本花卉，浅根性。叶基生，阔心型，长 20 ~ 25cm，深紫色，在温暖地区常绿，花小，钟状，花径 0.6 ~ 1.2cm，红色，两侧对称。

生态习性：性耐寒，喜阳耐阴，耐 −34℃ 低温。在舒松肥沃，富含腐殖质的土壤上生长良好。花期 4 ~ 10 月。播种繁殖。

园林应用：花境、花坛、花带。

8.32 花叶薄荷

别名：凤梨薄荷　　科名：唇形科

学名：*Mantha rotundifolia* 'Variegata'

形态特征：常绿多年生草本，芳香植株。株高 30cm，叶对生，椭圆形至圆形，叶色深绿，叶缘有较宽的乳白色斑，花粉红色。

生态习性：适应性较强，喜光、喜湿润，耐寒，生长最适温度 20～30℃，喜中性土壤，pH 值 6.5～7.5 的砂壤土、腐殖质土均可种植。喜肥，尤以氮肥为主，花期 7～9 月，忌连作。

园林应用：可作花境材料或盆栽观赏。也可用作观叶地被植物。

8.33 何首乌

别名：多花蓼、紫乌藤　　科名：蓼科

学名：*Fallopia multiflora* (Thunb.) Harald.

形态特征：多年生草本；茎缠绕，具纵棱，下部木质化；叶卵形或长卵形；花序圆锥状，顶生或腋生，白色或淡绿色；瘦果卵形，具 3 棱，黑褐色。

生态习性：喜温暖潮湿气候；忌干燥和积水；花期 8～9 月，果期 9～10 月；用种子和扦插繁殖。

园林应用：作地被植物材料、垂直绿化植物材料，也可作为盆栽、盆景观赏。

栽培要点：选上层深厚、疏松肥沃、排水良好、腐殖质丰富的砂质壤土栽培为宜，春季栽植。

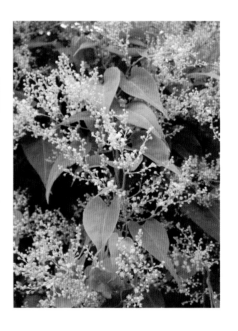

8.34 花叶冷水花

科名：荨麻科

学名：*Pilea cadierei* Gagnep. et Guill

形态特征：株高 30～60cm；地上茎丛生，上面有棱，节部膨大；叶对生，椭圆状卵形，有灰白至银白色的斑纹；聚伞花序，顶生或自叶腋间抽生，花序梗淡褐色，半透明。

生态习性：喜温暖湿润的气候条件，怕阳光曝晒；耐弱碱，较耐水湿，不耐旱；花期 9～11 月；扦插繁殖。

园林应用：小型观叶植物，可作盆栽、地被。

栽培要点：喜疏松、排水良好的土壤，春秋两季均可进行扦插。

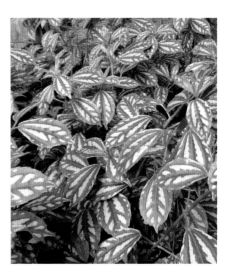

8.35　接骨草

别名：蒴藋、陆英　　科名：忍冬科

学名：*Sambucus chinensis*

形态特征：多年生草本，高 30～50cm；茎斜生，无毛，节有时膨大；叶互生，呈 2 列状，无柄，斜长椭圆形或斜倒卵状长椭圆形；花簇生头状，花序有柄；瘦果小，卵形。

生态习性：喜光、耐阴；耐寒、耐旱；花期 5～7 月，果期 9～10 月；以种子繁殖为主。

园林应用：初夏白花和初秋的红果具有很高的观赏价值，在园林中适宜于水边、林缘、草坪边缘种植，或者在假山和岩坡缝隙间点缀种植。因植株较高，可作为花境的背景材料，颇具野趣。

8.36　细叶景天

别名：崖松、半边莲、小鹅儿肠　　科名：景天科

学名：*Sedum middemdorffianum* Maxim.

形态特征：多年生肉质草本，株高 30～40cm；根状茎长，匍匐状；叶绒状匙形；花序生于茎和分枝先端，由多数总状或聚伞状花序排列成圆锥状或伞房状花序，黄色；种子极小，卵形。

生态习性：喜阳光充足，亦能稍耐阴；耐寒，耐干旱；花期 6～7 月。花果期 5～9 月；以扦插繁殖为主。

栽培要点：选择排水良好的砂壤土或地形高燥的向阳地段，春、秋季均可繁殖。

园林应用：布置花坛、花境，或成片栽植作为护坡地被植物，也可点缀岩石园。

8.37　吊兰

别名：钓兰、蜘蛛草、垂盆草　　科名：百合科

学名：*Chlorophytum comosum*

形态特征：多年生常绿草本植物。根状茎短；叶剑形，基生，基部抱茎；花白色，总状花序或圆锥花序，花葶比叶长，常变为匍枝，在近顶部具叶簇或幼小植株，下垂；蒴果三棱状扁球形。

生态习性：喜温暖湿润和半阴的环境，适应性强，较耐旱，不甚耐寒；花期 5 月，果期 8 月；常用扦插、分株进行繁殖

栽培要点：宜疏松肥沃排水良好的土壤，盆土应经常保持潮湿。

园林应用：多为盆栽，温暖地区可植于树下作地被或栽于假山石缝中。

8.38　芍药

别名：将离、犁食、余容　　科名：芍药科

学名：*Paeonia lactiflora*

形态特征：多年生草本。茎高 40 ～ 70cm，无毛；下部茎生叶为二回三出复叶，上部茎生叶为三出复叶；小叶狭卵形、椭圆形或披针形；花生于茎顶和叶腋，原种花白色，园艺品种花色繁多，花型多变；萼瓣顶端具喙。

生态习性：适应性强，耐寒，忌夏季炎热酷暑，喜阳光充足，耐半阴，喜肥；花期 5 ～ 6 月，果期 8 月；以分株繁殖为主。

栽培要点：土质以深厚的壤土最适宜，以湿润土壤生长最好，但排水必须良好，秋季定植。

园林应用：近代公园中或花坛上的主要花卉，在园林中常片植，丛植，或作专类园。

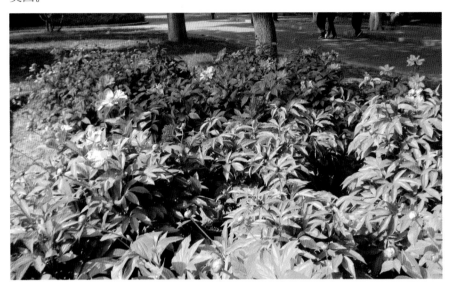

8.39　紫花地丁

别名：铧头草、光瓣堇菜　　科名：堇菜科

学名：*Viola philippica*

形态特征：多年生草本，高 7 ～ 20cm；根状茎短，节密生，有数条淡褐色或近白色的细根；叶基生，莲座状；叶片下部者通常较小，呈三角状卵形或狭卵形，上部者较长，呈长圆形、狭卵状披针形或长圆状卵形；花紫堇色或淡紫色，稀呈白色，喉部色较淡，并带有紫色条纹；蒴果长圆形。

生态习性：性强健，喜半阴；耐寒、耐旱，花期 3 ～ 5 月；播种或分株法繁殖

园林应用：可单种成片植于林缘下或向阳的草地上，也可与其他草本植物混种，形成美丽的缀花草坪。

8.40　金叶过路黄

科名：报春花科

学名：*Lysimachia nummularia* ‘Aurea’.

形态特征：多年生常绿草本植物，株高约 5cm，茎匍匐生长，叶金黄色卵圆形，花黄色，杯状。

生态习性：喜光、耐热、耐旱、耐寒。花期 5 ～ 7 月。常用分株压条繁殖。

园林应用：地被。

8.41 聚花过路黄

科名：报春花科

学名：*Lysimachia congestiflora* Hemsl.

形态特征：多年生草本。茎浓紫红色，具短柔毛，分枝多，长枝达 20cm。单叶交互对生，枝端密集，略被短柔毛；叶片广心形，先端钝尖，全缘基部楔形，上面淡绿色，下面色更淡，边缘有绿红色小点。花黄色，单生于枝端叶腋，成密集状；果为蒴果，种子多数，萼宿存。

生态习性：花期 3～4 月。

园林应用：与草坪及其他绿色地被相配，金黄色十分耀眼，大大丰富城市景观。

8.42 过路黄

别名：金钱草、真金草、铺地莲　　科名：报春花科

学名：*Lysimachia christinae* Hance

形态特征：多年生草本植物；茎柔弱，平卧延伸；叶对生，卵圆形、近圆形以至肾圆形；花黄色，单生叶腋；蒴果球形，无毛，有稀疏黑色腺条。

生态习性：喜温暖、阴凉、湿润环境；不耐寒；花期 5～7 月，果期 7～10 月；用扦插繁殖或种子繁殖。

栽培要点：生于路旁向阳处，适宜肥沃疏松、腐殖质较多的砂质土壤。

园林应用：与草坪及其他绿色地被相配，金黄色十分耀眼，大大丰富城市景观。

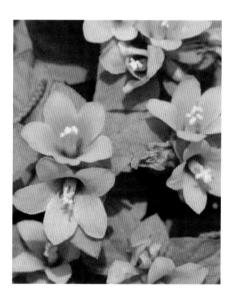

8.43 五节芒

别名：芒草、管草、寒芒　　科名：禾本科

学名：*Miscanthus floridulus*

形态特征：多年生草本，具根状茎；秆高 2～4m，节下具白粉；叶互生，披针线形，边缘粗糙；圆锥花序大型，稠密；小穗卵状披针形，成对着生，黄色；芒微粗糙，伸直或下部稍扭曲。

生态习性：喜温暖湿润；耐旱，耐肥；花果期 5～10 月；走茎或分蘖繁殖。

栽培要点：能适应各种土壤，最适宜的气温为 25～30℃。

园林应用：在山坡土、道路边、溪流旁及开阔地群植，观花。

8.44　紫芒

科名：禾本科

学名：*Miscanthus purpurascens*

形态特征：多年生草本，秆较粗壮，高 1m 以上；具根状茎；叶宽线形，顶端长渐尖；圆锥花序。

生态习性：喜光；耐寒，耐旱；花果期 8～10月；根茎繁殖。

栽培要点：适合生于山坡草地、河岩、路旁潮湿地，春秋季栽种。

园林应用：用作花境材料，也可成丛栽于岩石园山坡，草地边缘。

8.45　蒲苇

科名：禾本科

学名：*Cortaderia selloana*

形态特征：多年生草本，茎丛生；叶多聚生于基部，极狭，下垂，边缘具细齿；圆锥花序大，花穗银白色，具光泽；颖质薄，细长，白色，外稃顶端延伸成长而细弱之芒。

生态习性：喜温暖、阳光充足及湿润气候；性强健，耐寒；花期 9～10月；分株繁殖。

园林应用：庭院栽培、水边绿化、花境、专类园。

8.46　花叶燕麦草

科名：禾本科

学名：*Arrhenatherum elatius* ‘Variegatum’

特征要点：多年生常绿宿根草本，株高 25cm 左右；须根发达，茎簇生；叶线形，叶片中肋绿色，两侧呈乳黄色，夏季转为黄色；圆锥花序狭长。

生态习性：喜光亦耐阴，喜凉爽湿润气候，耐高温，也耐水湿，对土壤要求不严。

园林应用：花境、花坛和大型绿地配景。

8.47　蓝羊茅

别名：银羊茅　　科名：禾本科

学名：*Festuca glauca*

形态特征：冷季型。丛生，株高 40cm 左右。直立平滑，叶片强内卷成针状或毛发状，蓝绿色，具银白霜。春、秋季节为蓝色。圆锥花序，长 10cm。

生态习性：喜光，耐寒，耐旱，耐贫瘠。中性或弱酸性疏松土壤长势最好，稍耐盐碱。忌低洼积水，在持续干旱时应适当浇水。花期 5 月，分株繁殖。

园林应用：适合作花坛、花镜镶边用，其突出的颜色可以和花坛、花镜形成鲜明的对比。还可用作道路两边的镶边用。盆栽、成片种植效果也非常突出。

九、
水生草本 (31 种)

9.1 莲

别名：荷花、中国莲、水芙蓉　　科名：睡莲科

学名：*Nelumbo nucifera* Gaertn.

形态特征：多年生挺水植物；地下茎横生、圆柱形、节间肥大、内有孔眼；叶盾状圆形、具有辐射状叶脉、叶面被蜡质白粉、叶背光滑，叶柄侧生刚刺；花单生，清香，有红、粉红、紫色等，花托膨大为莲蓬，每个心皮形成一个小坚果为莲子。

生态习性：喜强光，极不耐阴，喜热，耐高温，对土壤要求不严；花期6～9月，果熟期9～10月。播种繁殖为主。

园林应用：园林中大面积的水景荷花十分壮观，小型池塘荷景更富诗意，又适宜缸植、盆栽，布置庭院、阳台。

9.2 睡莲

别名：子午莲、水芹花　　科名：睡莲科

学名：*Nymphaea tetragona* Georgi.

形态特征：多年生水生植物；根茎短直立；叶丛生、盾状圆形、具有细长叶柄、浮于水面、叶面浓绿、背面暗紫色；花单生、白色、亦浮于水面，花瓣8～17片、排列数层，雄蕊多数，花药金黄色；聚合果球形，内含多数椭圆形黑色小坚果。

生态习性：喜阳光、水湿、通风良好环境，以及含腐殖质丰富的肥沃砂质壤土。花期7～8月，果期9～10月。播种繁殖为主。

园林应用：重要水生花卉，主要用于点缀水面，盆养布置庭园，也可作切花。

9.3 菖蒲

别名：水菖蒲、泥菖蒲、大叶菖蒲　　科名：天南星科

学名：*Acorus calamus* L.

形态特征：多年生草本植物；根块茎粗壮；叶剑形、长达80cm、中脉明显突出、边缘膜质、基部叶鞘套折；花小，黄绿色，两性，花被片6，花葶基出、短于叶片，佛焰苞叶状；肉穗花序圆柱形，长4～7cm；浆果紧密靠合，长椭圆形、红色。

生态习性：耐阴性强，耐寒性不强，不耐旱，适生于山谷湿地或河滩湿地。花期5～8月，果期6～9月。分株繁殖为主。

园林应用：菖蒲叶丛挺立而秀美，并具香气，最宜作岸边或水面绿化材料，也可盆栽观赏。栽培中有花叶变种，叶有条纹。

9.4 石菖蒲

别名：山菖蒲、药菖蒲　　科名：天南星科

学名：*Acorus gramineus* Soland.

形态特征：多年生常绿草本植物，株高30～40cm；硬质根状茎横走，多分枝；叶剑状条形、两列状密生于短茎上、全缘、先端渐尖、有光泽、中脉不明显；肉穗花序，花小而密生、绿色、花茎叶状、扁三棱形；浆果肉质，倒卵圆形。

生态习性：喜阴湿环境、但不耐阳光暴晒，稍耐寒，不耐干旱。花期4～5月。分株繁殖为主。

园林应用：株丛低矮，叶色油绿光亮而具芳香；宜在较密的林下作地被植物。

9.5　海芋

别名：山芋　　科名：天南星科

学名：*Alocasia macrorrhiza* (L.) Schott.

形态特征：多年生常绿草本，高达 3m；叶柄长
达 1m、盾状着生、聚生茎顶、阔箭形、尖头、缘
微波状、主脉宽而显著、叶面绿色；佛焰苞黄绿色、
总花梗长 10 ~ 30cm、下部筒状、上部稍弯曲呈舟形，
肉穗花序稍短于佛焰苞。

生态习性：喜半阴、温暖和潮湿环境，排水良好的土壤。花期四季，但在密阴
的林下常不开花。扦插繁殖为主。

园林应用：园林中大型观叶植物，可用于居室及厅堂布置，十分壮观。

9.6　旱伞草

别名：风车草　　科名：莎草科

学名：*Cyperus alternifolius* L. ssp. *flabelliformis* (Rottb.) Kukenth

形态特征：多年生草本，株高 60 ~ 100cm；茎秆丛生、三棱形、直立无分枝；
叶鞘状，秆顶有多数叶状总苞片、密集螺旋状排列、伞状；复伞形花序，小穗
短矩形，扁平，每边有 6 ~ 12 朵，聚于辐射枝顶。

生态习性：耐阴性极强，不耐寒及干旱。花果期 4 ~ 8 月。分株繁殖为主。

园林应用：体态轻盈，潇洒脱俗，冬暖之地露地丛植或片植，作湖岸浅水区装饰，
且有净水之效。

9.7　三白草

别名：过山龙、白舌骨、白面姑　　科名：三白草科

学名：*Saururus chinensis* (Lour.) Baill.

形态特征：多年生草本，高约1m；茎粗壮、有纵长粗棱和沟槽，下部伏地、常带白色，上部直立、绿色；叶纸质、密生腺、阔卵形至卵状披针形、顶端短尖或渐尖、基部心形或斜心形；总状花序，白色，花序轴密被短柔毛，苞片近匙形，贴生于花梗上。

生态习性：喜光、喜温凉至温暖湿润的环境，耐寒，不耐干旱。花期4～6月。播种繁殖为主。

园林应用：园林中常作低地周边或河岸工程外围之植栽材料。

9.8　水蓼

别名：辣蓼　　科名：蓼科

学名：*Polygonum hydropiper* L.

形态特征：一年生草本，高40～70cm；茎直立、多分枝、无毛、节部膨大；叶披针形或椭圆状披针形、全缘、两面无毛、被褐色小点；总状花序呈穗状，顶生或腋生，通常下垂，花稀疏，下部间断，苞片漏斗状，绿色，边缘膜质，花被5深裂，稀4裂，绿色，上部白色或淡红色，被黄褐色透明腺点；瘦果卵形。

生态习性：喜光稍耐阴，较耐寒，不耐干旱瘠薄。花期5～9月，果期6～10月。播种繁殖为主。

园林应用：株形优美，花色素雅，可作地被植物和水土保持植物。

9.9　千屈菜

科名：千屈菜科

学名：*Lythrum salicaria* L.

形态特征：多年生挺水植物，株高1m以上；茎四棱形、直立多分枝、丛生状；叶对生或轮生、披针形或窄卵状长圆形；长穗状花序顶生，花小而密集，花萼筒长管状，花冠紫红色。

生态习性：耐寒性强，不耐旱，尤喜水湿，通常在浅水中生长最好。花期7～9月。分株繁殖为主。

园林应用：最宜浅水沼泽、池塘成片或一隅栽植，盆栽置庭院、小型水池山石旁皆可。

9.10　野菱

别名：刺菱、菱角　　科名：菱科

学名：*Trapa incisa* Sieb. et Zucc. var. *quadricaudata* Glück.

形态特征：一年生浮水草本；茎细长，下部无毛，顶端节部有毛；浮水叶较小、三角状菱形、顶端圆钝或短尖、基部阔楔形、上部边缘有不规则的锯齿、下部全缘、上面深绿色、有光泽、无毛，下面红紫色或淡绿色、被柔毛、后渐脱落，叶柄较细、中部有长纺锤的海绵质气囊；花单生于叶腋、白色；果倒三角形，有4个长刺。

生态习性：喜光、不耐寒、不耐旱。花期7～8月，果期9～10月。播种繁殖为主。

园林应用：夏日开花浮于水面，灰绿叶丛中点点白花甚是美丽，能吸收污物净化水面，为重要的观赏水生植物。

9.11　荇菜

别名：杏菜、水镜草　　科名：龙胆科

学名：*Nymphoides peltatum* (Gmel.) O. Kuntze

形态特征：多年生漂浮植物；茎圆柱形，细长多分枝，匍匐水中；叶互生，心状椭圆形或圆形，近革质，基部开裂呈心脏形，全缘或微波状，表面绿色而有光泽，背面带紫色，漂浮于水面；伞形花序腋生，花近钟状，鲜黄色。

生态习性：喜阳光充足，耐寒，不耐旱，喜水深 30 ～ 50cm 环境。花期夏秋季。分株繁殖为主。

园林应用：叶小而翠绿，黄色小花覆盖水面，在园林水景中大片种植可形成"水行牵风翠带长"的景观，为水面覆盖的优良植物。

9.12　水鳖

别名：马尿花　　科名：水鳖科

学名：*Hydrocharis dubia* (Blume) Backer.

形态特征：浮水草本，须根长达 30cm；叶簇生，心形或圆形，先端圆，基部心形，全缘，多漂浮，有时伸出水面；雄花序腋生，佛焰苞 2 枚、膜质、透明、具红紫色条纹，花瓣 3、黄色，雌花序佛焰苞小，苞内雌花 1 朵，花瓣 3、白色，基部黄色；果实浆果状球形至倒卵形。

生态习性：喜温暖的气候，耐水湿，忌干旱。花果期 8 ～ 10 月。播种繁殖为主。

园林应用：夏日开花浮于水面甚是美丽，是良好的水生景观植物，可供水族箱中栽培观赏。

9.13　野慈菇

科名：泽泻科

学名：*Sagittaria sagittifolia* var. *hastata* Makino

形态特征：多年生直立植物，高 50 ～ 100cm；根状茎横生、较粗壮、顶端膨大成球茎，土黄色；基生叶簇生，叶形变化极大，多数为狭箭形，通常顶裂片短于侧裂片，顶裂片与侧裂片之间缢缩；叶柄粗壮，基部扩大成鞘状，边缘膜质；总状花序或圆锥形花序，白色。

生态习性：喜光，适应性强，喜温润气候。花期 7 ～ 10 月，果熟期 8 ～ 10 月。分株繁殖为主。

园林应用：庭园中水面绿化，盆栽亦有较高的观赏价值。

9.14　萱草

别名：忘忧草　　　科名：百合科

学名：*Hemerocallis fulva* （L.）L.

形态特征：多年生宿根草本，花茎高达 120cm；根状茎粗短，有多数肉质根；叶基生，长带状，排成 2 列；圆锥花序，着花 6 ～ 12 朵，阔漏斗形，橘红至橘黄色，边缘稍为波状，盛开时裂片反曲，无芳香，内部有明显的红紫色条纹等。

生态习性：耐半阴，耐寒，亦耐干旱，对土壤选择性不强，但以富含腐殖质、排水良好的湿润土壤为最好。花期夏季。分株繁殖为主。

园林应用：花色鲜艳，春季叶子萌发早，绿叶成丛，亦甚为美观，园林中多栽植于花境、路旁，也可作疏林地被植物。

9.15 梭鱼草

科名：雨久花科

学名：*Pontederia cordata* L.

形态特征：多年生挺水或湿生草本植物；叶柄绿色，圆筒形；叶深绿色、较大，长可达25cm，宽可达15cm，叶形多变，大部分为倒卵状披针形；穗状花序顶生，蓝紫色带黄斑点；果实初期绿色，成熟后褐色。

生态习性：喜阳、喜温、喜肥、喜湿、怕风不耐寒，静水及水流缓慢的水域中均可生长，适宜在20cm以下的浅水中生长。花果期5～10月。分株繁殖为主。

园林应用：叶色翠绿，花色迷人，花期较长，可用于家庭盆栽、池栽，也可广泛用于园林中，栽植于河道两侧、池塘四周、人工湿地，与千屈菜、花叶芦竹、水葱、再力花等相间种植。

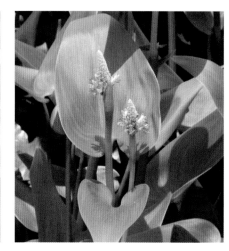

9.16 雨久花

别名：浮蔷、蓝花菜　　科名：雨久花科

学名：*Monochoria korsakowii*

形态特征：直立水生草本；根状茎粗壮，茎直立；基生叶宽卵状心形，叶柄有时膨大成囊状，茎生叶基部增大成鞘，抱茎；花大，蓝色，总状花序顶生，有时再聚成圆锥花序；蒴果长卵圆形。

生态习性：喜光，耐半阴；花期7～8月，果期9～10月；播种繁殖。

园林应用：在园林水景布置中常与其他水生花卉观赏植物搭配使用，是一种极美丽的水生花卉。单独成片种植效果也好，沿着池边、水体的边缘按照园林水景的要求可作带形或方形栽种。

栽培要点：通风良好，喜欢略微湿润的气候环境，浅水栽培。

9.17　狐尾藻

别名：狐尾草、水松、羽毛草　　科名：小二仙草科

学名：*Myriophyllum verticillatum* L.

形态特征：多年生挺水或沉水草本植物；水中茎多分枝，株高60～80cm；具短根茎；圆锥花序圆柱状；叶4～5枚轮生，羽状排列，小叶针状，水上叶鲜绿色；沉水叶丝状，朱红色。

生态习性：喜温和湿润气候；不耐炎热和干旱、抗寒性强；秋季于叶腋生出冬芽越冬，扦插繁殖为主。

栽培要点：以湿润而富含有机质的黏壤土和黏土生长最好，春扦、夏扦均可。

园林应用：沟渠、池塘旁丛植。

9.18　中华萍蓬草

科名：睡莲科

学名：*Nuphar sinensis* Hand.-Mazz.

形态特征：多年生浮叶型水生草本植物；根状茎肥厚块状，横卧；叶心脏卵形；花大，黄色，叶柄伸出水面20cm左右；浆果卵形。

生态习性：喜温暖、湿润、阳光充足；耐低温；花期5～7月，果期7～9月；以地下茎繁殖、分株繁殖为主。

栽培要点：对土壤选择不严，以土质肥沃略带黏性为好，3～4月进行繁殖。

园林应用：萍蓬草花叶尤佳，具有较好的观赏价值，多用于池塘水景布置，亦可盆栽于庭院、建筑物、假山石前，根具有净化水体的功能。

9.19 野芋

别名：红芋荷、野芋艿、红广菜　　科名：天南星科

学名：*Colocasia antiquorum* Schott.

形态特征：湿生草本植物；叶柄肥厚、直立、长可达 1.2m；叶片薄革质，表面略发亮，盾状卵形，基部心形；佛焰苞苍黄色，管部淡绿色，长圆形；肉穗花序短于佛焰苞。

生态习性：喜阴湿环境，较耐寒，不耐旱，常生长于林下阴湿处。花期 8 月。分株繁殖为主。

园林应用：大型观叶植物，园林中常栽于林下或半荫处观赏，也可装饰水面或盆栽于厅堂等。

9.20 大藻

科名：天南星科

学名：*Pistia stratiodes* L.

形态特征：多年生浮水草本；主茎短缩而叶呈莲座状，从叶腋间向四周分出匍匐茎，茎顶端发出新植株，有白色成束的须根；叶簇生、叶片倒卵状楔形，长 2～8cm、顶端钝圆呈微波状、两面都有白色细毛；花序生叶腋间，有短的总花梗，佛焰苞长约 1.2cm，白色，背面生毛；果为浆果。

生态习性：喜高温高湿，不耐严寒，繁殖力强。花期 6～7 月。分株繁殖为主。

园林应用：在园林水景中，常用来点缀水面。庭院小池，植上几丛大藻，再放养数条鲤鱼，使之环境优雅自然，别具风趣。有发达的根系，直接从污水中吸收有害物质和过剩营养物质，可净化水体。

别名：黄花鸢尾、水生鸢尾　　科名：鸢尾科

学名：*Iris pseudacorus* L.

形态特征：多年生草本，植株基部有少量老叶残留的纤维；根状茎粗壮，节明显，黄褐色；须根黄白色，有皱缩的横纹；基生叶灰绿色，中脉较明显；花茎粗壮、有明显的纵棱，苞片绿色、膜质、披针形，花黄色，外花被裂片爪部狭楔形，中央下陷呈沟状，有黑褐色的条纹，内花被裂片较小，倒披针形，直立。

生态习性：喜光、耐半阴，喜温，耐旱也耐湿，砂壤土及黏土都能生长，在水边栽植生长更好。花期5月，果期6～8月。分株繁殖为主。

园林应用：园林中常水池边露地栽培，亦可在水中挺水栽培。

别名：水竹芋、水莲蕉、塔利亚　　科名：竹芋科

学名：*Thalia dealbata* Fraser.

形态特征：多年生挺水草本，高可达2m，全株附有白粉；叶卵状披针形或卵状矩圆形，长约20cm，宽约10cm，浅灰蓝色，边缘紫色；复总状花序，花小，紫堇色。

生态习性：喜半阴，喜高温，不耐寒，不耐旱，在微碱性的土壤中生长良好。花期7～10月。分株繁殖为主。

园林应用：再力花株形美观洒脱，叶色翠绿可爱，是水景绿化的上品花卉，亦可作盆栽观赏。

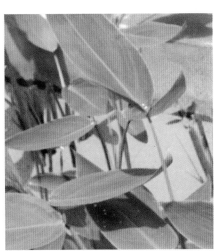

9.23　香蒲

别名：东方香蒲　　科名：香蒲科

学名：*Typha orientalis* Presl.

形态特征：多年生水生或沼生草本；根状茎乳白色，地上茎粗壮，向上渐细；叶片条形、光滑无毛，叶鞘抱茎；雌雄花序紧密连接，雄花序轴具白色弯曲柔毛，孕性雌花柱头匙形，不孕雌花不发育柱头宿存；小坚果椭圆形至长椭圆形。

生态习性：喜光，喜温暖湿润气候及潮湿环境，以选择向阳、肥沃的池塘边或浅水处栽培为宜。花果期5～8月。分株繁殖为主。

园林应用：叶片挺拔，花序粗壮，常用于花卉观赏，可用于点缀园林水池。

9.24　灯心草

别名：龙须草、野席草、马棕根　　科名：灯心草科

学名：*Juncus effusus* L.

形态特征：多年生水生草本植物，高27～91cm；地下茎短、淡绿色、匍匐性、秆丛生直立、圆筒形、实心；花淡绿色，穗状花序，顶生，在茎上呈假侧生状，基部苞片延伸呈茎状，花下具2枚小苞片，花被裂片6枚；褐黄色蒴果，卵形或椭圆形。

生态习性：喜半阴和湿润环境，耐寒，忌干旱。花期4～7月，果期6～10月。分株繁殖为主。

园林应用：园林中水景绿化。

9.25 野灯心草

别名：秧草　　科名：灯心草科

学名：*Juncus setchuensis* Buchen.

形态特征：多年生水生草本植物，高 25 ～ 65cm；根状茎短而横走，具黄褐色稍粗的须根；茎丛生、直立、圆柱形；叶全部为低出叶、呈鞘状或鳞片状，叶片退化为刺芒状；聚伞花序假侧生，花多朵排列紧密或疏散、淡绿色，花被片卵状披针形；蒴果通常卵形，成熟时黄褐色至棕褐色。

生态习性：喜半阴和湿润环境，耐寒，忌干旱。花期 4 ～ 7 月，果期 6 ～ 10 月。分株繁殖为主。

园林应用：园林中水景绿化。

9.26 荸荠

别名：马蹄、水栗、芍　　科名：莎草科

学名：*Eleocharis tuberosa* (Roxb.) Roem et Schult.

形态特征：多年生沼泽生草本；匍匐根状茎细长，末端膨大成扁圆形球茎，黑褐色；地上茎圆柱形、丛生、不分枝、表面平滑；穗状花序顶生、直立、先端圆柱形、淡绿色，花多数；小坚果呈双凸镜形，长约 2.5cm。

生态习性：喜温爱湿怕冻，适宜生长在耕层松软、底土坚实的壤土中。花期 6 ～ 7 月。采用其球茎（果球）进行无性繁殖为主。

园林应用：园林中作浅水景观植物。

9.27 水葱

别名：莞草、夫蓠、葱蒲　　科名：莎草科

学名：*Scleria parvula* Steud.

形态特征：多年生宿根挺水草本植物，株高
1～2m；茎秆高大通直、圆柱形；叶鞘状、生于
茎基部；聚伞花序顶生、稍下垂，由许多圆形小穗
组成，小花淡黄色；小坚果倒卵形。

生态习性：喜半阴和湿润环境，能耐低温，北方大部分地区可露地越冬，忌干
旱。花果期6～9月。分株繁殖为主。

园林应用：水葱植株挺立，生长葱郁，色泽淡雅洁净，可栽于池隅、岸边，作
为水景布置中的障景或后景，盆栽可以进行庭院布景装饰用。

9.28 芦苇

别名：芦头、芦柴、苇子　　科名：禾本科

学名：*Phragmites communis* Trin.

形态特征：多年生草本；植株高大，茎秆直立，
秆高1～3m，节下常生白粉；叶鞘圆筒形，叶舌
有毛，叶片长线形或长披针形，排列成两行；圆锥
花序分枝稠密，向斜伸展，为白绿色或褐色；颖果，
披针形，顶端有宿存花柱。

生态习性：耐盐碱，水涝与严寒，但干旱沙丘也能生长，多生于低湿地或浅水中。
花期8～12月。根状茎繁殖为主。

园林应用：适宜庭园池边和公园的湖边种植，春夏赏翠绿叶丛，秋冬大型花序
随风摇曳，野趣盎然。花序可作切花，同时芦苇也是固堤植物。

9.29 南荻

别名：荻　　科名：禾本科

学名：*Triarrhena lutarioparia* L. Liu

形态特征：多年生草本植物；植株高大，茎秆直立，每年秆生长高度达 5 ~ 7m，直径 2 ~ 3cm；叶子长形，似芦苇；圆锥花序分枝稠密，向斜伸展，小穗柄微粗糙，常带紫红色；颖果，披针形，常为紫红色。

生态习性：耐湿耐旱，生长快速，有固土、护堤、保水、防止冲刷的功效。花期秋季。分株繁殖为主。

园林应用：在湖泊、滩涂荒地种植，可固土防浪、净化水体；大面积人工栽培可成为工农业原料生产基地和旅游观光景点；建立人工生境湿地，在园林绿地或湿地可作观赏植物少量种植。

9.30 菰

别名：茭白、茭瓜、茭笋、茭草　　科名：禾本科

学名：*Zizania caduciflora* (Turcz. ex Trin.)　Hand. —Mazz.

形态特征：多年生挺水植物，植株高约 1m；基部由于真菌寄生而变肥厚；须根粗壮，茎基部的节上有不定根；叶片扁平、带状披针形，有时上面粗糙，下面光滑，边缘粗糙，中脉在背面凸起；圆锥花序大，多分枝，上升或展开，近于轮生；雄性小穗生于花序下部，具短柄，常呈紫色，雌性小穗位于花序上部，呈圆柱形；颖果圆柱形。

生态习性：耐阴，稍耐寒，喜湿润环境，不耐旱，适宜生于池塘及沼泽地中。花果期秋季。播种繁殖为主。

园林应用：主要用于园林水体的浅水区绿化布置，各地广为栽培。整个植物还是固堤防浪的好材料。

十、

蕨类植物 (13种)

10.1　石松

别名：伸筋草、石松子、狮子尾　　科名：石松科

学名：*Lycopodium japonicum* Thunb. ex Murray

形态特征：多年生常绿草本，匍匐茎蔓生；分枝有叶疏生，直立，茎高 15 ~ 30cm；叶密生螺旋状排列，针形，全缘；孢子囊穗长 2.55cm，有柄，孢子叶卵状三角形，顶部急尖而具尖尾，边缘有不规则的锯齿，孢子囊肾形，淡黄褐色，孢子同形。

生态习性：喜阴湿、肥沃条件。孢子成熟期 7 ~ 8 月间；散布孢子繁殖。

园林应用：观叶花卉，也是阴暗多湿林下的良好地被植物，亦可盆栽。

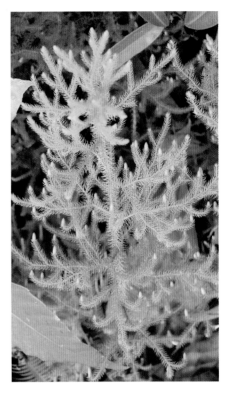

10.2　翠云草

别名：龙须、监草、监地柏、绿绒草　　科名：卷柏科

学名：*Selaginella uncinata* (Desv.) Spring

形态特征：多年生常绿草本；茎伏地蔓生，分枝处常生不定根，多分枝；二型叶，营养叶二型，腹叶长卵形，背叶矩圆形，向两侧平展；孢子叶卵状三角形，四列呈覆瓦状排列；

生态习性：喜温暖湿润及半阴的环境；要求腐殖质含量丰富、排水良好的土壤；以分株、孢子繁殖为主。

园林应用：观叶地被植物，适宜盆栽装饰案头、窗台等。

10.3　福建莲座蕨

别名：福建观音座莲　科名：莲座蕨科

学名：*Angiopteris fokiensis* Hieron

形态特征：植株高 1.5m 以上；根状茎块状，直立；叶柄粗壮，多汁肉质；叶片阔圆形，二回羽状，羽片互生，狭矩圆形，小羽片平展，侧脉间无倒行假脉；孢子囊群由 8～10 个孢子囊组成。

生态习性：喜温暖、阴湿环境，较耐寒，耐半阴，要求疏松、肥沃和排水良好的腐殖土；多用分株繁殖。

园林应用：观叶植物，适于作荫棚、林下地被植物，也适宜种植于庭园中较阴湿处，室内盆栽亦可。

10.4　芒萁

别名：铁狼萁　科名：里白科

学名：*Dicranopteris pedata* (Houtt.)
　　　　Nakaike

形态特征：多年生常绿草本，株高 40～120cm，直立或蔓生；根状茎细长横走；叶片疏生，叶轴一至二回或多回分叉，在第一回分叉处基部两侧有一对羽状深裂的阔披针形羽片，末回羽片披针形；孢子囊群小，由 5～7 个孢子囊组成。

生态习性：喜强酸性红壤，稍耐阴，极耐干旱；繁殖以分株为主。

园林应用：林荫下地被植物，也可作水溪阴暗石缝中的点缀植物，亦可盆栽。

10.5　海金沙

别名：铁蜈蚣、罗网藤、铁线藤　科名：海金沙科

学名：*Lygodium japonicum* (Thunb.) Sw.

形态特征：多年生攀缘草本，高可达 4m；根茎细长，横走，黑褐色或栗褐色，密生有节的毛；茎无限生长，叶多数生于短枝两侧；叶二型，营养叶尖三角形，二回羽裂，小羽片掌状三裂；孢子叶卵状三角形，羽片边缘有流苏状孢子囊穗；孢子囊梨形。

生态习性：耐光，忌阳光直射，喜生长在排水良好的砂土及砂质壤土中；孢子期 5～11 月；用孢子繁殖和分茎繁殖。

园林应用：绿篱材料，或盆栽作室内观赏。

10.6 蕨

别名：蕨菜、拳头菜、龙头菜　　科名：凤尾蕨科

学名：*Pteridium aquilium* (L.) Kuhn var. *latiusculum* (Desv.) Underw. ex Heller

形态特征：多年生攀缘草本，高可达4m；根茎细长，密生有节的毛；茎无限生长，叶多数生于短枝两侧，营养叶尖三角形，二回羽裂，小羽片掌状三裂；孢子叶卵状三角形，羽片边缘有流苏状孢子囊穗；孢子囊梨形。

生态习性：耐光；忌阳光直射，喜生长在排水良好的砂土及砂质壤土中；孢子期5～11月；用孢子繁殖和分茎繁殖。

园林应用：绿篱材料，或盆栽作室内观赏。

10.7 井栏边草

别名：凤尾草、井口边草、铁脚鸡　　科名：凤尾蕨科

学名：*Pteris multifida* Poir.

形态特征：多年生草本，高30～70cm；根状茎粗壮，直立，密被钻形黑褐色鳞片；叶二型，孢子叶片长卵形，一回羽状，下部羽片常2～3叉，羽片线形，上部羽片多不分裂，边缘有细锯齿；营养叶羽片或小羽片较宽，边缘有不整齐的尖锯齿。

生态习性：喜温暖湿润和半阴环境；忌阳光直射，在土壤湿润、肥沃、排水良好的环境生长最盛；以分株、孢子繁殖为主。

园林应用：阴性地被植物，布置在墙角、假山和水池边，或盆栽作室内观赏。

10.8　金星蕨

别名：腺毛金星蕨、密腺金星蕨　　科名：金星蕨科

学名：*Parathelyteris glanduligera* (Kze.) Ching

形态特征：根状茎细长横走，植株遍体密生灰白色针状毛；叶片二回羽状深裂，羽片披针形，基部的叶不缩短，下面除短针毛外满布橙色球形腺体；孢子囊群生裂片的侧脉近顶处，被有灰白色刚毛的圆肾形囊群盖。

生态习性：喜阴湿生境；孢子繁殖或分株繁殖。

园林应用：小型阴生蕨类植物，宜作林下阴生地被。

10.9　狗脊

别名：狗脊蕨　　科名：乌毛蕨科

学名：*Woodwardia japonica* (L.f.) Sm.

形态特征：多年生常绿草本，高 65 ~ 90cm；根茎密被红棕色披针形大鳞片；叶多数丛生成冠状，叶片卵圆形，二回羽状分裂，下部羽片卵状披针形，上部逐渐短小，小羽片线状披针形，叶脉网状；孢子囊群略成矩圆形，囊群盖长肾形。

生态习性：喜温暖、阴湿环境；宜植于排水良好的酸性土壤中；孢了或分株繁殖。

园林应用：林下地被植物，多植于山林溪边，或盆栽垂吊观叶。

10.10　红盖鳞毛蕨

科名：鳞毛蕨科

学名：*Dryopteris erythrosora* (Eaton)　O．Ktze．

形态特征：高 40 ～ 80cm；根状茎横卧或斜升；叶簇生，叶片长圆状披针形，二回羽状，对生或近对生，披针形，边缘具较细的圆齿或羽状浅裂，叶片上面无毛，下面疏被淡棕色毛状小鳞片；孢子囊群较小。

生态习性：喜阴湿环境；宜栽于排水良好的酸性土或腐殖质壤土中；孢子播种或分株繁殖。

园林应用：孢子囊为鲜红色，叶片羽毛状，具有极高观赏价值。阴生地被植物、盆栽。

10.11　肾蕨

别名：蜈蚣草、圆羊齿、篦子草、石黄皮

科名：肾蕨科

学名：Nephrolepis auriculata (L.) Trimen

形态特征：多年生常绿草本，株高 30 ～ 50cm，根状茎有直立的主轴，主轴和根状茎上密生钻状披针形鳞片；叶簇生，无毛，叶片披针形，一回羽状，羽片无柄；孢子囊群背生上侧小脉顶端，囊群盖肾形。

生态习性：喜温暖潮润和半阴环境；喜湿润土壤和较高的空气湿度，忌阳光直射；常用分株、孢子和组培繁殖。

园林应用：阴性地被植物，宜布置在墙角、假山或水池边。

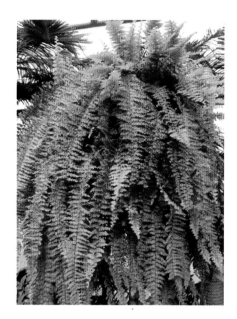

10.12 密叶波斯顿蕨

别名：高肾蕨　　科名：肾蕨科

学名：*Nephrolepis exaltata* 'Corditas'

形态特征：多年生常绿蕨类草本植物；根茎直立，有匍匐茎；叶丛生，革质，叶片大，一回羽状复叶，其羽片较原种宽阔、弯垂，羽片长 90～100cm，披针形，黄绿色；小叶平出，叶缘波状，叶尖扭曲；孢子囊群半圆形，生于叶背近叶缘处。

生态习性：喜温暖、湿润及半阴环境；喜通风，忌酷热，要求腐殖质含量丰富的酸性壤土；分株或走茎繁殖。

园林应用：地被植物，或盆栽作为室内摆设和装饰。

10.13 皱叶肾蕨

科名：肾蕨科

学名：*Nephrolepis exaltata* cv. Junor Teddy

形态特征：中型地生或附生蕨，株高一般 30～60cm；地下具根状茎，包括短而直立的茎、匍匐茎和球形块茎三种；叶呈簇生披针形，一回羽状复叶，叶裂片较深，皱曲。

生态习性：喜阴，喜高温高湿环境，喜疏松、肥沃和透气性能好的栽培基质。常用分株、孢子和组培繁殖。

园林应用：阴性地被植物，宜布置在墙角、假山或水池边。

表中的索引编号对应植物目录检索索中植物的编号;应用频度列中的 A 表示该植物在园林中应用最多,B 表示部分应用,C 表示个别应用,D 表示应用较少但具有推广前景。

表一 行道树选择应用表

索引编号	种名	学名	科名	常绿	落叶	高度(m)	生态习性 光照	生态习性 温度	生态习性 水份	观赏特性	应用频度	乡土树种
						特大乔木(树高15m以上)						
2.1	银杏	Ginkgo biloba L.	银杏科		✓	40	喜光	耐寒	较耐旱	秋叶鲜黄,观叶树种	A	✓
1.1	雪松	Cedrus deodara (Roxb.) G. Don	松科	✓		50~72	喜光	稍耐寒	耐旱	观树形树种,"世界五大庭院树木"之一	A	
2.38	金钱松	Pseudolarix amabilis (Nelson) Rehd.[Pseudolarix kaempferi Gord]	松科		✓	40	喜光	耐寒	中等	秋叶金黄色,观叶树种	B	✓
1.56	赤松	Pinus densiflora Sieb. et Zucc.	松科		✓	40	喜光	耐寒	耐干旱	观树形树种	D	
1.35	柳杉	Cryptomeria fortunei Hooibrenk ex Otto et Dietr.	杉科	✓		40	疏荫	不耐寒	不耐水	树形圆整高大,观树形树种	C	✓
2.2	水杉	Metasequoia glyptostroboides Hu et Cheng.	杉科		✓	40	喜光	耐寒	耐水	秋叶转棕褐色,观叶树种	A	✓
2.39	池杉	Taxodium disticum(L.)Rich. var. imbricatum(Nutt.) Croom.	杉科		✓	25	喜光	稍耐寒	耐水 不大耐旱	树形优美,秋叶棕褐色,观叶树种	B	
1.2	圆柏	Sabina chinensis(L.) Ant.	柏科	✓		20	喜光 耐阴	耐寒	中等	老树奇姿古态,观树形树种	A	✓
1.19	日本扁柏	Chamaecyparis obtusa (Sieb. et Zucc.) Endl.	柏科	✓		40	疏荫	耐寒	中等	观枝叶,树形树种	B	
1.20	侧柏	Platycladus orientalis (L.) Franco	柏科	✓		20	喜光	耐寒	不耐水	观枝叶,树形树种	B	✓
1.36	柏木	Cupressus funebris Endl.	柏科	✓		35	喜光	不耐寒	中等	树姿优美,观树形	C	✓
1.60	墨西哥柏木	Cupressus lusitanica Mill.	柏科	✓		30	喜光	不耐寒	中等	树形优美,观树形树种	D	
1.38	竹柏	Nageia nagi (Thunb.) Kuntze [Podocarpus nagi (Thunb.) Zoll. et Mor. ex Zoll]	罗汉松科	✓		20	耐阴	不耐寒	中等	枝叶青翠,树形优美,观叶,树形树种	C	✓
1.40	榧树	Torreya grandis Fort. ex Lindl	红豆杉科	✓		25	耐阴	不耐寒	中等	树形高大,观树形树种	C	✓
1.48	银木	Cinnamomum septentrionale Hand.-Mzt.	樟科	✓		16~25	喜光 稍耐阴	稍耐寒	不耐水	枝叶繁茂,观叶,树形树种	C	✓
1.47	闽楠	Phoebe bournei (Hemsl.) Yang	樟科	✓		15~20	耐阴	稍耐寒	不耐旱	观叶,树形树种	C	✓

（续）

特大乔木（树高15m以上）

索引编号	种名	学名	科名	常绿	落叶	高度(m)	光照	温度	水份	观赏特性	应用频度	乡土树种
1.7	樟树	Cinnamomum camphora（L.）Presl.	樟科	✓		20~50	喜光	稍耐寒	不耐水	冠大荫浓，观树形树种	A	✓
1.8	黄樟	Cinnamomum parthenoxylon（Jack）Meissn	樟科	✓		10~20	喜光	稍耐寒	不耐水	树形高大，观树形树种	A	✓
1.9	猴樟	Cinnamomum bodinieri Levl.	樟科	✓		15	喜光	稍耐寒	不耐水	树大浓荫，观树形树种	B	✓
1.5	荷花玉兰	Magnolia grandiflora Linn.	木兰科	✓		30	喜光	稍耐寒	不耐水	花大，白色，观花树种	A	
1.6	乐昌含笑	Micheliachapensis Dandy	木兰科	✓		15~30	喜光	耐寒	不耐水	花清丽芳香，观花、观形树种	A	✓
1.22	深山含笑	Micheliamaudiae Dunn	木兰科	✓		20	喜光	稍耐寒	不耐寒	花纯白艳丽，观花树种	B	✓
1.42	乐东拟单性木兰	Parakmeria lotungensis（Chun et C. Tsoong）Law	木兰科	✓		30	喜光	稍耐寒	不耐水	花形美丽，观花、观形树种	C	
1.43	醉香含笑	Micheliamacclurei Dandy	木兰科	✓		20~30	喜光	稍耐寒	不耐水	花白色，芳香，观形树种	C	
2.41	鹅掌楸	Liriodendron chinense（Hemsl.）Sarg.	木兰科		✓	40	喜光	稍耐寒	不耐水 不耐旱	叶马褂状，观叶树种	B	✓
1.83	樟叶槭	Acer cinnamomifolium Hayata	槭树科	✓		10~20	耐半荫	不耐寒	不耐旱	树形优美，观树形树种	D	✓
2.3	乌桕	Sapium sebiferum（L.）Roxb	大戟科		✓	15	喜光	稍耐寒	耐旱 耐水	秋色叶红，观叶树种	A	✓
2.4	重阳木	Bischofia polycarpa（Levl.）Airy -Shaw	大戟科		✓	15	喜光	不耐寒	中等	入秋叶色转红，观叶树种	C	✓
2.94	千年桐	Aleurites montana（Lour.）E. H. Wilson	大戟科		✓	15	喜光	耐寒	耐旱	树姿优美，开花雪白壮观，观花树种	C	
2.8	梧桐	Firmiana platanifolia（L. f.）Marsili	梧桐科		✓	20	喜光	稍耐寒	不耐水	叶大荫浓，观叶树种	A	✓
2.16	樱花	Cerasus serrulata（Lindl.）G. Don ex London	蔷薇科		✓	5~25	喜光	稍耐寒	不耐旱	春季开花，观花树种	A	✓
2.20	刺槐	Robinia pseudoacacia L.	蝶形花科		✓	10~25	喜光	稍耐寒	耐旱	叶色鲜绿，观叶树种	A	✓
2.21	槐树	Sophora japonica L.	蝶形花科		✓	25	喜光	耐寒	不耐水 耐旱	荚果串珠状，观果树种	A	✓
2.51	合欢	Albizzia julibrissin Durazz.	含羞草科		✓	15	喜光	耐寒	稍耐旱	花淡红色，观花树种	B	✓
2.52	皂荚	Gleditsia sinensis Lam.	苏木科		✓	30	喜光	稍耐寒	不耐水	观叶，果树种	B	✓

特大乔木（树高15m以上）

索引编号	种名	学名	科名	常绿	落叶	高度(m)	光照	温度	水份	观赏特性	应用频度	乡土树种
2.53	翅荚木	*Zenia insignis* Chun.	苏木科		√	40	喜光	稍耐寒	不耐水	荚果有阔翅，观果树种	B	√
2.23	二球悬铃木	*Platanus × acerifolia* (Ait.) Willd.	悬铃木科		√	35	喜光	稍耐寒	耐旱	观叶，果树种	A	
2.26	垂柳	*Salix babylonica* L.	杨柳科		√	18	喜光	耐寒	耐水湿	枝叶柔软，观枝，叶树种	A	√
2.30	榔榆	*Ulmus parvifolia* Jacq.	榆科		√	25	喜光	耐寒	稍耐旱	树姿优美，观树形树种	A	√
2.31	白榆	*Ulmus pumila* L.	榆科		√	25	喜光	耐寒	耐旱	树形高大，观树形树种	A	
2.56	珊瑚朴	*Celtis julianae* Schneid	榆科		√	27	喜光	稍耐寒	耐旱	红花红果，观花，果树种	B	√
2.103	榉树	*Zelkova schneideriana* Hand. – Mazz.	榆科		√	35	喜光	稍耐寒	不耐旱	枝叶细美，观叶树种	D	√
2.33	复羽叶栾树	*Koelreuteria bipinnata* Franch.	无患子科		√	20	喜光	耐寒	较耐旱	夏日有黄花，秋日有红果，观花、果树种	A	√
2.34	无患子	*Sapindus mukorosii* Gaertn.	无患子科		√	25	喜光	稍耐寒	中等	秋叶金黄，观叶树种	A	√
2.36	枫杨	*Pterocarya stenoptera* C. DC.	胡桃科		√	30	喜光	耐寒	耐水	枝叶茂密，观叶、树形树种	A	√
2.57	枳椇	*Hovenia acerba* Lindl.	鼠李科		√	25	喜光	稍耐寒	稍耐旱	球形果，观果树种	B	√
2.62	香椿	*Toona sinensis* (A. Juss.) Roem.	楝科		√	16	喜光	稍耐寒	稍耐水	嫩叶鲜红，观叶树种	B	√
2.68	喜树	*Camptotheca acuminata* Decne.	蓝果树科		√	30	喜光	稍耐寒	稍耐水	树形高大，观树形、果树种	A	√
2.69	枫香	*Liquidambar formosana* Hance.	金缕梅科		√	40	喜光	较耐寒	应耐旱	深秋叶色红艳，观叶树种	A	√
2.75	杜仲	*Eucommia ulmoides* Oliv.	杜仲科		√	20	喜光	稍耐寒	中等	观果，树形树种	C	√
2.81	臭椿	*Ailanthus altissima* (Mill.) Swingle.	苦木科		√	30	喜光	耐寒	不耐旱	春季嫩叶紫红色，秋季红果满树，观叶，果树种	C	√
2.87	梓树	*Catalpa ovata* G. Don	紫葳科		√	20	喜光	耐寒	不耐旱	蒴果如筷，观果树种	C	√
2.105	楸树	*Catalpa bungei* C. A. Mey.	紫葳科		√	30	喜光	稍耐寒	不耐旱	枝繁叶茂，观叶、观果树种	D	√
2.106	黄连木	*Pistacia chinensis* Bunge.	漆树科		√	30	喜光	稍耐寒	耐旱	早春嫩叶红色，入秋叶变深红或橙黄色，观叶树种	D	√
2.60	天师栗	*Aesculus Wilsonii* Rehd.	七叶树科		√	15~20	中等	不耐寒	中等	树形美观，冠如华盖，观花树种	B	
2.93	山桐子	*Idesia polycarpa* Maxim.	大风子科		√	8~21	喜光	耐寒	耐旱	花多芳香，树形优美，观果树种	C	
2.96	灯台树	*Cornus controversa* Hemsl.	山茱萸科		√	12~20	中等	中等	中等	树姿优美奇特，叶形秀丽，白花素雅	C	

（续）

特大乔木（树高15m以上）

索引编号	种名	学名	科名	常绿	落叶	高度（m）	光照	温度	水份	观赏特性	应用频度	乡土树种
2.122	广东木瓜红	Rehderodendron kwangtungense Chun	安息香科		√	20		中等	中等	观花,观果树种	D	
1.52	蒲葵	Livistona chinensis (Jacq.) R. Br.	棕榈科	√		5~20	喜光	不耐寒	稍耐旱	树形美观,观树形树种	C	
1.54	华盛顿棕榈	Washingtonia filifera (linden) Wendland	棕榈科	√		28	喜光	稍耐寒	中等	树形优美,叶大如扇,观叶,树形树种	C	

大乔木（树高12m以上）

索引编号	种名	学名	科名	常绿	落叶	高度（m）	光照	温度	水份	观赏特性	应用频度	乡土树种
1.10	秃瓣杜英	Elaeocarpus glabripetalus Merr.	杜英科	√		12	疏荫	稍耐寒	不耐旱	叶有红色,观叶形树种	A	√
1.21	杜英	Elaeocarpus sylvestris (Lour.) Poir	杜英科	√		5~15	耐阴	中等	中等	观叶树种	B	√
1.11	杨梅	Myrica rubra Sieb. et Zucc	杨梅科	√		12~15	疏荫	稍耐寒	稍耐旱	深红色果实,观果树种	A	√
1.13	桂花	Osmanthus fragrans (Thunb.) Lour.	木犀科	√		12	疏荫	稍耐寒	不耐水	秋季开花,观花,树形树种	A	√
1.14	金桂	Osmanthus fragrans (Thunb.) Lour. var. thunbergii Makino	木犀科	√		12	疏荫	稍耐寒	不耐水	（同上）	A	√
1.15	银桂	Osmanthus fragrans (Thunb.) Lour. var. latifolius Makino	木犀科	√		12	疏荫	稍耐寒	不耐水	（同上）	A	√
1.16	丹桂	Osmanthus fragrans (Thunb.) Lour. var. aurantiacus Makino	木犀科	√		12	疏荫	稍耐寒	不耐水	（同上）	A	√
1.26	椤木石楠	Photinia davidsoniae Rehd. et Wils	蔷薇科	√		6~15	喜光	喜温暖	耐旱	树形高大,观花,观果树种	B	√
1.27	石楠	Photinia serrulata Lindl.	蔷薇科	√		12	喜光	稍耐寒	耐旱	早春观红叶,秋冬观红果	B	√
2.42	望春玉兰	Magnolia biondii Pamp	木兰科		√	12	喜光	稍耐寒	不耐旱	花先叶开放,观花树种	B	√
2.63	鸡爪槭	Acer palmatum Thunb	槭树科		√	8~13	疏荫	耐寒	稍耐旱	叶形奇特,观叶,树形树种	B	√
2.64	南方泡桐	Paulownia australis Gong	玄参科		√		喜光	稍耐寒	稍耐旱	紫色花序,观花树种	B	√
2.66	南酸枣	Choerospondias axillaries (Roxb.) Burtt et Hill	漆树科		√	13	喜光	稍耐寒	不耐水	冠大荫浓,观叶,树形树种	B	√
1.53	加拿利海枣	Phoenix canariensis Hort. ex Chab.	棕榈科	√		10~15	喜光	稍耐寒	中等	树形优美舒展,观树形树种	C	

中等乔木（树高8m以上）

索引编号	种名	学名	科名	常绿	落叶	高度(m)	光照	温度	水份	观赏特性	应用频度	乡土树种
1.3	龙柏	Sabina chinensis (L.) Ant. cv. 'Kaizuca'	柏科	√		8	疏荫	耐寒	中等	树形优美，观树形树种	A	√
1.12	女贞	Ligustrum lucidum Ait.	木犀科	√		10	喜光	稍耐寒	不耐旱	观花，树形树种	A	√
2.102	黄山木兰	Magnolia cylindrica Wils.	木兰科		√	8~10	中等	耐寒	中等	花大，色泽艳丽，观花树种	D	√
1.23	中华杜英	Elaeocarpus chinensis (Gardn. et Champ.) Hook. f. ex Benth.	杜英科	√		3~7	喜光	稍耐寒	不耐水	观叶树种	B	
1.24	日本杜英	Elaeocarpus japonicus Sieb. et Zucc.	杜英科	√		3~7	疏荫	稍耐寒	不耐旱	红叶相间，观叶树种	B	√
1.25	枇杷	Eriobotrya japonica (Thunb.) Lindl.	蔷薇科	√		10	稍耐阴	稍耐寒	不耐水 不耐旱	果实黄色，观果，叶树种	B	
2.17	日本晚樱	Cerasus serrulata (Lindl.) G. Don ex London var. lannesiana (Carr.) Makino.	蔷薇科		√	10	喜光	稍耐寒	不耐旱	花叶同放，观花树种	A	√
1.29	酸橙	Citrus aurantium L.	芸香科	√			喜光	稍耐寒	不耐旱 不耐水	果橙黄至朱红色，观果树种	B	√
1.30	柚	Citrus maxima (Burm.) Merr. [C. grandis (L.) Osbeck.]	芸香科	√		5~10	喜光	稍耐寒	不耐水	硕大果实，观果树种	B	√
1.84	红果罗浮槭	Acer fabri Hance var. rubrocarpum Metc.	槭树科	√			疏荫	稍耐寒	不耐旱 不耐水	翅果红色，观果，树形树种	D	√
2.61	三角槭	Acer buergerianum Miq.	槭树科		√	10	喜光	较耐寒	稍耐水	叶形优美，观叶树种	B	√
2.59	川楝	Melia toosendan Sieb. et Zucc.	楝科		√	10	喜光	稍耐寒	中等	观叶，果树种	B	
2.58	苦楝	Melia azedarace L.	楝科		√	10	喜光 不耐阴	不耐寒	稍耐干旱	树形潇洒，枝叶秀丽，观树形，观花树种	B	
1.31	棕榈	Trachycarpus fortunei (Hook.) H. Wendl.	棕榈科	√		3~10	稍耐阴	稍耐寒	中等	挺拔秀丽，一派南国风光，观叶，树形树种	B	√

表二　绿地乔木选择应用表

特大乔木（树高15m以上）

索引编号	种名	学名	科名	常绿	落叶	高度（m）	生态习性 光照	生态习性 温度	生态习性 水份	观赏特性	应用频度	乡土树种
2.2	水杉	*Metasequoia glyptostroboides* Hu et Cheng.	杉科		√	40	喜光	耐寒	耐水	秋叶转棕褐色，观叶树种	A	√
2.39	池杉	*Taxodium disticum*(L.) Rich. var. imbricatum(Nutt.) Croom.	杉科		√	25	喜光	稍耐寒	耐水 不大耐旱	树形优美，秋叶棕褐色，观叶树种	B	
1.38	竹柏	*Nageia nagi*（Thunb.）Kuntze [*Podocarpus nagi*（Thunb.）Zoll. et Mor. ex Zoll.]	罗汉松科	√		20	耐阴	不耐寒	中等	枝叶青翠郁，树形优美，观叶·树形树种	C	√
1.56	赤松	*Pinus densiflora* Sieb. et Zucc.	松科		√	40	喜光	耐寒	耐干旱	树形优美，观树形树种	D	
1.57	银杉	*Cathaya argyrophylla* Chun et Kuang	松科	√		24	喜光	中等	中等	树形优美，秀丽可观	D	
1.58	日本冷杉	*Abies firma* Siebold et Zuccarini	松科	√		20	喜光 耐阴	中等	中等	树形优美，秀丽可观	D	
1.59	日本花柏	*Chamaecyparis pisifera* (Siebold et Zuccarini) Enelicher	柏科	√		50	中性	中等	不耐旱	树形优美，秀丽可观	D	
1.45	楠木	*Phoebe zhennan*S. Lee et F. N. Wei	樟科	√		30	中性	中等	中等	树干高达端直，树冠雄伟	C	
1.62	红花木莲	*Manglietiansignis*(Wall.) Bl.	木兰科	√		30	喜荫	耐寒	耐水湿	树形繁茂优美，花色艳丽芳香	D	
1.63	阔瓣含笑	*Michelia platypetala*	木兰科	√		15～20	中等	中等	中等	主干挺秀，枝茂叶密，开花素雅	D	
1.6	乐昌含笑	*Micheliachapensis* Dandy	木兰科	√		15～30	喜光	耐寒	不耐水	花清丽芳香，观花，观形树种	A	√
1.22	深山含笑	*Micheliamaudiae* Dunn.	木兰科	√		20	喜光	稍耐寒	不耐旱	花纯白艳丽，观花树种	B	√
1.43	醉香含笑	*Micheliamacclurei* Dandy	木兰科	√		20～30	喜光	稍耐寒	不耐水	花白色 芳香，观花树种	C	
1.41	木莲	*Manglietia fordiana*（Hemsl.）Oliv.	木兰科	√		20	喜光 耐阴	不耐旱	中等	观花树种	C	
2.26	垂柳	*Salix babylonica* L.	杨柳科		√	18	喜光	耐寒	耐水湿	枝叶柔软，观枝 叶树种	A	√
2.30	榔榆	*Ulmus parvifolia* Jacq.	榆科		√	25	喜光	耐寒	稍耐旱	树姿优美，观树形树种	A	√
2.31	白榆	*Ulmus pumila* L.	榆科		√	25	喜光	耐寒	耐旱	树形高大，观树形树种	A	
2.36	枫杨	*Pterocarya stenoptera* C. DC.	胡桃科		√	30	喜光	耐寒	耐水	枝叶茂密，观叶，树形树种	A	√
2.99	野核桃	*Juglans cathayensis* Dode	胡桃科		√	2～26	中等	中等	中等	观果树种	C	

特大乔木（树高15m以上）

索引编号	种名	学名	科名	常绿	落叶	高度(m)	光照	温度	水分	观赏特性	应用频度	乡土树种
2.101	紫花泡桐	*Paulownia tomentosa* (Thunb.) Steud.	玄参科		√	20	中等	耐寒	耐旱	观花树种	C	
1.70	猴欢喜	*Sloanea sinensis* (Hance) Hemsl.	杜英科	√		20	中等	中等	中等	树冠浓绿,观果	D	
1.71	蕈蒴楼	*Castanopsis fissa* Rehd. et Wils	壳斗科	√		20	喜光	耐寒	中等	树叶繁茂	D	
2.117	小叶栎	*Quercus chenii* Nakai	壳斗科		√	20	中等	中等	中等	观叶树种	D	
1.78	粗糠柴	*Mallotus philippensis* (Lam.) Muell. Arg	大戟科	√		2~18	中等	中等	中等	观果树种	D	
2.94	千年桐	*Aleurites montana* (Lour.) E. H. Wilson	大戟科		√	15	喜光	耐寒	耐旱	树姿优美,开花雪白壮观,观花树种	C	
2.93	山桐子	*Idesia polycarpa* Maxim.	大风子科		√	8~21	喜光	耐寒	耐旱	花多芳香,树形优美,观果树种	C	
1.81	花榈木	*Ormosia henryi* Prain	豆科	√		16	中等	中等	中等	树形优美,观树形树种	D	
2.110	绒毛皂荚	*Gleditsia japonica* var. *velutina*	豆科		√	15~20	喜光	中等	中等	树冠优美,观果树种	D	
1.82	蕈树	*Altingia chinensis* Oliv. ex Hance.	金缕梅科	√		20	中等	中等	中等	树干挺直	D	
2.96	灯台树	*Cornus controversa* Hemsl.	山茱萸科		√	12~20	中等	中等	中等	树姿优美奇特,叶形秀丽,白花素雅	C	
2.57	枳椇	*Hovenia acerba* Lindl	鼠李科		√	25	喜光	稍耐寒	稍耐旱	球形果,观果树种	B	√
2.62	香椿	*Toona sinensis* (A. Juss.) Roem	楝科		√	16	喜光	稍耐寒	稍耐水	嫩叶鲜红,观叶树种	B	√
2.68	喜树	*Camptotheca acuminata* Decne	蓝果树科		√	30	喜光	稍耐寒	稍耐水	树形高大,观树形、果树种	A	√
2.60	天师栗	*Aesculus Wilsonii* Rehd.	七叶树科		√	15~20	中等	不耐寒	中等	树形美观,冠如华盖,观花树种	B	
2.75	杜仲	*Eucommia ulmoides* Oliv	杜仲科		√	20	喜光	稍耐寒	中等	观果,树形树种	C	
1.52	蒲葵	*Livistona chinensis* (Jacq.) R. Br.	棕榈科	√		5~20	喜光	不耐寒	稍耐旱	树形美观,观树形树种	C	√
2.113	厚壳树	*Ehretia thyrsiflora* (Sieb. et Zucc.) Nakai	紫草科		√	15	喜光稍耐阴	耐寒	中等	枝叶繁茂,叶片绿薄,春季白花满枝,秋季红果缀树	D	
2.120	银钟花	*Halesia macgregorii* Chun	安息香科		√	7~20	喜光	中等	不耐水	观花观果树种	D	
2.121	陀螺果	*Melliodendron xylocarpum* Hand.-Mazz.	安息香科		√	6~20	喜光	中等	中等	观花观果树种	D	

特大乔木（树高 15m 以上）

索引编号	种名	学名	科名	常绿	落叶	高度（m）	光照	温度	水份	观赏特性	应用频度	乡土树种
2.122	广东木瓜红	Rehderodendron kwangtungense Chun	安息香科			20	喜光	中等	中等	观花、观果树种	D	
2.124	白辛树	Pterostyrax psilophylla Diels ex Perk.	安息香科		✓	20～25	喜光	中等	中等	树形美观、叶浓绿、观花树种	D	

大乔木（树高 12m 以上）

索引编号	种名	学名	科名	常绿	落叶	高度（m）	光照	温度	水份	观赏特性	应用频度	乡土树种
1.65	毛豹皮樟	Litsea coreana var. lanuginosa	樟科	✓		8～15	中等	中等	中等	观树皮、观春色叶	D	
1.66	刨花楠	Machilus pauhoi Kaneh.	樟科	✓		10～15	中等	中等	中等	干型通直、树冠翠绿	D	
1.21	杜英	Elaeocarpus sylvestris (Lour.) Poir	杜英科	✓		5～15	耐阴	中等	中等	观叶树种	B	
2.63	鸡爪槭	Acer palmatum Thunb.	槭树科		✓	8～13	疏荫	耐寒	稍耐旱	叶形奇特、观叶、树形树种	B	✓
2.64	南方泡桐	Paulownia australis Gong Tong.	玄参科		✓		喜光	稍耐寒	稍耐旱	紫色花序、观花树种	B	✓
1.53	加拿利海枣	Phoenix canariensis Hort. ex Chab.	棕榈科	✓		10～15	喜光	稍耐寒	中等	树形优美舒展、观树形树种	C	

中等乔木（树高 8m 以上）

索引编号	种名	学名	科名	常绿	落叶	高度（m）	光照	温度	水份	观赏特性	应用频度	乡土树种
1.3	龙柏	Sabina chinensis (L.) Ant. cv. 'Kaizuca'	柏科	✓		8	疏荫	耐寒	中等	树形优美、观树形树种	A	✓
1.12	女贞	Ligustrum lucidum Ait.	木犀科	✓		10	喜光	稍耐寒	不耐旱	观花、树形树种	A	✓
1.51	头状四照花	Dendrobenthamia capitata (Wall.) Hutch.	山茱萸科	✓		3～10	中等	中等	中等	观花树种	C	
2.118	山茱萸	Cornus officinalis	山茱萸科		✓	10	中等	中等	中等	观叶树种	D	
2.58	苦楝	Melia azedarace L.	楝科		✓	10	喜光不耐阴	不耐寒	稍耐干旱	树形潇洒、枝叶秀丽、观树形、观花树种	B	
2.85	青枫	Acer palmatum Thunb.	槭树科		✓	10	弱阳性耐半荫	耐寒	不耐水	观叶树种	C	
2.86	青榨槭	Acer davidii Franch	槭树科		✓	8～12	中等	耐寒	中等	苍劲挺拔、枝繁叶茂、树形优美	C	

（续）

中等乔木（树高 8m 以上）

索引编号	种名	学名	科名	常绿	落叶	高度（m）	光照	温度	水份	观赏特性	应用频度	乡土树种
2.89	罗浮柿	Diospyros morrisiana Hance	柿树科		√	4～10	中等	中等	中等	观花、观果树种	C	
2.102	黄山木兰	Magnolia cylindrica Wils.	木兰科		√	8～10	中等	耐寒	中等	花大、色泽艳丽	D	
1.23	中华杜英	Elaeocarpus chinensis （Gardn. et Champ.） Hook. f. ex Benth.	杜英科	√		3～8	喜光	稍耐寒	不耐水	观叶树种	B	√
1.24	日本杜英	Elaeocarpus japonicus Sieb. et Zucc.	杜英科	√		3～8	疏阴	稍耐寒	不耐旱	红叶相间，观叶树种	B	
1.25	枇杷	Eriobotrya japonica （Thunb.）Lindl.	蔷薇科	√		10	稍耐阴	稍耐寒	不耐水 不耐旱	果实黄色，观果、叶树种	B	√
2.17	日本晚樱	Cerasus serrulata （Lindl.） G. Don ex London var. lannesiana （Carr.） Makino.	蔷薇科		√	10	喜光	稍耐寒	不耐旱	花叶同放，观花树种	A	
2.111	中华石楠	Photinia beauverdiana Schneid.	蔷薇科		√	3～10	中等	中等	中等	枝叶繁茂，观果树种	D	
1.29	酸橙	Citrus aurantium L.	芸香科	√		10～12	喜光	稍耐寒	不耐旱 不耐水	果橙黄至朱红色，观果树种	B	√
1.30	柚	Citrus maxima （Burm.） Merr. [C. grandis （L.） Osbeck.]	芸香科	√		5～10	喜光	稍耐寒	不耐水	硕大果实，观果树种	B	
1.84	红果罗浮槭	Acer fabri Hance var. rubrocarpum Metc.	槭树科	√			疏阴	稍耐寒	不耐旱 不耐水	翅果红色，观果、树形树种	D	√
2.61	三角枫	Acer buergerianum Miq.	槭树科		√	10	喜光	较耐寒	稍耐水	叶形优美，观叶树种	B	√
2.95	火炬树	Rhus typhina Nutt	漆树科		√	10～12	喜光	耐寒	耐旱 耐水湿	观叶树种	C	
2.98	盐肤木	Rhus chinensis Mill.	漆树科		√	5～10	喜光	中等	中等	观叶，观果树种	C	
2.59	川楝	Melia toosendan Sieb. et Zucc.	楝科		√	10	喜光	稍耐寒	中等	观叶，果树种	B	
1.31	棕榈	Trachycarpus fortunei （Hook.） H. Wendl.	棕榈科	√		3～10	稍耐阴	稍耐寒	中等	挺拔秀丽，一派南国风光，观叶、树形树种	D	√
2.114	粗糠树	Ehretia macrophlla Wall. Ex Robx.	紫草科		√	3～12	中等	中等	中等	观叶树种	B	
2.123	芳芳安息香	Styrax odoratissimus Champ. ex Benth	安息香科		√	10	喜光	中等	中等	观花树种	D	

表三　花灌木选择应用表

索引编号	种名	学名	科名	常绿	落叶	花期	花色	果期	光照	温度	水分	应用频度	备注	乡土树种
										生态习性				

春花灌木

索引编号	种名	学名	科名	常绿	落叶	花期	花色	果期	光照	温度	水分	应用频度	备注	乡土树种
2.43	紫玉兰	Magnolia liliflora Desr.	木兰科		√	3~4月	紫色	—	喜光	稍耐寒	不耐水 不耐旱	B	观花小乔木	√
2.44	二乔木兰	Magnolia soulangeana (Lindl.) Soul. Bod.	木兰科		√	3~4月	淡紫	—	喜光	耐寒	不耐旱	B	观花小乔木	√
3.44	紫花含笑	Micheliacrassipes Law.	木兰科	√		4~5月	紫红色或紫黑	8~9月	喜光	稍耐寒	不耐水	B	观花小乔木	√
3.5	含笑	Micheliafigo (Lour.) Spreng.	木兰科	√		3~4月	白	9月	稍耐阴	较耐寒	不耐水	A	观花	√
4.12	小檗	Berberis thunbergii DC.	小檗科	√		4~6月	淡黄色	7~10月	喜光、耐阴	较耐寒	耐旱	B	观叶、观花、观果	
4.13	紫叶小檗	Berberis thunbergii DC var. atropurpurea Chenault.	小檗科	√		4月	黄色	9~10月	喜光、耐阴	较耐寒	耐旱	B	观叶、观花、观果	√
3.15	蚊母树	Distylium racemosum Sieb et Zucc.	金缕梅科	√		4~5月	白	10月	喜光	稍耐寒	不耐水	A	观叶为主	√
3.17	红花檵木	Loropetalum chinense (R. Br.) Oliv. var. rubrum Yieh.	金缕梅科	√		4~5月	紫红	9~10月	喜光、耐半阴	不耐寒	较耐旱	A	观叶、观花	√
3.16	檵木	Loropetalum chinense (R. Br.) Oliv.	金缕梅科	√		5月	白色	8月	稍耐阴	耐寒	耐旱	A	观花、观叶	√
4.43	蜡瓣花	Corylopsis sinensis Hemsl.	金缕梅科		√	3~4月	黄色	9~10月	喜光	耐寒	不耐水	C	观叶、花	
3.9	山茶花	Camellia japonica L.	山茶科	√		2~4月	多色红色	9~11月	喜半阴	稍耐寒	不耐旱	A	观花	√
3.28	杜鹃	Rhododendrun simsii Planch.	杜鹃花科	√		4~5月	粉色白色	9~10月	喜半阴	较耐寒	不耐水	A	观花	√
3.29	锦绣杜鹃	Rhododendrun pulchrum Sweet	杜鹃花科	√		4~5月	紫	9~10月	喜半阴	较耐寒	不耐水	A	观花	
3.30	西洋杜鹃	Rhododendrun simsii hybridum PLAN	杜鹃花科	√		冬春	多色	9~10月	喜半阴	稍耐寒	不耐水	A	观花	
3.43	鹿角杜鹃	Rhododendion latoucheae Franch.	杜鹃花科	√		4~5月	堇粉色	7~9月	疏荫	较耐寒	稍耐旱	B	观花	√
3.64	金弹子	Diospyros armata Hemsl.	柿树科	√		4~5月	乳白色	5~10月	疏荫	耐寒	稍耐旱	C	观叶、观花、观果	
3.8	海桐	Pittosporum tobira (Thunb.) Ait.	海桐科	√		5月	黄	9~10月	稍耐阴	稍耐寒	中等	A	观叶为主	√
2.11	樱桃	Cerasus psudocerasus (Lindl.) G. Don	蔷薇科		√	4月	白	5~6月	喜光	稍耐寒	稍耐旱	A	观花、果小乔	√
2.12	桃	Amygdalus persica L.	蔷薇科		√	3~4月	粉红	6~9月	喜光	稍耐寒	耐旱	A	观花、果小乔	√

春花灌木

索引编号	种名	学名	科名	常绿	落叶	花期	花色	果期	光照	温度	水分	应用频度	备注	乡土树种
2.13	千瓣白桃	Amygdalus persica L. f. alba-plena Schneid	蔷薇科		√	3～4月	白	—	喜光	稍耐寒	耐旱	A	观花小乔木	√
2.14	紫叶桃	Amygdalus persica L. f. atropurpurea Schined	蔷薇科		√	3～4月	桃红	—	喜光	稍耐寒	耐旱	A	观花小乔木	
2.15	碧桃	Amygdalus persica L. f. duotex Rehd	蔷薇科		√	3～4月	多色		喜光	稍耐寒	耐旱	A	观花小乔木	√
2.16	樱花	Cerasus serrulata（Lindl.） G. Don ex London	蔷薇科		√	4～5月	白色粉红	7月	喜光	稍耐寒	不耐旱	A	观花小乔木	√
2.17	日本晚樱	Cerasus serrulata(Lindl.) G. Don ex London var. lannesiana (Carr.) Makino	蔷薇科		√	4月	粉红白色	—	喜光	稍耐寒	不耐旱	A	观花小乔木	
2.19	紫叶李	Prunus cerasiferaEhrhart. f. atropurpurea (Jacq.) Rehd.	蔷薇科		√	3～4月	白色粉红	6月	喜光	耐寒	不耐旱	A	观花、叶小乔	√
2.47	贴梗海棠	Chaenomeles speciosa (Sweet.) Nakai.	蔷薇科		√	3～4月	多色	10月	喜光	稍耐寒	稍耐旱	B	观花小乔木	√
2.48	垂丝海棠	Malus halliana Koehne.	蔷薇科		√	4月	粉红	9～10月	喜光	较耐寒	不耐水 不耐旱	B	观花小乔木	√
2.49	湖北海棠	Malus hupehensis (Pamp.) Rehd.	蔷薇科		√	4～5月	白色	8～9月	喜光	耐寒	较耐水 不耐旱	B	观花小乔木	√
2.50	西府海棠	Malus micromalus Makino	蔷薇科		√	4月	粉红	9月	喜光	耐寒	较耐干旱	B	观花小乔木	
2.74	杏	Armeniaca vulgaris Lam.	蔷薇科		√	3～4月	白色 淡粉红色	6～7月	喜光	耐寒	耐旱	C	观花、叶小乔木	√
3.13	火棘	Pyracantha fortuneana (Maxim.) H. L. Li	蔷薇科	√		3～4月	白	9～11月	喜光、稍耐阴	较耐寒	耐旱	A	观花、观果	√
4.17	中华绣线菊	Spiraea chinensis Maxim.	蔷薇科		√	3～6月	白色		疏荫	耐寒	耐旱	B	观花	√
4.19	棣棠花	Kerria japonica (L.) DC.	蔷薇科		√	4～5月	金黄色	7～8月	喜光、稍耐阴	较耐寒	不耐旱	A	观花	√
4.20	重瓣棣棠花	Kerria japonica (L.) DC. f. pleniflora (Witte) Rehd.	蔷薇科		√	4～6月	黄色	6～8月	喜光、稍耐阴	耐寒	耐旱	A	观花	√
4.14	结香	Edgeworthia chrysantha Lindl.	瑞香科		√	1～3月	黄色	4～6月	疏荫	稍耐寒	不耐旱	B	观叶、花	√

（续）

索引编号	种名	学名	科名	常绿	落叶	花期	花色	果期	生态习性 光照	生态习性 温度	生态习性 水分	应用频度	备注	乡土树种
						春花灌木								
3.26	洒金桃叶珊瑚	Aucuba japonica Thunb. f. variegate (D'Ombr.) Rehd.	山茱萸科	√		3~4月	紫红暗紫	11月至翌年2月	耐半阴	喜温不耐寒	不耐旱	A	观叶	√
3.20	枸骨	Ilex cornuta Lindll. et Paxt.	冬青科	√		4~5月	黄绿	9~11月	耐半阴	稍耐寒	不耐水	A	观叶、果	√
3.21	无刺枸骨	Ilex cornuta var. forumei S. Y. Hu	冬青科	√		4~5月	黄绿	9~11月	喜光耐半阴	喜温稍耐寒	不耐水	A	观叶、果	√
3.18	匙叶黄杨	Buxus harlandii Hance(B. bodinieri Levl.)	黄杨科	√		4月	黄绿	7月	喜光耐阴	较耐寒	中等	A	观叶	√
3.19	黄杨	Buxus microphyllaSieb. et Zucc. ssp. sinica (Rehd. et Wils.) Hatusima.	黄杨科	√		3~4月	黄绿	7月	喜半阴	较耐寒	中等	A	观叶为主	√
3.62	顶蕊三角咪	Pachysandra teminalis Sieb. et Zucc.	黄杨科	√		4~5月	粉红色或白色	9~10月	耐阴	耐寒	不耐旱	C	观叶、花	√
3.56	橘	Citrus reticulata Blance.	芸香科	√		3~5月	黄白色	10~12月	喜光	稍耐寒	稍耐旱	B	观叶、观花、观果	
4.22	枳壳	Poncirus trifoliate (L.) Rafin.	芸香科		√	4月	白色	10月	疏剪	耐寒	稍耐旱	B	观花、果	√
4.10	金钟花	Forsythia viridissima Lindll.	木犀科		√	3~4月	深黄色	8~11月	喜光、稍耐阴	耐寒	耐旱	A	观叶、花	√
4.11	迎春花	Jasminum mesnyi Hance.	木犀科		√	2~4月	鲜黄色	—	喜光、稍耐阴	稍耐寒	不耐水	A	观叶、花	√
4.26	琼花	Viburnum macrocephalum Fort. f. keteleeri (Carr.) Rehd.	忍冬科		√	4~5月	白色	10~11月	喜光、稍耐阴	耐寒	耐旱	B	观花	√
4.41	锦鸡儿	Caragana sinica (Buc'hoz) Rehd.	蝶形花科		√	4~5月	黄色或深黄色	7月	喜光	耐寒	稍耐旱	C	观叶、花	√
4.9	紫荆	Cercis chinensis Bunge.	苏木科		√	3~4月	紫红色	8~10月	喜光	稍耐寒	不耐水	A	观花	√
3.49	石斑木	Raphiolepis indica (Linn.) Lindl. var. indica	蔷薇科	√		4月	白色	7~8月	喜光	中等	耐干旱瘠薄	B	观花	√
4.31	花叶小檗	Berberis thunbergii 'Atropurpurea Nana'	小檗科		√	4月	黄色	9~10月	喜阳	耐寒	耐旱	B	观花、观叶	
4.28	接骨木	Sambucus willliamsii Hance	五福花科		√	4~5月	白色	6~7月	喜光	耐寒	耐旱	B	观花、观叶	
4.46	南方荚蒾	Viburnum fordiae Hance	忍冬科		√	4~5月	白色	10~11月	喜光	较耐寒	中等	D	观花、观果	
4.27	蝴蝶荚蒾	Viburnum plicatum Thunb. var. tomentosum (Thunb.) Miq.	忍冬科		√	4~5月	白色	8~10月	喜光	较耐寒	中等	B	观花、观果	
4.47	白花龙	Styrax faberi Perk.	安息香科		√	4~6月	白色	8~10月			较耐旱	D	观花	

索引编号	种名	学名	科名	常绿	落叶	花期	花色	果期	光照	温度	水分	应用频度	备注	乡土树种
										生态习性				

夏花灌木

3.6	十大功劳	Mahonia fortunei (Lindl.) Fedde.	小檗科	✓		7~10月	黄	9~11月	耐阴	稍耐寒	不耐水	A	矮灌、观叶为主	✓
3.7	南天竹	Nandina domestica Thunb.	小檗科	✓		5~6月	黄	10月	耐半阴	耐寒	中等	A	观叶、果为主	✓
4.3	木槿	Hibiscus syriacus L.	锦葵科		✓	6~9月	淡紫或红或白	9~11月	喜光、稍耐阴	耐寒	耐旱	A	观叶、花	
4.16	玫瑰	Rosa rugosa Thunb.	蔷薇科		✓	5~8月	红色	9~10月	不耐阴	耐寒	耐旱	B	观花	
3.41	大花六道木	A. grandiflora (Andre) Rehd.	忍冬科	✓		7~10月	粉红	8~9月	耐半阴	耐寒	耐旱	A	观花	
3.54	六道木	Abelia dielsii (Gaebn.) Rehd.	忍冬科	✓		7~9月	粉红	8~9月	耐半阴	耐寒	耐旱	B	观花	
4.35	紫珠	Callicarpa bodinieri Purplepearl	马鞭草科		✓	6~7月	白、粉红、淡紫等	8~11月	喜光	怕风、	怕旱	B	观花、观果	
4.49	白棠子树	Callicarpa dichotoma (Lour.) K. Koch	马鞭草科		✓	5~6月	紫色	7~11月	喜光	较耐寒	中等	D	观果	
4.40	郁李	Prunus japonica Thunb.	蔷薇科		✓	4~5月	粉红或近白色	7~8月	喜光	耐寒	耐旱	C	观花	✓
4.2	紫薇	Lagerstroemia indica L.	千屈菜科		✓	6~9月	红色	7~9月	喜光、稍耐阴	耐寒	耐旱	A	观花、观干、观根	✓
3.12	赤楠	Syzygium buxifolium Hook. et Arm.	桃金娘科	✓		5~6月	白	9~10月	耐阴	稍耐寒	中等	A	观干为主	✓
3.23	大叶黄杨	Euonymus japonicus Thunb.	卫矛科	✓		5~6月	绿白	9~10月	稍耐阴	稍耐寒	稍耐旱	A	观叶	✓
3.24	金边黄杨	Euonymus japonicus Thunb. cv. 'Aureo-marginaths' Nichols.	卫矛科	✓		6~7月	绿白	9~10月	喜光、稍耐阴	喜温	稍耐旱	A	观叶	
3.25	金心黄杨	Euonymus japonicus Thunb. cv. 'Aureo-variegatus' Reg.	卫矛科	✓		6~7月	绿白	9~10月	喜光、稍耐阴	喜温	稍耐旱	A	观叶	
3.22	龟甲冬青	Ilex crenata Thunb cv. Convexa Makino	冬青科	✓		5~6月	白	10月	耐阴	喜温	不耐水	A	观叶为主	✓
2.37	枣	Ziziphus jujuba Mill. var. inermis (Bunge.) Rehd.	鼠李科		✓	5~6月	黄绿色	8~9月	喜光	耐寒	耐旱	B	观叶、花	✓
4.24	马甲子	Paliurus ramossimus Poir	鼠李科		✓	5~8月	黄绿色	9~10月	喜光	耐寒	耐旱	B	观叶、花	✓
3.57	金柑	Fortunella margarita (Lour.) Swingle	芸香科	✓		6月	白色	12月	疏荫	不耐寒	耐旱	B	观叶、观花、观果	
3.34	夹竹桃	Nerium indicum Mill.	夹竹桃科	✓		6~10月	深红或粉之	12月至翌年1月	喜光	稍耐寒	耐旱	A	小乔木、观花	

表三　花灌木选择应用表

索引编号	种名	学名	科名	常绿	落叶	花期	花色	果期	生态习性 光照	温度	水分	应用频度	备注	乡土树种
						夏花灌木								
3.32	小叶女贞	Ligustrum quihoui Carr.	木犀科	✓		5~7月	白	8~11月	喜光稍耐阴	稍耐寒	中等	A	观叶为主	✓
3.33	金叶女贞	Ligustrum × vicaryi Hort. Hybrid	木犀科	✓		5~6月	白	10月	喜光稍耐阴	不耐寒	中等	A	观叶为主	
3.36	栀子花	Gardenia jasminoides Ellis	茜草科	✓		6~8月	白	10月	耐半阴	较耐寒	不耐水	A	观花	✓
3.37	大花栀子	Gardenia jasminoides Ellis f. grandiflora Makino	茜草科	✓		6~8月	白	10月	耐半阴	较耐寒	不耐水	A	观花	✓
3.38	水栀子	Gardenia jasminoides Ellis var. radicans (Thunb.) Makino	茜草科	✓		6~7月	白	10月	耐半阴	较耐寒	不耐水	A	观花	✓
3.39	六月雪	Serissa japonica (Thunb.) Thunb [S. foetida (L. f.) Ham]	茜草科	✓		6~7月	白	10月	稍耐阴	喜温较耐寒	喜湿润	A	观花	✓
3.40	金边六月雪	Serissa japonica (Thunb.) Thunb var. aureo-marginata Hort.	茜草科	✓		6~7月	白	10月	稍耐阴	喜温不耐寒	喜湿润	A	观花,叶	
4.25	木绣球	Viburnum macrocephalum Fort.	绣球花科		✓	4~6月	白	—	喜光、稍耐阴	耐寒	耐旱	B	观花	✓
4.7	绣球花	Hydrangea macrophylla (Thunb.) Seringe.	虎耳草科		✓	6~7月	白、蓝或粉红	7~8月	稍耐阴	稍耐寒	不耐旱	A	观花	✓
4.21	金丝桃	Hypericum monogynum L. [Hypericum chinense L.]	金丝桃科		✓	6~7月	鲜黄色	8~9月	喜光、稍耐阴	稍耐寒	耐旱	A	观花	✓
4.37	夏蜡梅	Sinocalycanthus chinensis Cheng et S. Y. Chang.	蜡梅科		✓	5~6月	白色至粉红色	9~10月	喜光	中等	忌水湿	B	观花	
4.50	鼠李	Rhamnus davurica Pall.	鼠李科		✓	5~6月	黄绿色	8~9月	喜光	耐寒	耐旱	D	观果	
4.6	锦带花	Weigela florida (Bunge) A. DC.	忍冬科		✓	4~6月	玫瑰红色		喜光、耐阴	耐寒	耐旱	A	观花	
4.51	满树星	Ilex aculcolata Nakai	冬青科		✓	6月	白色	7月	喜光	中等	中等	D	观花	
4.38	绢毛山梅花	Philadelphus sericanthus Koehne	虎耳草科		✓	5~6月	白色	8~9月	喜光	耐寒	耐旱	B	观花	
4.44	朝天罐	Osbeckia opipara C. Y. Wu et C. Chen	野牡丹科		✓	5~10月	紫红色或深红色		喜光	中等	耐旱	D	观花	

秋冬花灌木

索引编号	种名	学名	科名	常绿	落叶	花期	花色	果期	生态习性 光照	生态习性 温度	生态习性 水分	应用频度	备注	乡土树种
3.10	茶梅	*Camellia sasanqua* Thumb.	山茶科	√		10月至翌年1月	白、红	10月	喜光稍耐阴	稍耐寒	喜阴湿	A	观花为主	
3.48	茶	*Camellia sinensis* (L.) O. Kuntze.	山茶科	√		10月至翌年2月	白色	翌年10月末	喜光，稍耐阴	稍耐寒	稍耐旱	B	观叶、花	√
3.11	油茶	*Camellia oleifera* Abel	山茶科	√		10月	白色		喜光	怕寒冷	要求水分充足	A	观花	√
4.4	木芙蓉	*Hibiscus mutabilis* L.	锦葵科		√	9~10月	粉红	10~11月	喜光稍耐阴	较耐寒	不耐旱耐水	A	观花	√
4.5	重瓣木芙蓉	*Hibiscus mutabilis* L. f. *plenus* (Andrews) S. Y. Hu	锦葵科		√	9~10月	白粉红	10~11月	喜光稍耐阴	较耐寒	不耐旱耐水	A	观花	√
2.9	梅	*Armeniaca mume* Sieb.	蔷薇科		√	冬春	白粉红	5~6月	喜光	耐寒	不耐水	C	观花小乔	√
2.10	红梅	*Armeniaca mume* Sieb. f. *alphandii* Rehd	蔷薇科		√	冬春	红色	6~7月	喜光	耐寒	不耐水	C	观花小乔	√
3.14	月季花	*Rosa chinensis* Jacq.	蔷薇科	√		4~10月	多色	9~11月	喜光	耐寒	耐旱	A	观花	√
4.23	双荚槐	*Cassia bicapsularis* L.	苏木科		√	10~11月	黄色	11月至翌年3月	喜光	稍耐寒	较耐旱	B	观花	√
3.27	八角金盘	*Fatsia japonica* (Thnub.) Decne. & Planch.	五加科	√		10~11月	黄白	翌年4月	耐阴	稍耐寒	不耐旱	A	观叶	
3.59	通脱木	*Tetrapanax papyriferus* (Hook.) K. Koch.	五加科	√		10~12月		翌年1~2月	喜光	喜温暖	不耐旱	B	观花、观叶	√
4.29	枸杞	*Lycium chinense* Mill.	茄科		√	6~11月	淡紫色	6~11月	喜光	耐寒	耐旱	B	观花	√
4.30	珊瑚樱	*Solanum pseudo-capasicum* L.	茄科		√	7~9月	白色	11月至翌年2月	喜光	稍耐寒	耐旱	B	观果	
4.42	美丽胡枝子	*Lespedeza bicolor* Turcz. ssp. *formosa* Hsu.	蝶形花科		√	7~9月	紫红色	9~10月	喜光	耐寒	耐旱	C	观叶、花	√
4.45	地稔	*Melastoma dodecandrum* Lour.	野牡丹科		√	4~11月	桃红色	5~11月	喜光，稍耐阴	不耐寒	耐旱	C	观叶、花	√

表四　地被植物选择应用表

索引编号	种名	学名	科名	常绿	落叶	光照	花期	果期	pH值	观赏特性	应用频度	乡土树种
						生态习性						
灌木地被												
3.4	铺地柏	*Sabina procumbens*（Endl）Iwata et Kusaka.	柏科	✓		半耐阴	－	－	5.5~6.5	观叶	A	✓
3.6	十大功劳	*Mahonia fortunei*（Lindl.）Fedde.	小檗科	✓		耐阴	7~0月	9~11月	微酸至中性	观叶	A	✓
3.14	月季	*Rosa chinensis* Jacq.	蔷薇科	✓		不耐阴	4~10月	9~11月	微酸至微碱性	观花	A	✓
3.17	红花檵木	*Loropetalum chinense*（R. Br.）Oliv. var. rubrum Yieh.	金缕梅科	✓		半耐阴	4~5月	9~10月	微酸性	观花	A	✓
3.18	匙叶黄杨	*Buxus harlandii* Hance（*B. bodinieri* Levl.）	黄杨科	✓		耐阴	4月	7月	微酸至微碱性	观叶	A	✓
3.19	黄杨	*Buxus microphylla* Sieb. et Zucc. Spp. sinica（Rehd. et Wils.）Hatusima	黄杨科	✓		耐阴	3~4月	7月	5.5~7.5	观叶	A	✓
3.21	无刺枸骨	*Ilex cornuta* var. forumei S. Y. Hu	冬青科	✓		半耐阴	4~5月	9~11月	微酸至微碱性	观叶、观果	A	✓
3.22	龟甲冬青	*Ilex crenata* Thunb cv. Convesa Makino.	冬青科	✓		耐阴	5~6月	10月	微酸至微碱性	观叶	A	✓
3.23	大叶黄杨	*Euonymus japonicus* Thunb.	卫矛科	✓		耐阴	6~7月	9~10月	微酸至微碱性	观叶	A	✓
3.24	金边黄杨	*Euonymus japonicus* Thunb. cv. 'Aureo–marginaths'. Nichols.	卫矛科	✓		耐阴	6~7月	9~10月	微酸至微碱性	观叶	A	
3.25	金心黄杨	*Euonymus japonicus* Thunb. cv. 'Aureo–variegatus'. Reg	卫矛科	✓		耐阴	6~7月	9~10月	微酸至微碱性	观叶	A	
3.26	洒金桃叶珊瑚	*Aukuba japonica* Thunb. f. variegata（D'Ombr.）Rehd.	山茱萸科	✓		耐阴	3~4月	11月	中性至微碱性	观叶	A	✓
3.27	八角金盘	*Fatsia japonica*（Thnub.）Decne. & Planch.	五加科	✓		耐阴	10~11月	翌年4月	微碱性	观叶	A	
3.29	锦绣杜鹃	*Rhododendron pulchrum* Sweet.	杜鹃花科	✓		不耐阴	4~5月	9~10月	微酸性	观花	A	
3.30	西洋杜鹃	*Rhododendrun simsii* hybridum PLAN	杜鹃花科	✓		不耐阴	3~5月	10月	微酸至微碱	观花	A	
3.32	小叶女贞	*Ligustrum quihoui* Carr.	木犀科	✓		半耐阴	4~5月	9~10月	微酸性	观花	A	
3.33	金叶女贞	*Ligustrum × vicaryi* Hort. Hybrid.	木犀科	✓		半耐阴	5~6月	10月下旬	微酸至微碱性	观叶	A	✓

索引编号	种名	学名	科名	常绿	落叶	光照	花期	果期	pH值	观赏特性	应用频度	乡土树种
											灌木地被	
3.38	水栀子	Gardenia jasminoides Ellis var. radicans (Thunb.) Makino.	茜草科	√		半耐阴	5~7月	8~11月	微酸至微碱性	观花	A	√
3.39	六月雪	Serissa japonica (Thunb.) Thunb [S. foetida (L.f.) Ham]	茜草科	√		半耐阴	6~7月	9~10月	微酸性	观叶	A	√
3.40	金边六月雪	Serissa japonica (Thunb.) Thunb var. aureo-marginata Hort.	茜草科	√		半耐阴	6~7月	9~10月	微酸性	观叶	A	√
3.58	熊掌木	Fatshedera lizei (Cochet.) Guil-laum.	五加科	√		耐阴	5~8月	9~11月	微碱性	观叶	B	√
3.46	阔叶十大功劳	Mahonia bealei (Fort.) Carr.	小檗科	√		耐阴	9月至翌年1月	3~5月	微酸至微碱性	观叶	B	√
3.47	金边瑞香	Daphne odora Thunb f. marginata Makino.	瑞香科	√		半耐阴	1~4月	7~8月	微酸性	观叶	B	√
3.50	红叶石楠	Photinia × fraseri.	蔷薇科	√		耐阴	5~7月	10月	微酸至微碱	观叶	B	√
3.60	棕竹	Rhapis excelsa (Thunb.) Henryi.	棕榈科	√		耐阴	6~7月	10月	酸至微酸	观叶	B	√
3.62	顶蕊三角咪	Pachysandra teminalis Sieb. et Zucc.	黄杨科	√		耐阴	4~5月	9~10月	微酸	观叶、观花	C	√
3.63	紫金牛	Ardisia japonica (Thunb.) Bl.	紫金牛科	√		耐阴	5~6月	11~12月	微酸	观叶、果	C	√
4.7	绣球花	Hydrangea macrophylla (Thunb.) Seringe.	绣球花科		√	半耐阴	6~7月	9~10月	微酸至微碱性	观叶、观花	A	√
4.20	重瓣棣棠花	Kerria japonica (L.) DC. f. pleniflora (Witte) Rehd.	蔷薇科		√	半耐阴	4~6月	6~8月	微酸性	观叶、观花	A	√
3.28	杜鹃	Rhododendrun simsii Planch.	杜鹃花科		√	耐阴	4~5月	10月	微酸性	观花	A	√
4.13	紫叶小檗	Berberis thunbergii DC var. atropurpurea Chenault.	小檗科		√	耐阴	4月	9~10月	中至微碱性	观叶、观花、观果	A	√
4.21	金丝桃	Hypericum monogynum L. [Hypericum chinense L.]	金丝桃科		√	半耐阴	6~7月	8~9月	微酸	观叶、观花	B	√
4.12	小檗	Berberis thunbergii DC.	小檗科		√	耐阴	4~6月	7~10月	微酸至微碱性	观叶、花、果	B	
4.19	棣棠花	Kerria japonica (L.) DC.	蔷薇科		√	半耐阴	4~5月	7~8月	微酸	观叶、花	B	√
4.14	结香	Edgeworthia chrysantha Lindl.	瑞香科		√	半耐阴	1~3月	4~6月	微酸	观叶、花	B	√

索引编号	种名	学名	科名	常绿	落叶	光照	花期	果期	pH值	观赏特性	应用频度	乡土树种
					灌木地被							
4.16	玫瑰	Rosa rugosa Thunb.	蔷薇科		✓	不耐阴	5~8月	9~10月	微酸至微碱性	观花	B	
4.17	中华绣线菊	Spiraea chinensis Maxim.	蔷薇科		✓	半耐阴	3~6月	7~8月	微碱至中性	观花	B	✓
4.18	粉花绣线菊	Spiraea japonica L. f.	蔷薇科		✓	半耐阴	6~7月	7~8月	微碱至中性	观花	B	✓
4.29	枸杞	Lycium chinense Mill.	茄科		✓	不耐阴	6~11月	6~11月	微酸至微碱性	观花、观果	B	✓
4.30	珊瑚樱	Solanum pseudo-capasicum L.	茄科		✓	不耐阴	7~9月	11月至翌年2月	微酸至微碱性	观果	B	
4.42	美丽胡枝子	Lespedeza bicolor Turcz. ssp. formosa Hsu	蝶形花科		✓	不耐阴	7~9月	9~10月	微酸	观叶、观花	C	✓
4.45	地菍	Melastoma dodecandrum Lour.	野牡丹科		✓	不耐阴	4~11月	5~11月	微酸	观叶、观花	C	✓
					藤本地被							
5.3	薜荔	Ficus pumila L.	桑科	✓		耐阴	4~5月	6月	微酸	观叶	A	✓
5.4	扶芳藤	Euonymus fortunei (Turcz.) H.-M.	卫矛科	✓		耐阴	5~6月	10~11月	微酸至微碱性	观叶	A	✓
5.5	异叶爬山虎	Parthenocissus dalzielii Gagnep. [P. heterophylla (Bl.) Merr.]	葡萄科		✓	耐阴	6月	9~10月	微酸至微碱性	观叶	A	
5.6	三叶爬山虎	Parthenocissus semicordata (Wall.) Planch. [P. himalayana (Royle) Planch.]	葡萄科		✓	耐阴	6月	9~10月	微酸至微碱性	观叶	A	✓
5.7	爬山虎	Parthenocissus tricuspidata (Sieb. et Zucc.) Planch.	葡萄科		✓	耐阴	6月	9~10月	微酸至微碱性	观叶	A	✓
5.9	常春藤	Hedera nepalensis K. Koch. var. sinensis (Tobl.) Rehd.	五加科	✓		耐阴	5~8月	9~11月	微酸	观叶	A	✓
3.35	蔓长春	Vinca major L.	夹竹桃科	✓		耐阴	3~5月	6月	微酸至微碱性	观叶	A	✓
5.18	花叶常春藤	Hedera helix Linn. var. argenteo-varigata Hort.	五加科	✓		半耐阴	5~8月	9~11月	微酸至微碱性	观叶	B	✓
5.14	络石	Trachelospermum jasminoides (Lindl.) Lem.	夹竹桃科	✓		耐阴	6~7月	8~12月	微酸	观叶、观花	B	✓
5.13	龙须藤	Bauhinia championii (Benth.) Benth.	苏木科		✓	耐阴	6~10月	7~12月	微酸	观叶	B	✓
5.22	南五味子	Kadsura japonica (Linn.) Dunal.	五味子科	✓		不耐阴	6~7月	9~12月	微酸	观叶、观花、观果	C	✓

索引编号	种名	学名	科名	常绿	落叶	光照	花期	果期	观赏特性	应用频度	乡土树种
							生态习性				
			草本地被								
7.1	羽衣甘蓝	Brassica oleracea L. var. acephala L. f. tricolor Hort.	十字花科		✓	不耐阴	4~5月	—	观叶	—	
7.2	三色堇	Viola tricolor L. var. hortensis DC.	堇菜科		✓	半耐阴	4~7月	5~8月	观花	—	✓
7.3	石竹	Dianthus chinensis L.	石竹科		✓	不耐阴	5~9月	6~10月	观花	—	✓
7.4	大花马齿苋	Portulaca grandiflora Hook.	马齿苋科		✓	不耐阴	6~10月	—	观花	—	
7.5	红叶甜菜	Beta vulgaris L. cv. 'Dracaenifolia'	藜科		✓	耐阴	5~7月	5~7月	观叶	—	
7.6	地肤	Kochia scoparia (L.) Schrud. f. trichophylla (Hort.) Schinz et Thell.	藜科		✓	不耐阴	7~9月	8~10月	观叶	—	✓
7.7	鸡冠花	Celosia cristata L. [C. argentea L. var. cristata (L.) Kuntze]	苋科		✓	不耐阴	7~9月	—	观花	—	
7.8	千日红	Gomphrena globosa L.	苋科		✓	不耐阴	7~10月	—	观花	—	
7.9	凤仙花	Impatiens balsamina L.	凤仙花科		✓	不耐阴	6~9月	7~10月	观花	—	✓
7.13	紫茉莉	Mirabilis jalapa L.	紫茉莉科		✓	半耐阴	6~10月	8~11月	观花	—	
7.14	雏菊	Bellis perennis L.	菊科		✓	不耐阴	2~3月	4~5月	观花	—	
7.15	金盏菊	Calendula officinalis L.	菊科		✓	不耐阴	4~6月	5~7月	观花	—	
7.16	翠菊	Callistephus chinensis (L.) Nees.	菊科		✓	不耐阴	7~10月	—	观花	—	✓
8.1	菊花	Dendranthema morifolium (Ramat.) Tzvel.	菊科		✓	不耐阴	10-12月	12月至翌年2月	观花	—	✓
7.17	瓜叶菊	Cineraria cruenta Mass	菊科		✓	不耐阴	12月至翌年2月		观叶、观花	—	✓
8.3	金鸡菊	Coreopsis basalis (Dietr.) Blake.	菊科		✓	半耐阴	—	—	观花	—	
7.18	大波斯菊	Cosmos bipinnatus Cav.	菊科		✓	不耐阴	8~10月	—	观叶、观花	—	
8.2	大丽菊	Danlia pinnata Cav.	菊科		✓	不耐阴	8~10月	—	观花	—	
7.19	万寿菊	Tagetes erecta L.	菊科		✓	不耐阴	6~10月	—	观花	—	
7.20	孔雀草	Tagetes patula L.	菊科		✓	半耐阴	5~10月	—	观花	—	✓
7.21	百日菊	Zinnia elegans Jacq	菊科		✓	不耐阴	6~10月	—	观花	—	
7.23	美女樱	Verbena hylerida Voss.	马鞭草科		✓	不耐阴	6~9月	—	观花	—	
7.24	一串红	Salvia splendens Ker-Gawl.	唇形科		✓	半耐阴	7~10月	—	观花	—	
7.26	彩叶草	Coleus blumei Benth.	唇形科		✓	不耐阴	6~9月	—	观叶	—	
8.24	紫锦草	Setcreasea purpurea Boom.	鸭跖草科		✓	耐阴	4~7月	—	观叶	—	✓

索引编号	种名	学名	科名	常绿	落叶	生态习性 光照	生态习性 花期	生态习性 果期	观赏特性	应用频度	乡土树种
			草本地被								
8.25	吊竹梅	*Zebrina pendula* Schuizl.	鸭跖草科		√	耐阴	4～7月	-	观叶	-	
8.26	美人蕉	*Canna indica* L.	美人蕉科		√	不耐阴	6－10月	-	观花	-	
8.27	大花美人蕉	*Canna generalis* Bailey.	美人蕉科		√	不耐阴	6－10月	-	观花	-	
8.29	狗牙根	*Cynodon dactylon*（L.）Pers.	禾本科		√	不耐阴	-	-	观叶	-	√
8.30	白车轴草	*Trifolium repens* L.	蝶形花科		√	耐阴	4～7月	-	观叶,观花	-	√
8.4	垂盆草	*Sedum sarmentosum* Bge.	景天科	√		半耐阴	5～6月	7－8月	观叶	-	√
8.5	天竺葵	*Pelargonium hortorum* Bailey	牻牛儿苗科	√		不耐阴	5～6月	-	观叶,观花	-	√
8.6	马蹄金	*Dichondra repens* Forst.	旋花科	√		耐阴	-	-	观叶	-	√
8.7	虎耳草	*Saxifraga stolonifera* Meerb.（*S. sarmentosa* L. f.）	虎耳草科	√		耐阴	4～11月	4～11月	观叶	-	√
8.8	一叶兰	*Aspidistra elatior* Bl.	百合科	√		半耐阴	-	-	观叶	-	√
8.9	玉簪	*Hosta plantaginea*（Lam.）Aschers	百合科	√		耐阴	6～8月	-	观叶,观花	-	√
8.10	麦冬	*Ophiopogon japonicus*（L. f.）Ker－Gawl.	百合科	√		耐阴	5～9月	-	观叶	-	√
8.11	阔叶麦冬	*Liriope platyphylla* Wang et Tang	百合科	√		耐阴	7～8月	-	观叶	-	√
8.12	土麦冬	*Liriope spicata* Lour.	百合科	√		耐阴	6～7月	8～10月	观叶	-	√
8.13	万年青	*Rhodea japonica* Roth.	百合科	√		半耐阴	6～7月	9～10月	观叶	-	√
8.14	吉祥草	*Reineckia carnea*（Andr.）Kunth.	百合科	√		半耐阴	9～10月	10月	观叶,花	-	√
8.15	葱兰	*Zephyranthes candida*（Lindl.）Herb.	石蒜科	√		半耐阴	8～10月	-	观叶,花	-	√
8.16	韭兰	*Zephyranthes grandiflora* Lindl.	石蒜科	√		半耐阴	4～9月	-	观叶,花	-	√
8.17	鸢尾	*Iris tectorum* Maxim.	鸢尾科	√		半耐阴	4～6月	6～8月	观叶,花	-	√
8.18	蝴蝶花	*Ilis japonica* Thunb.	鸢尾科	√		耐阴	4～5月	-	观叶,花	-	√
8.19	淡竹叶	*Lophatherum gracile* Brongn.	禾本科	√		耐阴	7～9月	10月	观叶	-	√
8.22	细叶结缕草	*Zoysia tenuifolia* Willd. ex Trin.	禾本科	√		不耐阴	-	-	观叶	-	√
8.23	沟叶结缕草	*Zoysia matralla*（L.）Merr.	禾本科	√		不耐阴	-	-	观叶	-	√
8.34	花叶冷水花	*Pilea cadierei* Gagnep. et Guill	荨麻科	√		耐阴	9～11月	-	观叶	-	√
8.40	金叶过路黄	*Lysimachia nummularia* 'Aurea'	报春花科	√		喜光	5～7月	-	观叶	-	
8.41	聚花过路黄	*Lysimachiacongestiflora* Hemsl.	报春花科	√		喜光	3～4月	-	观花	-	√

（续）

草本地被

索引编号	种名	学名	科名	常绿	落叶	生态习性 光照	花期	果期	观赏特性	应用频度	乡土树种
9.3	菖蒲	Acorus calamus L.	天南星科	√		不耐阴	5~6月	9~10月	观叶,花	–	√
9.4	石菖蒲	Acorus gramineus Soland.	天南星科	√		耐阴	4~5月	–	观叶,花	–	√
9.7	三白草	Saururus chinensis (Lour.) Baill.	三白草科		√	不耐阴	4~6月	–	观叶	–	√
9.13	野慈菇	Sagittaria sagittifolia var. hastata Makino	泽泻科		√	不耐阴	7~10月	–	观叶,花	–	√
9.14	萱草	Hemerocallis fulva (L.) L.	百合科		√	半耐阴	6~9月	–	观叶,花	–	√
9.21	黄菖蒲	Iris pseudacorus L.	鸢尾科		√	半耐阴	5月	6~8月	观叶,花	–	√

蕨类地被

索引编号	种名	学名	科名	常绿	落叶	生态习性 光照	孢子期	观赏特性	应用频度	乡土树种
10.1	石松	Lycopodium japonicum Thunb. ex Murray	石松科	√		耐阴	7~8月	观叶	–	√
10.2	翠云草	Selaginella uncinata (Desv.) Spring	卷柏科	√		半耐阴	–	观叶	–	√
10.3	福建莲座蕨	Angiopteris fokiensis Hieron	莲座蕨科			半耐阴	–	观株形,观叶	–	√
10.4	芒萁	Dicranopteris pedata (Houtt.) Nakaike	里白科	√		半耐阴	–	观叶	–	√
10.6	蕨	Pteridium aquilium (L.) Kuhn var. latiusculum (Desv.) Underw. ex Heller	蕨科			耐阴	5~11月	观叶	–	√
10.7	井栏边草	Pteris multifida Poir.	凤尾蕨科			半耐阴	–	观叶	–	√
10.8	金星蕨	Parathelypteris glanduligera (Kze.) Ching	金星蕨科			耐阴	–	观叶	–	√
10.9	狗脊蕨	Woodwardia japonica (L. f.) Sm.	乌毛蕨科	√		耐阴	–	观叶	–	√
10.10	红盖鳞毛蕨	Dryopteris erythrosora (Eaton) O. Ktze.	鳞毛蕨科			耐阴	–	观叶	–	√
10.11	肾蕨	Nephrolepis auriculata (L.) Trimen	肾蕨科	√		半耐阴	–	观叶	–	√
10.12	密叶波斯顿蕨	Nephrolepis exaltata 'Corditas'	肾蕨科	√		半耐阴	–	观叶	–	√

表五 立体绿化植物选择应用表

墙体、护坡、挡墙绿化

索引编号	种名	学名	科名	常绿	落叶	光照	温度	水分	观赏特性	应用频度	乡土树种
5.3	薜荔	*Ficus pumila* L.	桑科	√		耐阴	不耐寒	耐旱	观叶,观果	A	√
5.4	扶芳藤	*Euonymus fortunei*（Turcz.）H. – M.	卫矛科	√		耐阴	不耐寒	耐旱	观叶,观干	A	√
5.5	异叶爬山虎	*Parthenocissusdalzielii* Gagnep.［*P. heterophylla*（Bl.）Merr.］	葡萄科		√	喜阴	稍耐寒	耐旱	观叶	A	√
5.6	三叶爬山虎	*Parthenocissus semicordata*（Wall.）Planch.［*P. himalayana*（Royle）Planch.］	葡萄科		√	喜阴	稍耐寒	耐旱	观叶	A	
5.7	爬山虎	*Parthenocissus tricuspidata*（Sieb. et Zucc.）Planch.	葡萄科		√	喜阴	耐寒	耐旱	观叶	A	√
5.8	葡萄	*Vitis vinifera* L.	葡萄科		√	喜光	稍耐寒	耐旱	观叶,观果	A	
5.9	常春藤	*Hedera nepalensis* K. Koch. var. *sinensis*（Tobl.）Rehd.	五加科	√		耐阴	稍耐寒	耐旱	观叶	A	√
5.10	忍冬	*Lonicera japonica* Thunb.	忍冬科	√		耐阴	耐寒	耐旱	观花,观果	A	√
3.35	蔓长春	*Vinca major* L.	夹竹桃科	√		喜光	不耐寒	中等	观叶,观花	A	√
5.11	山鸡血藤	*Milletia dielsiana* Harms ex Diels	蝶形花科	√		稍耐阴	不耐寒	中等	观花	B	√
5.12	常春油麻藤	*Mucuna sempervirens* Hemsl.	蝶形花科	√		耐阴	不耐寒	中等	观花	B	√
5.18	花叶常春藤	*Hedera helix* Linn. var. *argenteo – varigata* Hort.	五加科	√		耐阴	稍耐寒	中等	观叶,观花	B	√
5.14	络石	*Trachelospermum jasminoides*（Lindl.）Lem.	五加科	√		耐阴	不耐寒	耐旱	观叶,观花	B	√
5.15	凌霄花	*Campsis grandiflora*（Thunb.）K. Schum.	紫葳科		√	稍耐阴	不耐寒	耐旱不耐水	观花	B	√
5.16	美国凌霄	*Campsis radicans*（L.）Seem.	紫葳科		√	稍耐阴	耐寒	耐旱,耐水	观花	B	√
5.17	中华猕猴桃	*Actinidia chinensis* Planch.	猕猴桃科		√	稍耐阴	稍耐寒	中等	观叶,观果	B	√
5.13	龙须藤	*Bauhiniachampionii*（Benth.）Benth.	苏木科		√	稍耐阴	不耐寒	耐旱	观叶,观花	B	√
5.21	雀梅藤	*Sageretia thea*（Osbeck）Johnst.	鼠李科		√	稍耐阴	不耐寒	中等	观叶,观树形	D	√
5.22	南五味子	*Kadsura japonica*（Linn.）Dunal.	五味子科		√	疏荫	不耐寒	中等	观果	D	√
5.23	小木通	*Clematisarmandii* Franch.	毛茛科	√		喜光	不耐寒	中等	观花	D	√
5.27	粉叶羊蹄甲	*Bauhiniaglauca* Wall.	苏木科		√	喜光	稍耐寒	中等	观叶,观花	D	√
5.26	珍珠莲	*Ficus sarmentosa* var. *henryi*（King et Oliv.）Corn.	桑科	√		疏荫	不耐寒	中等	观果	D	√
5.2	葛藤	*Pueraria lobata*（Willdenow）Ohwi.	蝶形花科		√	耐阴	耐寒	中等	观花	A	√

索引编号	种名	学名	科名	常绿	落叶	光照	温度	水分	观赏特性	应用频度	乡土树种
							生态习性				
5.24	云实	*Caesalpinia decapetala*（Roth）Alston	苏木科		√	喜光	不耐寒	中等	观花	D	√
5.25	老虎刺	*Pterolobium punctatum* Hemsl.	苏木科		√	喜光,耐阴	不耐寒	中等	观花	D	√
5.29	金樱子	*Rosa laevigata* Michx.	蔷薇科	√		喜光	不耐寒	中等	观花,观果	D	√
5.30	木防己	*Cocculus orbiculatus*（L.）DC.	防己科		√	喜光	耐寒	耐旱	观叶	D	√
5.31	石南藤	*Piperwallichii*（Miq.）H.－M.	胡椒科	√		稍耐阴	耐寒	不耐水	观叶	D	√
5.32	钩藤	*Uncaria rhynchophylla*（Miq.）Jacks.	茜草科	√		喜光	不耐寒	中等	观叶	D	√
			花架绿化								
5.1	紫藤	*Wisteriasinensis*（Sims）Sweet	蝶形花科		√	喜光	耐寒	耐旱	观花,观干	A	√
5.8	葡萄	*Vitis vinifera* L.	葡萄科	√		喜光	稍耐寒	耐旱	观叶,观果	A	√
5.10	忍冬	*Lonicera japonica* Thunb.	忍冬科	√		耐阴	耐寒	耐旱	观花,观果	A	√
3.35	蔓长春	*Vinca major* L.	夹竹桃科	√		喜光	不耐寒	中等	观叶,观花	A	√
5.11	山鸡血藤	*Milletia dielsiana* Harms ex Diels	蝶形花科	√		稍耐阴	不耐寒	中等	观花	B	√
5.12	常春油麻藤	*Mucuna sempervirens* Hemsl.	蝶形花科	√		耐阴	不耐寒	中等	观花	B	√
5.15	凌霄花	*Campsis grandiflora*（Thunb.）K. Schum.	紫葳科		√	稍耐阴	不耐寒	耐旱,不耐水	观花	B	√
5.16	美国凌霄	*Campsis radicans*（L.）Seem.	紫葳科		√	稍耐阴	耐寒	耐旱,耐水	观花	B	√
5.17	中华猕猴桃	*Actinidia chinensis* Planch.	猕猴桃科		√	稍耐阴	稍耐寒	中等	观叶,观果	B	√
5.13	龙须藤	*Bauhiniachampionii*（Benth.）Benth.	苏木科		√	稍耐阴	不耐寒	耐旱	观叶,观花	B	√
5.22	南五味子	*Kadsura japonica*（Linn.）Dunal.	五味子科		√	疏荫	不耐寒	中等	观果	D	√
5.23	小木通	*Clematisarmandii* Franch.	毛茛科	√		喜光	不耐寒	中等	观花	D	√
5.27	粉叶羊蹄甲	*Bauhiniaglauca* Wall.	苏木科		√	喜光	稍耐寒	中等	观叶,观花	D	√
5.2	葛藤	*Pueraria lobata*（Willdenow）Ohwi.	蝶形花科		√	耐阴	耐寒	中等	观花	A	√
5.19	威灵仙	*Clematischinensis* Osbeck	毛茛科	√		疏荫	耐寒	耐旱	观花	B	√
5.20	栝楼	*Trichosanthes kirilowii* Maxim	葫芦科		√	喜阳稍耐阴	耐寒	不耐旱	观花观果	B	√
5.33	马兜铃	*Aristolochia debilis* Sieb. et Zucc	马兜铃科		√	喜阳稍耐阴	耐寒	耐旱	观花	D	√
			窗台、阳台绿化								
5.3	薜荔	*Ficus pumila* L.	桑科	√		耐阴	不耐寒	耐旱	观叶,观果	A	√
5.4	扶芳藤	*Euonymus fortunei*（Turcz.）H.－M.	卫矛科	√		耐阴	不耐寒	耐旱	观叶,观干	A	√

索引编号	种名	学名	科名	常绿	落叶	光照	温度	水分	观赏特性	应用频度	乡土树种
							生态习性				
						光照	温度	水分			
窗台、阳台绿化											
5.5	异叶爬山虎	Parthenocissusdalzielii Gagnep. [P. heterophylla (Bl.) Merr.]	葡萄科		√	喜荫	稍耐寒	耐旱	观叶	A	√
5.6	三叶爬山虎	Parthenocissus semicordata (Wall.) Planch. [P. himalayana (ROyle) Planch.]	葡萄科		√	喜荫	稍耐寒	耐旱	观叶	A	√
5.7	爬山虎	Parthenocissus tricuspidata (Sieb. et Zucc.) Planch.	葡萄科		√	喜荫	耐寒	耐旱	观叶	A	√
5.9	常春藤	Hedera nepalensis K. Koch. var. sinensis (Tobl.) Rehd.	五加科	√		耐阴	稍耐寒	耐旱	观叶	A	√
5.10	忍冬	Lonicera japonica Thunb.	忍冬科	√		耐阴	耐寒	耐旱	观花,观果	A	√
3.35	蔓长春	Vinca major L.	夹竹桃科	√		喜光	不耐寒	中等	观叶,观花	A	√
5.18	花叶常春藤	Hedera helix var. argenteo-varigata Hort.	五加科	√		耐阴	稍耐寒	中等	观叶,观花	B	√
5.14	络石	Trachelospermum jasminoides (Lindl.) Lem.	夹竹桃科	√		耐阴	不耐寒	耐旱	观叶,观花	B	√
5.15	凌霄花	Campsis grandiflora (Thunb.) K. Schum.	紫葳科		√	稍耐阴	不耐寒	耐旱,不耐水	观花	B	√
5.16	美国凌霄	Campsis radicans (L.) Seem.	紫葳科		√	稍耐阴	耐寒	耐旱,耐水	观花	B	√
5.21	雀梅藤	Sageretia thea (Osbeck) Johnst.	鼠李科		√	稍耐阴	不耐寒	中等	观叶,观树形	D	√
5.23	小木通	Clematisarmandii Franch.	毛茛科	√		喜光	不耐寒	中等	观花	D	√
5.27	粉叶羊蹄甲	Bauhiniaglauca Wall.	苏木科		√	喜光	稍耐寒	中等	观叶,观花	D	√
屋顶绿化											
5.1	紫藤	Wisteriasinensis (Sims) Sweet	蝶形花科		√	喜光	耐寒	耐旱	观花,观干	A	√
5.3	薜荔	Ficus pumila L.	桑科	√		耐阴	不耐寒	耐旱	观叶,观果	A	√
5.7	爬山虎	Parthenocissus tricuspidata (Sieb. et Zucc.) Planch.	葡萄科		√	喜荫	耐寒	耐旱	观叶	A	√
5.8	葡萄	Vitis vinifera L.	葡萄科	√		喜光	稍耐寒	耐旱	观叶,观果	A	√
5.9	常春藤	Hedera nepalensis K. Koch. var. sinensis (Tobl.) Rehd.	五加科	√		耐阴	稍耐寒	耐旱	观花	A	√
5.10	忍冬	Lonicera japonica Thunb.	忍冬科	√		耐阴	耐寒	耐旱	观花,观果	A	√
3.35	蔓长春	Vinca major L.	夹竹桃科	√		喜光	不耐寒	中等	观叶	A	√
5.12	常春油麻藤	Mucuna sempervirens Hemsl.	蝶形花科	√		耐阴	不耐寒	中等	观花	B	√
5.18	花叶常春藤	Hedera helix var. argenteo-varigata Hort.	五加科	√		耐阴	稍耐寒	中等	观叶,观花	B	√
5.2	葛藤	Pueraria lobata (Willdenow) Ohwi.	蝶形花科		√	耐阴	耐寒	中等	观花	A	√

表六 抗污染植物选择应用表

索引编号	种名	学名	科名	常绿	落叶	光照	温度	水分	抗性	园林应用	应用频度	乡土树种
							生态习性					
乔木类												
2.1	银杏	Ginkgo biloba L.	银杏科		√	喜光	耐寒	耐旱	抗 Cl_2、HF、NH_3	庭荫树、独赏树、行道树	A	√
1.18	黑松	Pinus thunbergii Parl.	松科	√		喜光	耐寒	耐旱	抗 SO_2、Cl_2	风景林、庭荫树	B	
1.35	柳杉	Cryptomeria fortunei Hooibrenk ex Otto et Dietr.	杉科	√		疏荫	耐寒	不耐水	抗 SO_2 能力较强	行道树、独赏树	C	√
1.2	圆柏	Sabina chinensis (L.) Ant.	柏科	√		喜光耐阴	耐寒	中等	抗 Cl_2、HF、SO_2、S；抗烟尘	行道树、独赏树、绿篱	A	√
1.3	龙柏	Sabina chinensis (L.) Ant. cv. 'Kaizuca'	柏科	√		疏荫	耐寒	中等	抗、Cl_2、HF；抗烟尘	行道树、绿篱	A	√
1.4	罗汉松	Podocarpus macrophyllus (Thunb.) D. Don	罗汉松科	√		疏荫	不耐寒	中等	抗 SO_2、Cl_2、HF	庭荫树、独赏树	A	√
1.38	竹柏	Nageia nagi (Thunb.) Kuntze [Podocarpus nagi (Thunb.) Zoll. et Mor. ex Zoll.]	罗汉松科	√		耐阴	稍耐寒	中等	抗 HF	行道树、独赏树、庭荫树	C	√
1.40	榧树	Torreya grandis Fort. ex Lindl.	红豆杉科	√		耐阴	较耐寒	中等	抗烟尘	行道树、独赏树	C	√
1.5	荷花玉兰	Magnolia grandiflora Linn.	木兰科	√		喜光	稍耐寒	忌水涝	抗 SO_2、Cl_2、HF；抗烟尘	庭荫树、行道树、独赏树	A	√
1.22	深山含笑	Michelia maudiae Dunn.	木兰科	√		喜光	稍耐寒	不耐旱	抗 SO_2 能力较强	庭荫树、行道树、独赏树	B	√
2.5	白玉兰	Magnolia denudata Desr.	木兰科		√	喜光	耐寒	不耐水、不耐旱	抗 SO_2、Cl_2	独赏树	A	√
2.41	鹅掌楸	Liriodendron chinense (Hemsl.) Sarg.	木兰科		√	喜光	耐寒	不耐水、不耐旱	抗 SO_2	庭荫树、行道树	B	√
1.7	樟树	Cinnamomum camphora (L.) Presl.	樟科	√		喜光	稍耐寒	不耐水	抗 SO_2、HF；抗烟尘	庭荫树、行道树、防护林、风景林	A	√
1.11	杨梅	Myrica rubra (Lour.) Sieb. et Zucc.	杨梅科	√		疏荫	稍耐寒	耐旱	抗 SO_2、Cl_2、HF 能力较强	行道树、独赏树	A	√
1.12	女贞	Ligustrum lucidum Ait.	木犀科	√		疏荫	稍耐寒	不耐旱	抗 SO_2、Cl_2、HF 能力较强	绿篱、基础种植、行道树	A	√
1.13	桂花	Osmanthus fragrans (Thunb.) Lour.	木犀科	√		疏荫	较耐寒	不耐水	抗 SO_2、Cl_2 能力中等	行道树、庭荫树、独赏树、基础种植	A	√

索引编号	种名	学名	科名	常绿	落叶	生态习性 光照	生态习性 温度	生态习性 水分	抗性	园林应用	应用频度	乡土树种
										乔木类		
1.14	金桂	Osmanthus fragrans (Thunb.) Lour. var. thunbergii Makino	木犀科	√		疏荫	较耐寒	不耐水	抗 SO_2,Cl_2 能力中等	行道树、庭荫树、独赏树、基础种植	A	√
1.15	银桂	Osmanthus fragrans (Thunb.) Lour. var. latifolius Makino	木犀科	√		疏荫	较耐寒	不耐水	抗 SO_2,Cl_2 能力中等	行道树、庭荫树、独赏树、基础种植	A	√
1.16	丹桂	Osmanthus fragrans (Thunb.) Lour. var. aurantiacus Makino	木犀科	√		疏荫	较耐寒	不耐水	抗 SO_2,Cl_2 能力中等	行道树、庭荫树、独赏树、基础种植	A	√
2.88	对节白蜡	Fraxinus hupenensis Chiǔ. Shang et Su. sp. nov.	木犀科		√	喜光	耐寒	耐旱	抗 Cl_2,SO_2,HF	独赏树、造型墩	C	
1.17	日本珊瑚树	Viburnum odoratissimum Ker-Gawl var. awabuki (K. Koch.) Zabel ex Rumpl.	忍冬科	√		喜光 耐阴	较耐寒	耐旱	抗 SO_2,Cl_2 能力较强；抗烟尘	绿篱、防护林、基础种植	A	
1.27	石楠	Photinia serrulata Lindl.	蔷薇科	√		喜光 稍耐阴	稍耐寒	耐旱 不耐水	抗 SO_2 能力较强	行道树、独赏树、基础种植	B	√
2.17	日本晚樱	Cerasus serrulata (Lindl.) G. Don ex London var. lannesiana (Carr.) Makino	蔷薇科		√	喜光	稍耐寒	不耐旱	抗烟尘	园景树	A	
1.28	冬青	Ilex chinensis Sims (I. purpurea Hassk.)	冬青科	√		喜光 稍耐阴	较耐寒	不耐水	抗 SO_2 能力极强	独赏树、庭荫树、绿篱	B	√
1.74	苦槠	Castanopsis sclerophylla (Lindl.) Schottky	壳斗科	√		耐阴	较耐寒	较耐旱	抗 SO_2 等能力较强；抗烟尘	风景林、防护林	D	√
1.75	青冈栎	Cyclobalanopsis glauca (Thunb.) Oerst.	壳斗科	√		较耐阴	较耐寒	稍耐旱	抗 SO_2,Cl_2,HF 能力强	庭荫树、防护林、绿篱	D	√
2.76	麻栎	Quercus acutissima Carr.	壳斗科		√	喜光	耐寒	耐旱	抗烟尘	独赏树、风景林防护林	C	√
2.77	板栗	Castanea mollissima Bl.	壳斗科		√	喜光	耐寒	不耐旱	抗 SO_2,Cl_2	庭荫树、风景林防护林	C	√
2.3	乌桕	Sapium sebiferum (L.) Roxb.	大戟科		√	喜光	稍耐寒	耐旱 耐水	抗 SO_2,HCl	水景树、行道树、园景树、防护林	A	√
2.4	重阳木	Bischofia polycarpa (Levl.) Airy-Shaw.	大戟科		√	喜光	较耐寒	中等	抗 SO_2	行道树、庭荫树、防护林	C	√
2.6	石榴	Punica granatum L.	石榴科		√	喜光	稍耐寒	不耐水 不耐旱	抗 NO_2	独赏树	A	

表六 抗污染植物选择应用表 / 295

索引编号	种名	学名	科名	生态习性 常绿	生态习性 落叶	生态习性 光照	生态习性 温度	生态习性 水分	抗性	园林应用	应用频度	乡土树种
					乔木类							
2.8	梧桐	Firmiana platanifolia (L. f.) Mar-sli.	梧桐科		√	喜光	较耐寒	不耐水	抗多种有毒气体	庭荫树、行道树	A	√
2.20	刺槐	Robinia pseudoacacia L.	蝶形花科		√	喜光	稍耐寒	耐旱	抗 SO_2	庭荫树、行道树、防护林	A	
2.21	槐树	Sophora japonica L.	蝶形花科		√	喜光	耐寒	不耐水 不耐旱	抗 SO_2,Cl_2,HCl	庭荫树、独赏树、行道树	A	√
2.22	龙爪槐	Sophora japonicaL. f. pendula Hort.	蝶形花科		√	喜光	耐寒	不耐水 不耐旱	抗 SO_2,Cl_2,HCl	独赏树	A	
2.51	合欢	Albizzia julibrissin Durazz.	含羞草科		√	喜光	耐寒	耐旱	抗 SO_2	庭荫树、行道树	B	√
2.53	翅荚木	Zenia insignis Chun.	苏木科		√	喜光	稍耐寒	不耐水	抗有毒气体	庭荫树、行道树、防护林	B	√
2.69	枫香	Liquidambar formosana Hance.	金缕梅科		√	喜光	较耐寒	耐旱	抗 SO_2,Cl_2	风景林、庭荫树、行道树、防护林	A	√
2.23	二球悬铃木	Platanus × acerifolia (Ait.) Willd.)	悬铃木科		√	喜光	耐寒	耐旱	抗烟尘	风景林、庭荫树、行道树	A	
2.24	加杨	Pupolusx canadensis Moench	杨柳科		√	喜光	耐寒	耐水湿	抗 SO_2	行道树、庭荫树、防护林	A	
2.26	垂柳	Salix babylonica L.	杨柳科		√	喜光	耐寒	耐水湿	抗 SO_2	水景树、行道树、园景树	A	√
2.29	朴	Celtis sinensis Pers.	榆科		√	喜光	耐寒	中等	抗多种有毒气体；抗烟尘	庭荫树、防风树	A	√
2.30	榔榆	Ulmus parvifolia Jacq.	榆科		√	喜光	耐寒	稍耐旱	抗 SO_2；抗烟尘	行道树、园景树、防护林、盆景树	A	√
2.31	白榆	Ulmus pumila L.	榆科		√	喜光	耐寒	耐旱	抗HF；抗尘	行道树、庭荫树、防护林	A	√
2.56	珊瑚朴	Celtis julianae Schneid.	榆科		√	喜光	稍耐寒	耐旱	抗有毒气体；抗烟尘	行道树、庭荫树	B	√
2.103	榉树	Zelkova schneideriana Hand.—Mazz.	榆科		√	喜光	耐寒	不耐水	抗有毒气体；抗烟尘	行道树、防护林	D	√
2.32	桑	Marus alba L.	桑科		√	喜光	耐寒	稍耐旱 耐水	抗 H_2S,NO_2；抗烟尘	防护林、水景树、庭荫树、引鸟树	A	√

索引编号	种名	学名	科名	常绿	落叶	生态习性 光照	生态习性 温度	生态习性 水分	抗性	园林应用	应用频度	乡土树种
乔木类												
2.33	复羽叶栾树	*Koelreuteria bipinnata* Franch.	无患子科		√	喜光	耐寒	稍耐旱	抗烟尘	行道树,园景树,庭荫树,防护林	A	√
2.34	无患子	*Sapindus mukorosii* Gaertn.	无患子科		√	喜光	较耐寒	中等	抗SO$_2$	行道树,庭荫树,防护林	A	√
2.36	枫杨	*Pterocarya stenoptera* C. DC.	胡桃科		√	喜光	耐寒	耐水	抗SO$_2$;抗烟尘	行道树,固堤护岸树	A	√
2.59	川楝	*Melia toosendan* Sieb. et Zucc.	楝科		√	喜光	较耐寒	中等	抗有毒气体;抗烟尘	行道树,庭荫树	B	
2.62	香椿	*Toona sinensis* (A. Juss.) Roem.	楝科		√	喜光	稍耐寒	较耐水	抗有毒气体	行道树,庭荫树	B	√
2.64	南方泡桐	*Paulownia australis* Gong Tong.	玄参科		√	喜光	较耐寒	较耐旱	抗SO$_2$、Cl$_2$、HF、硝酸雾	行道树,庭荫树	B	√
2.65	华东泡桐	*Paulownia kawakamii* Ito.	玄参科		√	喜光	较耐寒	较耐旱	抗SO$_2$、Cl$_2$、HF、硝酸雾	行道树,庭荫树,园景树	B	√
2.66	南酸枣	*Choerospondias axillaries* (Roxb.) Burtt et Hill.	漆树科		√	喜光	较耐寒	不耐水	抗SO$_2$、Cl$_2$、	行道树,庭荫树	B	√
2.106	黄连木	*Pistacia chinensis* Bunge.	漆树科		√	喜光	稍耐寒	耐旱	抗SO$_2$、HCl;抗烟尘	行道树,庭荫树,风景林,防护林	D	√
2.81	臭椿	*Ailanthus altissima* (Mill.) Swingle.	苦木科		√	喜光	耐寒	耐旱	抗SO$_2$;抗烟尘	独赏树,行道树,防护林	C	√
2.82	柿	*Diospyros kaki* Thunb.	柿树科		√	喜光	稍耐寒	不耐旱	抗HF	独赏树,庭荫树	C	√
2.90	君迁子	*Diospyros lotus* L.	柿树科		√	喜光	耐寒	耐旱	抗SO$_2$	庭荫树	C	√
2.87	梓树	*Catalpa ovata* G. Don	紫葳科		√	喜光	耐寒	不耐旱	抗Cl$_2$、SO$_2$;抗烟尘	行道树,庭荫树	C	√
1.31	棕榈	*Trachycarpus fortunei* (Hook.) H. Wendl.	棕榈科	√		稍耐阴	较耐寒	中等	抗Cl$_2$、HF能力强	行道树,独赏树	B	√
1.52	蒲葵	*Livistona chinensis* (Jacq.) R. Br.	棕榈科	√		喜光	不耐寒	耐旱	抗SO$_2$、Cl$_2$	行道树,风景林	C	√
灌木类												
3.8	海桐	*Pittosporum tobira* (Thunb.) Ait.	海桐科	√		稍耐阴	稍耐寒	中等	抗SO$_2$	绿篱,基础种植,造型树,防护林	A	√

灌木类

索引编号	种名	学名	科名	常绿	落叶	生态习性 光照	生态习性 温度	生态习性 水分	抗性	园林应用	应用频度	乡土树种
3.15	蚊母树	Distylium racemosum Sieb et Zucc.	金缕梅科	√		喜光	稍耐寒	不耐水	抗 SO_2、Cl_2、HF；抗烟尘	绿篱、基础种植、防护林	A	√
3.55	中华蚊母树	Distylium chinense（Franch.）Diels.	金缕梅科	√		喜光 稍耐阴	稍耐寒	不耐水	抗多种有毒气体；抗烟尘	绿篱、防护林	B	√
3.18	匙叶黄杨	Buxus harlandii Hance（B. bodinieri Levl.）	黄杨科	√		喜光 耐阴	较耐寒	中等	抗 SO_2、Cl_2、HF、HCl	绿篱、造型树、花坛	A	√
3.19	黄杨	Buxus microphylla Sieb. et Zucc. spp. sinica（Rehd. et Wils.）Hatusima	黄杨科	√		喜半阴	较耐寒	中等	抗 SO_2、Cl_2、HF、HCl	绿篱、基础种植、花坛	A	√
3.31	四季桂	Osmanthus fragrans（Thunb.）Lour. var. semperflorens Hort.	木犀科	√		疏荫	较耐寒	不耐水	抗 SO_2、Cl_2 能力中等	绿篱、基础种植	A	√
3.32	小叶女贞	Ligustrum quihoui Carr.	木犀科	√		喜光 稍耐阴	稍耐寒	中等	抗 SO_2、Cl_2、HCl	绿篱、地被、基础种植	A	√
3.20	枸骨	Ilex cornuta Lindl. et Paxt.	冬青科	√		喜光 耐半阴	稍耐寒	不耐水	抗 SO_2、Cl_2	绿篱、基础种植、岩石园	A	√
3.21	无刺枸骨	Ilex cornuta var. forumei S. Y. Hu	冬青科	√		喜光 耐半阴	喜温 稍耐寒	不耐水	抗 SO_2、Cl_2	绿篱、基础种植、岩石园	A	√
3.23	大叶黄杨	Euonymus japonicus Thunb.	卫矛科	√		稍耐阴	稍耐寒	稍耐旱	抗 SO_2、Cl_2、HF、	绿篱、基础种植	A	√
3.24	金边黄杨	Euonymus japonicus Thunb. cv.'Aureo-marginaths'Nichols.	卫矛科	√		喜光 稍耐阴	喜温 稍耐寒	稍耐旱	抗 SO_2、Cl_2、HF、HCl	地被、绿篱、基础种植	A	
3.27	八角金盘	Fatsia japonica（Thunb.）Decne. & Planch.	五加科	√		耐阴	稍耐寒	不耐水	抗 SO_2	地被、基础种植	A	
3.34	夹竹桃	Nerium indicum Mill.	夹竹桃科	√		喜光	稍耐寒	耐旱	抗有毒气体、烟尘	独赏树、背景树	A	√
3.36	栀子花	Gardenia jasminoides Ellis	茜草科	√		耐半阴	较耐寒	不耐水	抗 SO_2	绿篱、基础种植	A	√
3.38	水栀子	Gardenia jasminoides Ellis var. radicans（Thunb.）Makino.	茜草科	√		耐半阴	较耐寒	不耐水	抗 SO_2	地被、基础种植	A	
4.3	木槿	Hibiscus syriacus L.	锦葵科		√	喜光 稍耐阴	耐寒	耐旱 不耐水	抗 SO_2、Cl_2	独赏树、基础种植	A	

藤本类

| 5.1 | 紫藤 | Wisteria sinensis（Sims）Sweet | 蝶形花科 | | √ | 喜光 稍耐阴 | 较耐寒 | 中等 | 抗 SO_2、HF | 棚架式绿化 | A | √ |

表七　防护林带树种选择应用表

索引编号	种名	学名	科名	常绿	落叶	生态习性			防护性	观赏特性	应用频度	乡土树种
						光照	温度	水分				
1.18	黑松	Pinus thunbergii Parl.	松科	✓		喜光	耐寒	耐旱	防风、防潮、防沙	树形高大挺拔,观树形树种	B	
1.32	湿地松	Pinus elliottii Engelm.	松科	✓		喜光	耐寒	不耐旱	防风	树姿高大挺拔,观树形树种	C	
2.38	金钱松	Pseudolarix kaempferi Gord [Pseudolarix amabilis (Nelson) Rehd.]	松科		✓	喜光	耐寒	中等	防风	秋叶金黄色,观叶树种	B	✓
2.39	池杉	Taxodium distichum (L.) Rich. var. imbricatum (Nutt.) Croom	杉科		✓	喜光	稍耐寒	耐水 不大耐旱	防风	树形优美,秋叶棕褐色,观叶树种	B	
2.40	落羽杉	Taxodium distichum (L.) Rich.	杉科		✓	喜光	稍耐寒	极耐水湿	防风 保持水土	秋叶变为红褐色,观叶树种	B	
1.2	圆柏	Sabina chinensis (L) Ant.	柏科	✓		喜光 耐阴	耐寒	中等	防噪音	老树奇姿古态,观树形树种	A	✓
1.60	墨西哥柏木	Cupressus lusitanica Mill.	柏科	✓		喜光	不耐寒	中等	保持水土	树形优美,观树形树种	D	✓
1.4	罗汉松	Podocarpus macrophyll (Thunb.) D. Don	罗汉松科	✓		疏荫	稍耐寒	中等	防风	枝叶优美,红色果托,观叶、果树种	A	✓
1.7	樟树	Cinnamomum camphora (L.) Presl.	樟科	✓		喜光	稍耐寒	不耐水	防噪音 防风	枝叶繁茂,冠大荫浓,观树形树种	A	✓
1.8	黄樟	Cinnamomum parthenoxylon (Jack) Meissn	樟科	✓		喜光	稍耐寒	不耐水	防风	树形高大,观树形树种	A	✓
1.46	红楠	Machilus thunbergii Sieb. et Zucc.	樟科	✓		疏荫	稍耐寒	不耐旱	抗海潮风	叶红绿相间,观叶树种	C	✓
1.17	日本珊瑚树	Viburnum odoratissimum Ker - Gawl. var. awabuki (K. Koch.) Zabel ex Rumpl.	忍冬科	✓		喜光 耐阴	较耐寒	耐旱	防火、隔音	秋季红果鲜艳,枝叶繁茂,观果,树形树种	A	
1.43	醉香含笑	Michelia macclurei Dandy	木兰科	✓		喜光	稍耐寒	忌水涝	防火	花白色,芳香,良好的观花树种	C	
1.24	日本杜英	Elaeocarpus japonicus Sieb. et Zucc.	杜英科	✓		疏荫	稍耐寒	不耐旱	防风	红叶相间,观花树种	B	
1.50	银木荷	Schima argentea Pritz.	山茶科	✓		喜光 稍耐阴	稍耐寒	较耐旱	防火	白花,观花树种	C	
1.49	木荷	Schima superba Gardn. et Champ.	山茶科	✓		喜光	稍耐寒	不大耐旱	防火	树冠荫浓,花有芳香,观花,树形树种	C	✓

索引编号	种名	学名	科名	常绿	落叶	光照	温度	水分	防护性	观赏特性	应用频度	乡土树种
							生态习性					
1.74	苦槠	Castanopsis sclerophylla (Lindl.) Schottky	壳斗科	✓		耐阴	耐寒	较耐旱	防噪音 防火	枝叶繁茂，观树形树种	D	✓
1.75	青冈栎	Cyclobalanopsis glauca (Thunb.) Oerst.	壳斗科	✓		稍耐阴	较耐寒	不耐旱	防噪音 防火	树姿优美，终年常青，观树形树种	D	✓
1.77	石栎	Lithocarpus glaber (Thunb.) Nakai	壳斗科	✓		喜光 稍耐阴	较耐寒	稍耐旱	防风	绿荫深浓，观树形树种	D	✓
2.76	麻栎	Quercus acutissima Carr.	壳斗科		✓	喜光	耐寒	耐旱	防风 防火 （枯叶引火）	秋叶转为橙褐色，观叶树种	C	✓
2.77	栓皮栎	Quercus variabilis Bl.	壳斗科		✓	喜光	耐寒	耐旱	防风 防火 （枯叶引火） 保持水土	秋叶橙褐色，观叶树种	C	✓
2.78	白栎	Quercus fabri Hance.	壳斗科		✓	喜光	耐寒	耐旱	防风 保持水土	枝叶繁茂，观树形树种	C	✓
1.80	铁冬青	Ilex rotunda Thunb.	冬青科	✓		喜光 稍耐阴	稍耐寒	喜湿润	防火	秋季红果，观果树种	D	✓
2.3	乌桕	Sapium sebiferum (L.) Roxb.	大戟科		✓	喜光	稍耐寒	耐旱 耐水	防风 防火	秋色叶红，观叶树种	A	✓
2.4	重阳木	Bischofia polycarpa (Levl.) Airy-Shaw.	大戟科		✓	喜光	较耐寒	中等	防风	入秋叶色转红，观叶树种	A	✓
2.11	樱桃	Cerasus psudocerasus (Lindl.) G. Don	蔷薇科		✓	喜光	稍耐寒	稍耐旱	防风	满树白花，红色果实，观花，观果树种	A	✓
2.72	杜梨	Pyrus betulaefolia Bunge	蔷薇科		✓	喜光	耐寒	耐旱	保持水土	花色洁白，观花，观果树种	C	✓
2.69	枫香	Liquidambar formosana Hance.	金缕梅科		✓	喜光	较耐寒	耐旱	防风 （不防火）	深秋叶色红艳，观叶树种	B	✓
2.24	加杨	Populus ×canadensis Moench	杨柳科		✓	喜光	耐寒	耐水	防风	树形高大，观树形树种	A	✓
2.27	旱柳	Salix matsudana Koidz.	杨柳科		✓	喜光	耐寒	耐水 较耐旱	防风 保持水土	枝叶柔软嫩绿，观枝叶树种	A	✓
2.29	朴	Celtis sinensis Pers.	榆科		✓	喜光	耐寒	中等	防风	绿荫浓密，观树形树种	A	✓
2.31	白榆	Ulmus pumila L.	榆科		✓	喜光	耐寒	耐旱	防风 保持水土	树形高大，观树形树种	A	✓

(续)

索引编号	种名	学名	科名	常绿	落叶	生态习性 光照	生态习性 温度	生态习性 水分	防护性	观赏特性	应用频度	乡土树种
2.103	榉树	*Zelkova schneideriana* Hand. – Mazz.	榆科		✓	喜光	较耐寒	较耐旱	防风	枝叶细美,观叶树种	D	✓
2.32	桑	*Marus alba* L.	桑科		✓	喜光	耐寒	稍耐旱耐水	防风	秋季叶变黄,观叶树种	A	✓
2.33	复羽叶栾树	*Koelreuteria bipinnata* Franch.	无患子科		✓	喜光	耐寒	较耐旱	防风	夏日有黄花,秋日有红果,观花,果树种	A	✓
2.34	无患子	*Sapindus mukorosii* Gaertn.	无患子科		✓	喜光	稍耐寒	中等	防风	秋叶金黄,观叶树种	A	✓
2.36	枫杨	*Pterocarya stenoptera* C. DC.	胡桃科		✓	喜光	耐寒	耐湿	防风 保持水土	枝叶茂密,观叶,树形树种	A	✓
2.53	翅荚木	*Zenia insignis* Chun.	苏木科		✓	喜光	稍耐寒	不耐水	防风 保持水土	荚果有阔翅,观叶树种	B	✓
2.81	臭椿	*Ailanthus altissima* (Mill.) Swingle.	苦木科		✓	喜光	耐寒	稍耐旱	保持水土	春季嫩叶紫红色,秋季红果满树,观叶,果树形	C	✓
2.106	黄连木	*Pistacia chinensis* Bunge.	漆树科		✓	喜光	稍耐寒	耐旱	防风	早春嫩叶红色,入秋叶变深红或橙黄色,观叶树种	D	✓
1.54	华盛顿棕榈	*Washingtonia filifera* (Linden) Wendland	棕榈科	✓		喜光	稍耐寒	中等	防风	树形优美,叶大如扇,观叶,树形树种	C	

表八　芳香植物选择应用表

芳香乔木

索引编号	种名	学名	科名	常绿	落叶	芳香部位	气味	养生功能	园林应用	应用频度	乡土树种
2.1	银杏	Ginkgo biloba L.	银杏科		√	叶、种子	淡香	降压、润肺	庭荫树、行道树、独赏树	A	√
1.1	雪松	Cedrus deodara（Roxb.）G. Don	松科	√		全株	松柏香	抗菌、镇静、祛痰止咳	庭荫树、行道树、独赏树	A	√
1.18	黑松	Pinus thunbergii Parl.	松科	√		全株	松柏香	治各脏肿毒、风寒湿症	风景林、行道树、庭荫树	B	√
1.34	马尾松	Pinus massoniana Lamb.	松科	√		全株	松柏香	祛风湿、活血祛瘀	行道树、风景林	C	√
1.35	柳杉	Cryptomeria fortunei Hooibrenk ex Otto et Dietr.	杉科	√		全株	松柏香	杀虫解毒、抑菌杀菌	行道树、独赏树	C	√
1.2	圆柏	Sabina chinensis（L.）Ant.	柏科	√		全株	松柏香	安神调气、镇痛	行道树、独赏树、绿篱	A	√
1.3	龙柏	Sabina chinensis（L.）Ant. cv. 'Kaizuca'	柏科	√		全株	松柏香	安神调气、镇痛	行道树、独赏树、绿篱	A	√
1.19	日本扁柏	Chamaecyparis obtuse（Sieb. et Zucc.）Endl.	柏科	√		全株	松柏香	降低血压	独赏树、风景林、绿篱	B	
1.20	侧柏	Platycladus orientalis（L.）Franco	柏科	√		全株	松柏香	安神镇静作用	行道树、绿篱	B	√
1.36	柏木	Cupressus funebris Endl	柏科	√		全株	松柏香	安神补心、防腐	行道树、独赏树	C	√
1.37	福建柏	Fokienia hodginsii（Dunn）Henry et Thomas	柏科	√		全株	松柏香	行气止痛、降逆止呕	基础种植	C	√
1.40	榧树	Torreya grandis Fort. ex Lindl	红豆杉科	√		全株	松柏香	润肺、化痰止咳、驱虫	行道树、独赏树	C	√
1.5	荷花玉兰	Magnolia grandiflora Linn.	木兰科	√		花	清香	祛风散寒、宣肺通鼻	庭荫树、行道树、独赏树	A	√
1.6	乐昌含笑	Michelia chapensis Dandy	木兰科	√		花	淡香	祛风散寒、宣肺通鼻	行道树、庭荫树	A	√
1.22	深山含笑	Michelia maudiae Dunn.	木兰科	√		花	淡香	祛风散寒、宣肺通鼻	庭荫树、行道树、独赏树	B	√
1.42	乐东拟单性木兰	Parakmeria lotungensis（Chun et C. Tsoong）Law	木兰科	√		花	淡香	祛风散寒、宣肺通鼻	行道树、独赏树、庭荫树	C	√
1.43	醉香含笑	Michelia macclurei Dandy	木兰科	√		花	淡香	祛风散寒、宣肺通鼻	行道树、独赏树	C	√
2.5	白玉兰	Magnolia denudata Desr.	木兰科		√	花	浓香	祛风散寒通窍药、宣肺通鼻、抑菌	独赏树、庭荫树	A	√
2.41	鹅掌楸	Liriodendron chinense（Hemsl.）Sarg.	木兰科		√	花	清香	祛风除湿、止咳	行道树、庭荫树、独赏树	B	√
2.42	望春玉兰	Magnolia biondii Pamp	木兰科		√	花	幽香	散风寒、通肺药、降压、镇痛、杀菌	庭荫树、行道树、独赏树	B	√

索引编号	种名	学名	科名	常绿	落叶	芳香部位	气味	养生功能	园林应用	应用频度	乡土树种
					芳香乔木						
2.44	二乔玉兰	Magnolia soulangeana (Lindl.) Soul. Bod.	木兰科		✓	花	幽香	宣肺通鼻	独赏树	B	✓
2.45	凹叶厚朴	Magnolia officinalis (Rehd. et Wils.)Cheng	木兰科		✓	花	清香	消除胸腹满闷	独赏树	B	✓
1.7	樟树	Cinnamomum camphora (L.) Presl.	樟科	✓		全株	樟油香	提神醒脑,舒筋活血,驱虫杀菌,吸收毒气,抗癌	庭荫树,行道树,防护林,风景林	A	✓
1.8	黄樟	Cinnamomum parthenoxylon (Jack) Meissn	樟科	✓		全株	樟油香	提神醒脑,舒筋活血,驱虫杀菌	庭荫树,行道树	A	✓
1.9	猴樟	Cinnamomum bodinieri Levl.	樟科	✓		全株	樟油香	提神醒脑,防虫杀菌	行道树,独赏树	B	✓
1.46	红楠	Machilus thunbergii Sieb. et Zucc.	樟科	✓		全株	樟油香	提神醒脑,防虫杀菌	独赏树,庭荫树	C	✓
1.47	闽楠	Phoebe bournei(Hemsl.)Yang	樟科	✓		全株	樟油香	提神醒脑,防虫杀菌	行道树,独赏树	C	✓
1.48	银木	Cinnamomum septentrionalerionale Hand. - Mzt.	樟科	✓		全株	樟油香	提神醒脑,防虫杀菌	行道树,庭荫树	C	
1.67	黑壳楠	Lindera megaphylla Hemsl.	樟科	✓		全株	樟油香	提神醒脑,防虫杀菌	独赏树	D	✓
2.69	枫香	Liquidambar formosana Hance.	金缕梅科		✓	全株	芳香	祛风除湿,通经活络	独赏树,庭荫树,风景林	B	✓
1.11	杨梅	Myrica rubra (Lour.) Sieb. et Zucc.	杨梅科	✓		果	果香	和胃消气,降血脂,消食解暑,抑菌,防癌抗癌	行道树,独赏树,	A	✓
1.49	木荷	Schima superba Gardn. et Champ	山茶科	✓		花	清香	清热解毒	庭荫树,风景林	C	✓
1.85	山矾	Symploco ssumantia Buch. - Ham. ex. D. Don	山矾科	✓		花	淡香	治咳嗽,胸闷	庭荫树,独赏树	D	✓
1.25	枇杷	Eriobotrya japonica (Thunb.) Lindl.	蔷薇科	✓		叶、花、果	清香	化痰止咳,润肺,和胃	庭荫树,行道树	B	✓
2.9	梅	Armeniaca mume Sieb.	蔷薇科		✓	花	幽香	开胃散郁,生津化痰,活血化瘀	独赏树,盆景树	A	✓
2.17	日本晚樱	Cerasus serrulata(Lindl.) G. Don ex London var. lannesiana (Carr.) Makino	蔷薇科		✓	花	淡香	消除疲劳,使人愉快	行道树,独赏树	A	

索引编号	种名	学名	科名	常绿	落叶	芳香部位	气味	养生功能	园林应用	应用频度	乡土树种
				芳香乔木							
2.62	香椿	*Toona sinensis* (A. Juss.) Roem.	楝科		√	叶	浓香	清热解毒、健胃理气、润肤明目	行道树、庭荫树	B	√
1.29	酸橙	*Citrus aurantium* L.	芸香科	√		全株	浓香	催眠、驱蚊、化痰止咳、镇静放松、缓解焦躁情绪	行道树、独赏树、庭荫树	B	√
1.30	柚	*Citrus maxima* (Burm.) Merr. [*C. grandis* (L.) Osbeck.]	芸香科	√		全株	芳香	消食化痰、理气散结	行道树、独赏树	B	√
1.12	女贞	*Ligustrum lucidum* Ait.	木犀科	√		花	浓香	消除疲劳、令人兴奋	独赏树、行道树、绿篱、基础种植	A	√
1.13	桂花	*Osmanthus fragrans* (Thunb.) Lour.	木犀科	√		花	甜香	消除疲劳、宁心静脑、理气平喘、温通经络	行道树、庭荫树、独赏树、基础种植	A	√
1.14	金桂	*Osmanthus fragrans* (Thunb.) Lour. var. *thunbergii* Makino	木犀科	√		花	甜香	消除疲劳、宁心静脑、理气平喘、温通经络	行道树、庭荫树、独赏树、基础种植	A	√
1.15	银桂	*Osmanthus fragrans* (Thunb.) Lour. var. *latifolius* Makino	木犀科	√		花	甜香	消除疲劳、宁心静脑、理气平喘、温通经络	行道树、庭荫树、独赏树、基础种植	A	√
1.16	丹桂	*Osmanthus fragrans* (Thunb.) Lour. var. *aurantiacus* Makino	木犀科	√		花	甜香	消除疲劳、宁心静脑、理气平喘、温通经络	行道树、庭荫树、独赏树、基础种植	A	√
2.65	华东泡桐	*Paulownia kawakamii* Ito.	玄参科		√	花	淡香	散瘀消肿	行道树、庭荫树	B	√
2.109	翅荚香槐	*Cladrastis platycarpa* (Maxim.) Makino	蝶形花科		√	花	清香	清热凉血、清肝泻火	庭荫树、独赏树	B	√
2.20	刺槐	*Robinia pseudoacacia* L.	蝶形花科		√	花	清香	清热凉血、清肝泻火	行道树、庭荫树、防护林	A	√
2.21	槐树	*Sophora japonica* L.	蝶形花科		√	花	清香	清热凉血、清肝泻火	庭荫树、行道树、庭园树	A	√
				芳香灌木							
3.5	含笑	*Michelia figo* (Lour.) Spreng	木兰科	√		花	香蕉味	清热解毒、行气化浊	独赏树、绿篱	A	√
3.44	紫花含笑	*Michelia crassipes* Law.	木兰科	√		花	香蕉味	清热解毒、行气化浊	独赏树	B	√
2.43	紫玉兰	*Magnolia liliflora* Desr.	木兰科		√	花	浓香	清脑通窍、止痛、治头痛等	观花;独赏树	B	√
4.8	蜡梅	*Chimonanthus praecox* (L.) Link.	蜡梅科		√	花	浓香	解暑解热、理气、止咳平喘	独赏树、专类园	A	√
3.45	乌药	*Lindera aggregata* (Sims.) Kos-term	樟科	√		全株	药香	顺气开郁、散寒止痛、抗菌、促消化	地被、基础种植	B	√
4.43	蜡瓣花	*Corylopsis sinensis* Hemsl.	金缕梅科		√	花	浓香	疏风和胃、宁心安神	独赏树、基础种植	C	√

芳香灌木

索引编号	种名	学名	科名	常绿	落叶	芳香部位	气味	养生功能	园林应用	应用频度	乡土树种
3.10	茶梅	Camellia sasanqua Thunb.	山茶科	✓		花	清香	涩肠止痢	绿篱、基础种植	A	
3.48	茶	Camellia sinensis (L.) O. Kuntze	山茶科	✓		花	清香	提神解倦	绿篱、地被	B	✓
3.64	金弹子	Diospyros armata Hemsl	柿树科	✓		花	淡香	消除疲劳,使人愉快	独赏树	C	✓
3.8	海桐	Pittosporum tobira(Thunb.) Ait.	海桐科	✓		花	浓香	吸收二氧化硫	绿篱、基础种植、造型树、防护林	A	✓
2.47	贴梗海棠	Chaenomeles speciosa (Sweet.) Nakai	蔷薇科		✓	花	清香	疏经活络、镇痛消肿、治风湿性关节痛	独赏树、绿篱	B	✓
3.13	月季	Rosa chinensis Jacq.	蔷薇科	✓		花	浓香	活血、解毒消肿、治肺痨咳血	花坛、花境、地被、基础种植、专类园	A	✓
4.16	玫瑰	Rosa rugosa Thunb.	蔷薇科	✓		花	甜香	宽胸活血、抗菌消毒、使人身心愉快	花境、地被、花境、花坛	B	
4.14	结香	Edgeworthia chrysantha Lindl.	瑞香科		✓	花	甜香	祛风明目	绿篱、地被、基础种植	B	✓
3.47	金边瑞香	Daphne odora Thunb. f. marginata Makino	瑞香科	✓		花	幽香	清热解毒、活血去瘀	地被、绿篱、基础种植	B	✓
3.56	橘	Citrus reticulata Blanco	芸香科	✓		全株	芳香	理气化痰、利胃	观果树	B	✓
3.57	金柑	Fortunella margarita (Lour.) Swingle	芸香科	✓		全株	芳香	理气解郁、化痰、止渴、消食醒酒、可降血脂	观果树	B	
4.22	枳壳	Poncirus trifoliate (L.) Rafin.	芸香科		✓	全株	芳香	健胃、通便	绿篱屏障树	B	✓
3.34	夹竹桃	Nerium indicum Mill.	夹竹桃科	✓		花	浓香	强心利尿、发汗催吐、镇痛、厕烟生、抗污染、植株有毒	独赏树、背景树	A	
3.31	四季桂	Osmanthus fragrans (Thunb.) Lour. var. semperflorens Hort.	木犀科	✓		花	甜香	消除疲劳、宁心静脑、理气平喘、温通经络	绿篱、基础种植	A	✓
3.32	小叶女贞	Ligustrumquihoui Carr.	木犀科	✓		花	浓香	抗多种有毒气体	绿篱、地被、基础种植	A	✓
3.33	金叶女贞	Ligustrum x vicaryi Hort. Hybrid	木犀科	✓		花	浓香	抗多种有毒气体	绿篱、地被、基础种植	A	
3.36	栀子花	Gardenia jasminoides Ellis	茜草科	✓		花	清香	杀菌消毒、令人愉悦	绿篱、基础种植	A	✓
3.37	水栀子	Gardenia jasminoides Ellis var. radicans (Thunb.) Makino.	茜草科	✓		花	清香	泻火除烦、清热利尿、凉血解毒	地被、基础种植	A	✓

芳香灌木

索引编号	种名	学名	科名	常绿	落叶	芳香部位	气味	养生功能	园林应用	应用频度	乡土树种
5.22	南五味子	Kadsura japonica (Linn.) Dunal	木兰科	✓		花	淡香	行气活血,消肿敛肺	地被,垂直绿化	C	✓
5.17	中华猕猴桃	Actinidia chinensis Planch.	猕猴桃科		✓	花	淡香	利尿,解毒,健胃,活血,降血压	垂直绿化	B	✓
5.14	络石	Trachelospermum jasminoides (Lindl.) Lem.	夹竹桃科	✓		花	淡香	祛风通络,凉血消肿,乳汁有毒	地被,垂直绿化	B	✓
5.15	凌霄花	Campsis grandiflora (Thunb.) K. Schum.	紫葳科		✓	花	淡香	行血去瘀,凉血祛风	垂直绿化	B	✓
5.10	忍冬	Lonicera japonica Thunb.	忍冬科	✓		花	浓香	清热解毒,流散风热	垂直绿化	A	✓
5.1	紫藤	Wisteria sinensis (Sims) Sweet	蝶形花科		✓	花	淡香	治腹痛,吐泻,驱除蛲虫	垂直绿化	A	✓

芳香草本

索引编号	种名	学名	科名	类型	芳香部位	气味	养生功能	园林应用	应用频度	乡土树种
7.3	石竹	Dianthus chinensis L.	石竹科	一二年生	花	淡香	清热利尿,破血通经	花坛,花境,花坛,盆栽	—	✓
7.13	紫茉莉	Mirabilisjalapa L..	紫茉莉科	一年生	花	幽香	杀病毒	基础种植	—	
7.14	雏菊	Bellis perennis L.	菊科	一二年生	全株	清香	散风清热,平肝明目	花坛,花境,地被,盆栽	—	
7.15	金盏菊	Calendula officinalis L.	菊科	一二年生	全株	清香	散风清热,平肝明目	花坛,花境,地被,盆栽	—	
7.23	美女樱	Verbena hylerida Voss.	马鞭草科	一二年生	花	淡香	清热凉血	地被,花坛,花带,花丛	—	
8.26	美人蕉	Canna indica L.	美人蕉科	球根花卉	花	幽香	吸收有害物质	花坛,花境,基础种植	—	
8.5	天竺葵	Pelargonium hortorum Bailey	牻牛儿苗科	宿根花卉	花	淡香	镇定神经,消除疲劳,促进睡眠	花坛,盆栽	—	✓
8.28	芭蕉	Musa basjoo Sieb. et Zucc.	芭蕉科	宿根花卉	花	幽香	清热解毒	独赏树,基础种植	—	✓
8.9	玉簪	Hosta plantaginea (Lam.) Aschers.	百合科	宿根花卉	全株	药香	治疮痈肿疼,蛇虫咬伤	地被	—	✓
8.32	花叶薄荷	Mantha rotundifolia 'Variegata'	唇形科	宿根花卉	全株	清香	清利头目,舒肝解郁	花境,地被,盆栽	—	✓
9.1	莲	Nelumbo nucifera Gaertn.	睡莲科	水生花卉	花	清香	清心凉爽,安神静心	水面绿化,缸植,盆栽	—	✓
7.6	地肤	Kochia scoparia (L.) Schrad. f. trichophylla (Hort.) Schinz et Thell.	藜科	一年生	全株	药香	利尿消炎,清热明目	花坛,花境,花丛,盆栽	—	✓
9.3	菖蒲	Acorus calamus L.	天南星科	水生草本	全株	药香	开窍化痰,醒脾安神,辟秽,防疫	岸边及水面绿化,地被,盆栽	—	✓
9.4	石菖蒲	Acorus gramineus Soland.	天南星科	水生草本	全株	药香	化湿开胃,开窍豁痰,醒神益智	林下地被,岸边绿化	—	✓
9.23	香蒲	Typha orientalis Presl.	香蒲科	水生草本	全株	药香	止血祛瘀,利尿	岸边及水面绿化	—	✓

表九　色叶植物选择应用表

索引编号	种名	学名	科名	类型	春色叶/秋色叶	常绿	落叶	生态习性 光	生态习性 温度	生态习性 水分	园林应用	应用频度	乡土树种
春色叶植物													
1.7	樟	*Cinnamomum camphora*(L.)Presl.	樟科	乔木	红或黄	✓		喜光	稍耐寒	不耐水	庭荫树、行道树、防护林和风景林	A	✓
2.56	珊瑚朴	*Celtis julianae* Schneid.	榆科	乔木	嫩黄		✓	喜光	稍耐寒	耐旱	行道树、庭荫树	B	✓
2.29	朴	*Celtis sinensis* Pers.	榆科	乔木	嫩黄		✓	喜光	喜温、耐寒	中等	庭荫树、防风树、护堤树	A	✓
2.26	垂柳	*Salix babylonica* L.	杨柳科	乔木	金黄		✓	喜光	耐寒	耐水湿	水景树、行道树、庭荫树、园景树	A	✓
2.27	旱柳	*Salix matsudana* Koidz	杨柳科	乔木	嫩黄		✓	喜光	耐寒	耐水湿、不耐干旱	行道树、庭荫树、护岸林、防风林	A	✓
1.26	椤木石楠	*Photinia davidsoniae* Rehd. et Wils	蔷薇科	乔木	鲜红	✓		喜光	喜温	耐旱	行道树、独赏树、庭荫树	B	✓
1.27	石楠	*Photinia serrulata* Lindl.	蔷薇科	乔木	鲜红	✓		喜光、稍耐阴	稍耐寒	稍耐旱、不耐水	行道树、独赏树	B	✓
1.46	红楠	*Machilus thunbergii* Sieb. et Zucc.	樟科	乔木	红	✓		稍耐阴	喜温、稍耐寒	不耐旱	独赏树、庭荫树	C	✓
1.47	闽楠	*Phoebe bournei*(Hemsl.)Yang	樟科	乔木	红	✓		喜光、耐阴	喜温	不耐旱	行道树、独赏树	C	✓
3.50	红叶石楠	*Photinia ×fraseri*	蔷薇科	灌木	鲜红	✓		喜光、耐阴	喜温暖	不耐旱、不耐水	绿篱、地被、基础种植	B	✓
2.80	蓝果树	*Nyssa sinensis* Oliver	蓝果树科	乔木	紫红		✓	喜光	喜温	稍耐旱	独赏树、风景林、庭荫树	C	✓
2.106	黄连木	*Pistacia chinensis* Bunge.	漆树科	乔木	紫红		✓	喜光	不耐寒	耐旱	庭荫树、行道树、风景林	D	✓
2.81	臭椿	*Ailanthus altissima* (Mill.) Swingle	苦木科	乔木	紫红		✓	喜光	稍耐寒	稍耐旱	独赏树、行道树、防护林	C	✓
2.62	香椿	*Toona sinensis* (A. Juss.) Roem	楝科	乔木	鲜红		✓	喜光	稍耐寒	较耐水	庭荫树、行道树	B	✓
秋色叶植物													
2.1	银杏	*Ginkgo biloba* L.	银杏科	乔木	金黄		✓	喜光	耐寒	稍耐旱、不耐水	庭荫树、行道树、独赏树	A	✓
2.38	金钱松	*Pseudolarix kaempferi* Gord [*Pseudolarix amabilis* (Nelson) Rehd.]	松科	乔木	金黄		✓	强阳性	耐寒	中等	独赏树、风景林、庭园树	B	✓
2.2	水杉	*Metasequoia glyptostroboides* Hu et Cheng.	杉科	乔木	棕褐		✓	喜光	喜温、耐寒	耐水	水景树、行道树、独赏树	A	✓
2.39	池杉	*Taxodium distichum* (L.) Rich. var. Imbricatum (Nutt.) Croom	杉科	乔木	棕褐		✓	强阳性、不耐阴	喜温、较耐旱	耐水	水景树、行道树、独赏树	B	✓

秋色叶植物

索引编号	种名	学名	科名	类型	春色叶	常绿	落叶	光	温度	水分	园林应用	应用频度	乡土树种
2.40	落羽杉	*Taxodium distichum* (L.) Rich.	杉科	乔木	古铜色		√	耐阴性	喜温稍耐寒	耐水	水景树、防护林	B	
2.41	鹅掌楸	*Liriodendron chinense* (Hemsl.) Sarg.	木兰科	乔木	黄		√	耐阴性不耐阴	稍耐寒	不耐旱	行道树、庭荫树	B	√
3.7	南天竹	*Nandina domestica* Thunb.	小檗科	灌木	红	√		喜半荫	耐寒	耐旱耐水	独赏树	A	√
4.12	小檗	*Berberis thunbergii* DC.	小檗科	灌木	红		√	喜光	耐寒	较耐旱		B	
2.23	二球悬铃木	*Platanus* × *acerifolia* (Ait.) Willd.	悬铃木科	乔木	黄		√	喜光	喜温稍耐寒	耐旱	风景林、庭荫树、行道树	A	
2.69	枫香	*Liquidambar formosana* Hance.	金缕梅科	乔木	红黄		√	喜光	喜温	耐旱	风景林、庭荫树、行道树	A	√
2.32	桑	*Marus alba* L.	桑科	乔木	黄		√	喜光	耐寒	稍耐旱耐水	防护林、水景树、庭荫树、引鸟树	B	√
2.76	麻栎	*Quercus acutissima* Carr.	壳斗科	乔木	橙褐		√	喜光	耐寒	耐旱	独赏树、风景林、防护林	C	√
2.77	栓皮栎	*Quercus variabilis* Bl.	壳斗科	乔木	橙褐		√	喜光	耐寒	耐旱	独赏树、风景林、防护林	C	√
2.8	梧桐	*Firmiana platanifolia* (L.f.) Marsili	梧桐科	乔木	黄		√	喜光	喜温	稍耐寒	庭荫树、行道树	A	√
2.24	加杨	*Pupolus* × *canadensis* Moench	杨柳科	乔木	黄		√	喜光	喜暖热耐寒	中等	庭荫树、行道树、防护林	A	
2.82	柿	*Diospyros kaki* Thunb.	柿树科	乔木	红		√	喜光	喜温	不耐旱	独赏树、庭荫树	C	√
5.4	扶芳藤	*Euonymus fortunei* (Turcz.) H.–M.	卫矛科	藤本	红	√		耐阴	不耐寒	耐旱	垂直绿化	A	√
2.3	乌桕	*Sapium sebiferum* (L.) Roxb	大戟科	乔木	紫红		√	喜光	喜温稍耐寒	中等	水景树、行道树、独赏树	A	√
2.4	重阳木	*Bischofia polycarpa* (Levl.) Airy–Shaw	大戟科	乔木	红		√	喜光	较耐寒	较耐水	庭荫树、行道树	A	√
5.5	异叶爬山虎	*Parthenocissus dalzielii* Gagnep. [*P. heterophylla*（Bl.）Merr.]	葡萄科	藤本	紫红		√	喜光耐阴	喜温	耐旱不耐水	垂直绿化、地被	A	√
5.6	三叶爬山虎	*Parthenocissus semicordata*（Wall.）Planch. [*P. himalayana*（Royle）Planch.）	葡萄科	藤本	红		√	喜光耐阴	喜温	耐旱不耐水	垂直绿化、地被	A	√
5.7	爬山虎	*Parthenocissus tricuspidata*（Sieb. et Zucc.）Planch.	葡萄科	藤本	红		√	喜阴湿	耐寒	耐旱不耐水	垂直绿化	A	√

表九 色叶植物选择应用表

索引编号	种名	学名	科名	类型	春色叶	常绿	落叶	生态习性 光	生态习性 温度	生态习性 水分	园林应用	应用频度	乡土树种
2.33	复羽叶栾树	Koelreuteria bipinnata Franch.	无患子科	乔木	黄		√	喜光	喜温	稍耐旱	庭荫树、独赏树、行道树	A	√
2.34	无患子	Sapindus mukorosii Gaertn.	无患子科	乔木	金黄		√	喜光 稍耐阴	喜温 较耐寒	中等	庭荫树、行道树	A	√
2.61	三角枫	Acer buergerianum Miq.	槭树科	乔木	黄		√	稍耐阴	喜温	较耐水	庭荫树、行道树、绿篱	B	√
2.63	鸡爪槭	Acer palmatum Thunb.	槭树科	乔木	鲜红		√	耐半荫	耐寒	较耐旱	行道树、庭荫树	B	√
2.84	中华槭	Acer sinense Pax.	槭树科	乔木	紫红		√	耐半荫	较耐寒	较耐旱	独赏树、风景林	C	√
2.107	五裂槭	Acer oliverianum Pax.	槭树科	乔木	红		√	弱阳性 稍耐阴	较耐寒	稍耐旱	庭荫树	D	√
2.108	色木槭	Acer mono Maxim.	槭树科	乔木	红		√	弱阳性 稍耐阴	较耐寒	耐旱	庭荫树、风景林	D	√
2.106	黄连木	Pistacia chinensis Bunge.	漆树科	乔木	深红或黄		√	喜光	较耐寒	耐旱	庭荫树、行道树、风景林	D	√
2.70	白蜡树	Fraxinus chinensis Roxb.	木犀科	灌木	橙黄		√	喜光	喜温 耐寒	耐旱 耐水	庭荫树、行道树	B	√
2.88	对节白蜡	Fraxinus hupenensis Chiǔ. Shang et Su. sp. nov.	木犀科	乔木	橙黄		√	喜光 稍耐阴	喜温 耐寒	耐旱	独赏树、造型树	C	√
2.109	翅荚香槐	Cladrastis platycarpa (Maxim.) Makino	蝶形花科	乔木	鲜黄		√	喜光	稍耐寒	不耐旱	庭荫树、独赏树	B	√
彩色叶植物													
4.13	紫叶小檗	Berberis thunbergii DC. var. atropurpurea Chenault.	小檗科	灌木	紫红		√	喜光 耐阴	耐寒	较耐旱	绿篱、地被	A	√
3.17	红花檵木	Loropetalum chinense (R. Br.) Oliv. var. rubrum Yieh.	金缕梅科	灌木	紫红	√		喜光 耐半荫	不耐寒	较耐旱	地被、绿篱、基础种植、造型树	A	√
2.19	紫叶李	Prunus cerasifera Ehrhart. f. atropurpurea (Jacq.) Rehd	蔷薇科	乔木	紫红		√	喜光	喜温 耐寒	不耐旱	独赏树	A	√
3.47	金边瑞香	Daphne odora Thunb. f. marginata Makino	瑞香科	灌木	叶缘金黄	√		喜半荫	不耐寒	不耐水	绿篱、地被、基础种植	B	√
3.26	洒金桃叶珊瑚	Aukuba japonica Thunb. cv. (D'Ombr.) Rehd.	山茱萸科	灌木	黄色斑点	√		耐半荫	喜温 不耐寒	不耐旱	地被、基础种植	A	√
3.24	金边黄杨	Euonymus japonicus Thunb. cv. 'Aureo－marginaths' Nichols.	卫矛科	灌木	叶缘金黄	√		喜光 稍耐阴	喜温 稍耐寒	耐旱	地被、绿篱、基础种植	A	

彩色叶植物

索引编号	种名	学名	科名	类型	春色叶	常绿	落叶	光	温度	水分	园林应用	应用频度	乡土树种
3.25	金心黄杨	Euonymus japonicus Thunb. cv. 'Aureo-variegatus' Reg.	卫矛科	灌木	叶中间金黄	√		喜光稍耐阴	喜温稍耐寒	耐旱	地被、绿篱、基础种植	A	
2.35	红枫	Acer palmatum Thunb. var. atropurpureum (Vanch.) Schwer.	槭树科	乔木	红或紫红		√	喜光耐半阴	喜温不耐寒	中等	独赏树、水景树、盆栽树	A	
5.18	花叶常春藤	Hedera helix Linn. var. Argenteo-varigata Hort.	五加科	藤本	石青或乳白	√		喜温耐半阴	不耐寒	不耐旱	垂直绿化、地被、盆栽	B	√
5.28	花叶络石	Trachelospermum jasminoides cv. Variegatum	夹竹桃科	藤本	彩色	√		喜光耐阴	不耐寒	耐干旱	垂直绿化、地被	D	√
3.33	金叶女贞	Ligustrum ×vicaryi Hort. Hybrid	木犀科	灌木	金黄	√		喜光稍耐阴	不耐寒	中等	绿篱、地被、基础种植	A	
3.40	金边六月雪	Serissa japonica var. aureo-marginata	茜草科	灌木	叶缘金黄	√		稍耐阴	喜温不耐寒	耐水	地被、绿篱、花坛镶边	A	
8.20	金边龙舌兰	Agaveamericana L. var. marginata Hort.	龙舌兰科	多年生	叶缘黄白	√		耐阴	喜温	耐旱	盆栽	A	√
7.1	羽衣甘蓝	Brassica oleracea L. var. acephala L. f. tricolor Hort.	十字花科	二年生	多色		√	喜光	喜冷凉耐寒	耐热	花坛、花境、盆栽	A	
7.5	红叶甜菜	Beta vulgaris L. cv. 'Dracaenifolia'	藜科	二年生	深红或红褐		√	喜光	耐寒	不耐水	花坛、盆栽	A	
7.26	彩叶草	Coleus blumei Benth.	唇形科	一、二年生	多色		√	喜光耐阴	喜温	较耐寒	花坛、花境、盆栽	A	
8.24	紫锦草	Setcreasea purpurea Boom.	鸭跖草科	多年生	紫红	√		喜光耐阴	喜高温	耐旱耐水	地被、花境、盆栽	A	√
8.25	吊竹梅	Zebrina pendula Schuizl.	鸭跖草科	多年生	间银白或紫红条纹	√		耐阴	喜温	耐水	地被、盆栽	A	
8.32	花叶薄荷	Mantharotundifolia 'Variegata'	唇形科	多年生	叶缘乳白	√		喜光	耐寒	不耐水	花境、地被、盆栽	A	√
8.40	金叶过路黄	Lysimachia nummularia 'Aurea'	报春花科	多年生	金黄	√		喜光	耐寒	耐热	地被	A	√

表十　水生植物选择应用表

索引编号	种名	学名	科名	生态习性			观赏特性	园林应用	类型	乡土树种
				光照	温度	水深（cm）				
9.1	莲	*Nelumbo nucifera* Gaertn.	睡莲科	喜光	耐寒	30~80	观叶、观花	片植、缸植、盆栽	多年生挺水植物	√
9.2	睡莲	*Nymphaea tetragona* Georgi.	睡莲科	喜光	耐寒	25~30	观叶	片植、缸植、盆栽	多年生半浮水植物	√
9.3	菖蒲	*Acorus calamus* L.	天南星科	疏荫	较耐寒	10~30	观叶	丛植、盆栽	多年生挺水植物	√
9.4	石菖蒲	*Acorus gramineus* Soland.	天南星科	疏荫	稍耐寒	10~30	观叶	丛植、盆栽	常绿挺水植物	√
9.5	海芋	*Alocasia macrorrhiza*（L.）Schott	天南星科	疏荫	不耐寒	—	观叶	丛植、盆栽	常绿湿生植物	√
9.6	旱伞草	*Cyperus alternifolius* L. ssp. *flabelliformis*（Rotth.）Kukenth.	莎草科	疏荫	不耐寒	10~30	观叶	丛植、片植	多年生挺水植物	√
9.7	三白草	*Saururus chinensis*（Lour.）Baill.	三白草科	喜光	耐寒	10~20	观叶	片植	多年生挺水植物	√
9.8	水蓼	*Polygonum hydropiper* L.	蓼科	喜光	稍耐寒	—	观树形、观叶	丛植、片植	一年生湿生植物	√
9.9	千屈菜	*Lythrum salicaria* L.	千屈菜科	喜光	耐寒	5~10	观花	丛植、片植、盆栽	多年生挺水植物	√
9.10	野菱	*Trapa incisa* Sieb. et Zucc. var. *quadricaudata* Glück.	菱科	喜光	不耐寒	—	观叶、观花	片植	一年生浮水植物	√
9.11	荇菜	*Nymphoides peltatum*（Gmel.）O. Kuntze.	睡莲科	喜光	耐寒	—	观叶、观花	片植	多年生浮水植物	√
9.12	水鳖	*Hydrocharis dubia*（Blume）Backe.	水鳖科	喜光	稍耐寒	—	观叶、观花	片植、缸植	浮水植物	√
9.13	野慈菇	*Sagittaria sagittifolia* var. *hastata* Makino.	泽泻科	喜光	耐寒	10~20	观叶、观花	片植、盆栽	多年生挺水植物	√
9.14	萱草	*Hemerocallis fulva*（L.）L.	百合科	喜光	耐寒	—	观花	丛植、片植	多年生湿生植物	√
9.15	梭鱼草	*Pontederia cordata* L.	雨久花科	喜光	不耐寒	<20	观叶、观花	丛植、片植、盆栽	多年生挺水或湿生	√
9.16	雨久花	*Monochoria korsakowii*	雨久花科	喜光	不耐寒	10~30	观叶、观花	片植	多年生挺水植物	√
9.17	狐尾藻	*Myriophyllum verticillatum* L.	小二仙草科	喜光	耐寒	10~20	观叶	片植	多年生挺水植物	√
9.18	中华洋蓬草	*Nuphar sinensis* Hand. – Mazz.	龙胆科	喜光	耐寒	5~15	观花	片植	多年生浮水植物	√
9.19	野芋	*Colocasia antiquorum* Schott.	天南星科	耐阴	耐寒	—	观叶	丛植、盆栽	湿生植物	√
9.20	大漂	*Pistia stratiodes* L.	天南星科	喜光	不耐寒	—	观叶、观花	片植	多年生浮水植物	√
9.21	黄菖蒲	*Iris pseudacorus* L.	鸢尾科	喜光	耐寒	10~20	观叶、观花	丛植	多年生挺水植物	√
9.22	再力花	*Thalia dealbata* Frase.	竹芋科	耐阴	不耐寒	10~30	观树形、叶	丛植	多年生挺水植物	√

（续）

索引编号	种名	学名	科名	生态习性			观赏特性	园林应用	类型	乡土树种
				光照	温度	水深（cm）				
9.23	香蒲	*Typha orientalis* Presl.	香蒲科	喜光	耐寒	10～20	观叶、观花	丛植	多年生挺水植物	√
9.24	灯心草	*Juncus effusus* L.	灯心草科	疏荫	耐寒	10～20	观树形、叶	丛植、片植	多年生挺水植物	√
9.25	野灯心草	*Juncus setchuensis* Buchen.	灯心草科	疏荫	耐寒	10～20	观树形、叶	丛植、片植	多年生挺水植物	√
9.26	荸荠	*Eleocharis tuberosa*（Roxb.）Roem et Schult.	莎草科	疏荫	不耐寒	10～20	观树形、叶	丛植、片植	多年生挺水植物	√
9.27	水葱	*Scleria parvula* Steud.	莎草科	喜光	耐寒	5～20	观树形、观花	丛植、盆栽	多年生挺水植物	√
9.28	芦苇	*Phragmites communis* Trin.	禾本科	耐阴	耐寒	5～15	观树形、观花	丛植、片植	多年生挺水植物	√
9.29	南荻	*Triarrhena lutarioparia* L. Liu	禾本科	喜光	不耐寒	5～20	观叶、花、观树形	丛植、片植	多年生挺水植物	√
9.30	菰	*Zizania caduciflora*（Turcz. ex Trin.）Hand. – Mazz.	禾本科	耐阴	稍耐寒	5～15	观叶、花、观树形	丛植、片植	多年生挺水植物	√

中文名索引

拉丁名索引